原発再稼働

最後の条件

「福島第一」事故
検証プロジェクト
最終報告書

大前研一

震災直後、著者は会員向けCSテレビ番組「大前研一ライブ」において、元原子炉設計者として
東京電力・福島第一原発事故を解説。その模様は、動画投稿サイトYouTubeにアップされるや、
専門知識をもとにした的確な分析と鋭い洞察が反響を呼び、累計で250万人以上が視聴した。
今あらためて、その先見性が注目されている。

「メルトダウン（炉心溶融）はあり得る。燃料は2700℃で溶けて火の塊になり、圧力容器の底を破る」（2011年3月13日放送）

「燃料が格納容器に溶け落ちているとしても、チェルノブイリのような暴走はないだろう」（同3月13日放送）

「（1号機について）水素が発生し、圧力容器から格納容器、さらに建屋へと漏れた。それが爆発を起こしたと思われる。
　この経緯を見ると、3号機もクリティカル（危機的）な状況にある」（同3月13日放送）

「現場を見たわけではないが、おそらく地下の非常用ディーゼル発電機が水没したのだろう」（同3月19日放送）

「『レベル5』という判断が出されたが、明らかに間違っている。経産省も原子力安全委員会も素人ではないか」（同3月19日放送）

——本書は、電力会社・原発関連メーカーへの聞き取り調査などをもとに、著者が独自の視点から
　　福島第一原発事故の根本的原因と原発再稼働のための最終条件を分析・検証した集大成である。

はじめに

- 06 　福島第一原発建設当時の「安全性評価報告書」はほとんどすべて間違っていた

基礎知識編

- 14 　①原子力発電の仕組み　原発はどうやって電気を作っているのか？
- 16 　②原発を「冷やす」仕組み　原子炉の安全な停止に必要な「電源」と「冷却系統」
- 18 　③緊急時の対応手順　全交流電源を喪失したら、どうやって原子炉を冷やすのか
- 20 　④東京電力が示した「中長期ロードマップ」　福島第一原発は、今後どう事故処理が進んでいくのか

事故調査・検証編

第1章　〈ビジュアル解説〉写真でわかる壮絶な破壊力
「地震」と「津波」は原発にどんなダメージを与えたか？

- 22 　未曽有の事故を起こした「福島第一原発」はGE、東芝、日立製
- 24 　1～5号機は「マークⅠ」、6号機は「マークⅡ」型だが基本的な仕組みは同じ
- 26 　地震から40分後に福島第一原発を襲った津波の大きさ
- 28 　道路が陥没、亀裂 —— インフラ破壊が対応を遅らせた
- 29 　「6.1m」の想定に対し、実際の津波は最大15.5m
- 30 　1～4号機、原子炉建屋・タービン建屋「全面浸水」図解
- 31 　襲来した津波の立ち上がりは高さ45mの建屋を上回った
- 32 　写真で見る津波の爪痕①　建屋エリアの位置関係と「高さ」
- 33 　　　　　　　　　　　　　はぎ取られた植林 —— 4号機南側の海岸にあった緑が消えた
- 34 　写真で見る津波の爪痕②　高さ5.5mの重油タンクを飲み込んだ瞬間
- 36 　写真で見る津波の爪痕③　巨大タンクを押し流し、変形させるほどの威力
- 38 　写真で見る津波の爪痕④　550t吊りの大型クレーンが動かされた
- 40 　写真で見る津波の爪痕⑤　敷地内に多数のコンテナ、カバーが散乱！
- 41 　　　　　　　　　　　　　防波堤は破損！　護岸も崩壊して海へ流出した
- 42 　写真で見る津波の爪痕⑥　路面は液状化して昼間でも歩くのが困難に
- 44 　電源喪失で建屋の中は「真っ暗闇」になった
- 46 　[参考／福島第二原発の場合①]　4基の原子炉はすべて運転中だった
- 47 　　　　　　　　　　　　　　　　「5.2m」の想定に対し、実際の津波は7m
- 48 　[参考／福島第二原発の場合②]　原子炉建屋・タービン建屋はほぼ無傷
- 50 　[参考／福島第二原発の場合③]　被害は海側と、1号機南側に集中
- 52 　浸水範囲は「第一」のほうが「第二」より圧倒的に広かった

第2章　〈事故総括〉時系列（クロノロジー）で検証する
福島第一原発はどのようにして過酷事故 シビアアクシデント に至ったか？

- 54 　外部電源と内部電源はこうして失われた
- 56 　爆発で被害が連鎖！　復旧作業に立ちはだかった「4機同時トラブル」

58	【1号機クロノロジー解説】　なぜ最も早く水素爆発したのか
60	【2号機クロノロジー解説】　1、3号機の爆発で復旧が次々中断
62	【3号機クロノロジー解説】　唯一の電源を生かせなかった教訓
64	【4号機クロノロジー解説】　運転停止中なのになぜ爆発したか
66	【5号機、6号機クロノロジー解説】　1つだけ残った発電機が命綱になった
68	「福島第二」では1回線だけ生き残った外部電源が救いとなった
70	【福島第二 1号機、2号機クロノロジー解説】　非常用発電機喪失の危機をどう乗り越えたか？
72	【福島第二 3号機、4号機クロノロジー解説】　冷却源の有無が明暗を分けた
74	「女川」「東海第二」は外部電源が早期に復旧した
76	【女川・東海第二　クロノロジー解説】　非常用ディーゼル発電機はすべて使用不可に
78	福島第二、女川や東海第二も一歩間違えば大事故になっていた

第3章　〈徹底比較〉「福島第一」とそれ以外の差異はどこにあったのか？
メルトダウンした原子炉と生き残った原子炉の分かれ道

80	福島第一原発より女川原発のほうが地震による衝撃は大きかった
82	【電源の比較検証①】　「1つでも残ったか否か」が分岐点
84	【電源の比較検証②】　福島第一原発の1～4号機は「電源盤」もほぼ全滅
86	【電源の比較検証③】　ディーゼル発電機が動かなかった「2つの理由」
88	【冷却源の比較検証】　福島第一原発の1号機は津波後2～3時間で炉心損傷開始
90	【水素爆発の比較検証①】　爆発後の写真でわかる——「水素」はどこに溜まったのか
94	【水素爆発の比較検証②】　どのようにして水素が漏れたのか
96	各原発の重要機器の設置位置を比較——福島第一原発では水没した地下にあった

教訓・対策編

第4章　〈未来への提言〉発生事象と問題点から改善策を抽出する
福島第一事故からどんな「教訓」が得られるか？

98	【①「地震」「津波」に関連する問題点と教訓】　搬入口からの浸水など「意外な弱点」があった
100	【②「電源」に関する問題点と教訓】　中央制御室の〝暗闇化〟は作業員に恐怖を与える
103	【③「海水冷却系」に関連する問題点と教訓】　「海水で冷やせない」は非常用発電機停止に直結
104	【④「高圧冷却系」に関する問題点と教訓】　電源に頼らないバルブ開放の仕組みを検討すべき
106	【⑤「低圧冷却系」に関する問題点と教訓】　「消防車での注水遅延」はこうして防げる
108	【⑥「ベント機能」に関する問題点と教訓】　減圧作業が次々に失敗した理由を考える
111	【⑦全体を通じて浮上する問題点と教訓】　複数プラントを同時に稼働するリスクを忘れるな
113	【今後実施すべき安全対策（まとめ）】　「福島の二の舞」を絶対に演じないために
116	【最大の反省】　これまでの政府の「安全指針」は間違っていた

第5章　〈事故対応〉政府、自治体、電力会社の果たすべき役割
今後はどんなアクシデント・マネジメント（AM）体制が必要か？

118	福島の事故から判明したアクシデント・マネジメント（事故対応）の課題とは
120	複数プラントでの同時事故対策は十分ではなかった

- 122　リアルタイム・双方向の情報共有ネットワークが必須だ
- 124　発電所と本店、政府と地元自治体 ── 今後の「役割分担のあり方」を提案する
- 126　「事故レベル」は３段階で管理し、レベルに応じたアクシデント・マネジメントを

【枝野官房長官の「国民へのメッセージ」を検証】
- 128　①水素爆発は本当に想定されていた？
- 130　②安心感を抱かせようとして逆効果に
- 132　③４月19日になっても「燃料の溶融」を否定
- 134　今後の教育・研修には「福島の反省」を盛り込むべき

第6章　〈他の原発への応用〉「加圧水型原子炉（PWR）」でも事故の教訓を生かせるか？
再稼働した大飯原発３、４号機の安全対策を検証する

- 136　関西電力などで使われる「PWR」と「BWR」の違いは何か？
- 138　PWR型「大飯原発３号機、４号機」の重要設備はどこにあるのか？

【大飯原発の対策】
- 140　①電源確保　海抜33.3mに空冷式発電装置を設置
- 142　②冷却源確保　運びやすい消防ポンプを多数配備
- 144　③浸水防止策　重要機器がある部屋に防潮扉を設置
- 146　まとめ　外部支援なしでも16日間の原子炉冷却が可能に
- 148　さらなる安全確保のために〜今後取るべき対策

補論

第7章　〈質疑応答〉自治体・視聴者からの疑問に答える
なぜ福島第一原発１号機だけが事故の進展が早かったのか？

- 150　【仮説１】　１号機では地震による配管破断が起きていたのではないか？
- 152　【仮説２】　１号機が「マークⅠ」という古い型式だったことが問題なのではないか？
- 154　【仮説３】　１号機の冷却系が機能しなかった〝本当の理由〟は何か？
- 156　では、１号機はどう対処していれば過酷事故を防げたのか？
- 158　２〜４号機はこのような対策によって事故を回避できた可能性がある

おわりに
- 160　福島の惨事から学んだ貴重な課題を生かさないまま終わっていいのか

【資料編】
- 166　原子力関連用語・略語集
- 174　主な参考資料および出典

はじめに

「安全神話」はこうして作られてきた

福島第一原発建設当時の「安全性評価報告書」はほとんどすべて間違っていた

■ 理性を失った情緒的な日本の対応

　2012年夏——。電力需要のピークを前に、政府は関西電力・大飯原発を再稼働させることを決断し、いったん消えた原発の〝火〟を復活させました。

　ですが、1月から繰り広げられてきた政府の大飯原発の再稼働論議では、「安全対策」について納得できるような説明がなされていないばかりか、結局最後は「冷房が使えなくてもいいのか」と半ば〝脅し〟をかけた格好で、大阪など2府5県でつくる「関西広域連合」に再稼働を認めさせました。

　国民のみならず、再稼働を求めていた産業界の関係者の中にも、大飯原発でどんな安全対策が取られたのかを把握している人は少ないでしょう。政府にもそれを理解し説明できる人材がいないからか、〝足りないから動かす〟という議論だけが独り歩きしたのは、非常に残念なことでした。

　我々日本人は、あの悲劇的な事故から、いったい何を学んだのでしょうか。再稼働を決断した経緯を見ていると、政府も電力会社も「何も学んでいないのではないか」と疑わざるを得ません。

　海外に目を向けてみましょう。

　福島第一原発事故後、世界は原発を正反対の2つの方向で見直しています。

　ドイツ、スイスなどは時間をかけて原発を止める方向に進んでいます。イタリアでは、2011年6月に国民投票が行なわれ、94％が「原発凍結」に投票。当時のベルルスコーニ首相は、原発新設や再稼働を当面断念する意向を表明しました。

　一方、アメリカは新たな原発をジョージア州とサウスカロライナ州で発注しました。アメリカでは1979年にスリーマイル島原発事故が発生しましたが、他の原発を止めることはしませんでした。ロシアも、1986年にチェルノブイリ原発事故が起きましたが、やはり他の原子炉は止めていません。

　翻って日本では、福島第一原発以外の原子炉もすべて「定期検査」によって止まったままになり、2012年5月から約2か月にわたって、異例の〝原発ゼロ〟になりました。そういう状況になったの

は世界でも日本だけです。

　たしかに福島第一原発事故における日本政府の対応は、あまりにもお粗末でした。それでも、その後の日本の動きは過剰反応というか、過度に情緒的です。

　そこには、ドイツやイタリアのような国民投票を反映した国家の明確な方針も、理性的な判断も、まったく見られません。何らかの根拠があって「危険だから止める」という判断をするなら、定期検査を待たず即座にすべての原子炉を止めるべきですし、そうでないなら、定期検査が終わった原子炉から粛々と再稼働をすればよかったはずです。結局は、政府の誰もこの国のエネルギー政策に責任を持った決断をすることがないまま、なし崩し的に再稼働に至ったと言えるでしょう。政府がこのような事態に対してまったく対応能力がないことを全世界に晒してしまったのです。そういう政府に不信を抱く国民もまた、過剰反応を示してしまったと言えます。

あまりにも鈍重な国の動き

「脱原発」か「再稼働」か——それを問う前に、まずやらなくてはならないことがあります。なぜ福島第一原発は未曽有の大事故に至ったのか、その原因を徹底究明し、被災後の経過を正確に把握することです。それがなされなければ、安全対策など立てられないはずです。再稼働は、その反省がほかの原子炉に正しく盛り込まれているかどうかを見れば、その道筋が見えてきます。

　ところが、国の動きは、あまりにも鈍重でした。私が本書のベースとなったTeamH2O「福島第一原子力発電所事故から何を学ぶか」プロジェクトという独自調査を進めようと決意したのは2011年6月のことでした。当時、政府の事故調査・検証委員会は最終報告の発表が1年以上先という悠長さで、国会の事故調査委員会に至っては、まだ影も形もなかったのです。なぜそんなに安閑としていられるのか、私にはまったく理解できませんでした。

さらに、当時の菅直人首相が、いきなり「原発の再稼働にはストレステスト※1が必要」と発言しました。しかし、ストレステストでは原発の安全は保証されません。ストレステストは、例えば地震は震度6強と想定していたが震度7に耐えるかどうか、津波の高さは10mと想定していたが15mに耐えるかどうか、ということをコンピューター・シミュレーションによってテストします。つまり、何らかの条件を仮定しなければならないわけですが、どれほど厳しい条件を仮定してみても、その仮定が間違っていたら、何の意味もありません。ということは、ストレステストに合格しても「絶対に安全」とは言えないわけです。

※1　正式名称は「発電用原子炉施設の安全性に関する総合的評価」。原発に設計時の想定を超える地震や津波などが発生した場合に、どのような影響があるのかなどを、個々の機器ごとに評価する耐性検査のこと

　会員向けCSチャンネル「BBT757ch」の「大前研一ライブ」という番組で、私が福島第一原発事故について分析・検証した放送を、東日本大震災が起きた2011年3月11日の2日後の13日および19日にYouTubeにアップしたところ、250万回を超えるアクセスがありました。その後も雑誌『SAPIO』（小学館）や『週刊ポスト』（同）の連載、単行本『日本復興計画』（文藝春秋）、日経BPネットの連載などを通じて情報を発信していましたが、福島第一原発事故の推移や対応について〝政府が真実を伝えているとは言えない〟と判断しました。

　このままいくと、2012年5月にはすべての原子炉が止まり、日本は電力不足に陥って国民生活も産業も極めて深刻な事態に直面する。その前に福島第一原発事故の原因を究明し、それに基づく的確な安全対策を実施して、地元住民の理解が得られる原子炉は生き残らせなければならない──。そう考えた私は2011年6月、細野豪志原発相（当時は原発事故対応担当の首相補佐官）と会い、次のように提案しました。

◆もし、再び福島第一原発のような過酷事故（シビアアクシデント）が起きたとしても、安全を確保できる方策を見つけなければならない。しかし、それは政府の事故調査・検証委員会にも、原子力安全・保安院のストレステストにも期待できない。

地震と津波は福島第一原発に壊滅的なダメージを与えた（左から、水素爆発後の３号機、福島第一に電気を送っていた送電線の鉄塔、プラントを襲った津波）

◆必要な情報源へのアクセスさえ仲介してもらえたら、納税者・一市民として中立的な立場からボランティアで事故原因を分析し、３か月以内に再発防止策のセカンド・オピニオンをまとめる。
◆客観的な視点から取りまとめるので、その内容に関しては、国や電力事業者の期待するものになるかどうかわからない。

これに対し、細野氏は「ぜひ、お願いしたい」と答えて即座に情報源へのアクセスを取りつけ、東京電力、日本原燃、東芝、日立GEニュークリア・エナジーなど関係企業の原発の実務経験者、原子炉の設計者など、プロ中のプロを集めて協力してくれました。その人たちに私が質問してデータを提供してもらい、それを事務局の柴田巌氏（「大前アンド・アソシエーツ」パートナー）が取りまとめるという形で調査・分析を進めました。

具体的には、東日本大震災の発生後、同じような大津波に襲われた福島第一原発、福島第二原発、女川原発、東海第二原発で、何がどういう経緯で起きたのかを時系列（クロノロジー）で追跡し、大事故に至った福島第一原発１～４号機と、冷温停止にこぎ着けた他の原子炉とでは、どこに違いがあったのかを詳細に検証しました。

また、設計思想や設計指針と事故に至った経緯の因果関係を分析し、地元自治体との関係やリスク管理体制など組織運営体系上の問題点、国民に対する情報開示の課題についても洗い出しました。

作業は２か月で終了し、調査開始から３か月後の2011年10月28日に「福島第一原子力発電所事故から何を学ぶか」と題する中間報告書を細野氏に手渡しました。

さらに私たちは引き続き、東京電力などが採用しているBWR[※2]（沸騰水型原子炉）だけでなく、関西電力などが採用しているPWR[※3]（加圧水型原子炉）についても、福島第一原発事故の教訓を生かせるかどうかを大飯原発３、４号機を対象に調査・分析し、その結果を追加した最終報告書を2011年12

※2 炉心で発生した熱で水を沸騰させ、高温・高圧の蒸気にして、そのまま直接、タービン発電機に送り込んで電力を生み出すタイプの原子炉
※3 炉心で熱した高温の水に高い圧力をかけて沸騰しないようにし、この熱を蒸気発生器に通して別系統の水に伝えて蒸気にして、タービンを回して発電するタイプの原子炉

月21日、細野氏に提出しました。本書はその要点をわかりやすく再構成してまとめたものです。

過去の政府の説明は間違っていた

調査の結果わかったのは、これまで日本政府が安全審査や安全設計指針および地元住民説明会で言ってきたことの中に、正しいことはほとんどなかった、ということです。

例えば、1966年11月2日に当時の学識経験者による原子炉安全専門審査会（向坊隆会長）が原子力委員会（有田喜一委員長）に提出した「東京電力（株）福島原子力発電所原子炉の設置に係る安全性について」という報告書[※4]は、電源・高圧冷却系・減圧・ベント・低圧冷却系・格納容器などにおいて「本原子炉の設置に係る安全性は十分確保し得るものと認める」と結論づけています。しかし、福島第一原発事故の事象進展を見ると、これらの「安全」の根拠とした機能は、ことごとく作動しませんでした。

「安全性は十分確保し得る」という審査結果は、主として以下の根拠により構成されていました。

◆いかなる場合にも、炉心を「止める」機能が正確に作動する

①炉心の全域に中性子束の上昇を検知する多数の検知機があり、炉心の動向を正確に把握できる。

②水圧、炉圧、空圧で駆動する制御棒によって緊急停止（スクラム）できる。

③緊急停止できない場合でも、手動の液体ポイズン注入系がある。

◆通常の冷却機能が喪失しても、非常用の「冷やす」機能が確実に作動する

④非常用復水器が2基あり、炉心の崩壊熱を除去できる。

⑤炉心スプレイ系が2系統あり、非常用電源に接続され、炉心溶融を防止できる。

詳細は本編で分析していますが、②の「緊急停止」はできたものの、④⑤などの「非常用の『冷

※4 同報告書は以下のサイトで参照できる
http://www.aec.go.jp/jicst/NC/about/ugoki/geppou/V11/N11/196620V11N11.html

事故処理には長期間かかることが予想される（左から、福島第一原発２号機の格納容器内部調査、４号機建屋上部の瓦礫撤去作業、４号機建屋５階の様子）

やす』機能」は、すべて働きませんでした。このほかにも、

◆事故時においても、「閉じ込める」機能によって、放射性物質の大気放散を防止できる
◆これらの機能を司る「中央制御室」は、事故時においても安全に所要の処置が取れる

などという項目がありましたが、放射性物質を「閉じ込める」機能が働かなかったのは周知の通りです。また、中央制御室は、電源がなく真っ暗になってしまい、計器も動かなくなって、対応は困難を極めました。

しかも、この安全性評価報告書は福島第一原発の地震に対するリスクを、〈全国的に見ても地震活動性の低い地域の１つにあたっており、特に原子炉敷地付近は、地震による被害を受けたことがない〉とし、津波に対するリスクについても〈チリ地震津波時（1960年）最高3.1m〉としています。これがあまりにも甘い想定だったことは、言うまでもありません。

つまり、原子炉安全専門審査会の「安全性は十分確保し得るものと認める」とした福島第一原発建設当時の結論の根拠は、緊急停止できたこと以外はすべて間違っていたわけです。

この点を、同審査会、原子力委員会、原子力安全委員会、原子炉設計者、原子炉の設置を許可した政府、および原発は安全だと地元の自治体や住民に説明してきた電力会社も含め、原子力にかかわってきたすべての人間が真摯に反省し、責任の所在を明らかにしなければなりません。しかし、いまだに責任者から反省の弁はありませんし、誰も処罰されていません。

崩壊した格納容器の〝安全神話〟

なかでも、最も重大な過ちは「格納容器」の〝安全神話〟です。これはかつて日立製作所で高速増殖炉の炉心設計を行なっていた私にとっても、一番ショッキングな反省事項です。

エンジニアは常に〝最悪の事態〟を想定して原子炉を設計・製造してきました。その象徴が、重

大事故や再臨界による暴走などが起きても放射性物質が外部に飛び散らないようにするための格納容器でした。

原子炉を厚さ約3〜4.5cmの鋼鉄で、さらにその外側を厚さ約2mの鉄骨鉄筋コンクリートで守る構造になっている格納容器で覆い、政府や電力会社は「だから想定を超える万一の事故が起きても放射性物質を閉じ込められます。安全です」と地元の自治体や住民に説明してきたのです。

ところが、今回の事故では〝最後の砦〟だったはずの格納容器が、実はメルトダウン（炉心溶融）にはまったく弱いことがわかりました。私はメルトダウンの可能性を3月13日の時点で指摘しましたが、政府がそれを認めたのは約2か月後でした。

燃料が溶けて圧力容器（厚さ約16〜20cmの鋼鉄製）の底を溶かし、メルトスルーして格納容器に落下してくると、厚さ約3cmの鉄板は簡単に溶けてしまいます。コンクリートと鉄板の間には隙間があるので、そこから放射性物質に汚染された水があふれ出してきます。

また、格納容器の巨大なタンクは数百℃にものぼる高温を想定していないので、配管の貫通部のシールなどが熱で破損し、核分裂生成物や水素が漏れてしまいます。このように、福島の事故によって格納容器はメルトダウンに弱いということが、世界で初めてわかったのです。

原子炉エンジニアは、説明できない最悪事故が起きた場合でも安全を担保できる〝最後の砦〟として格納容器に頼ってきました。この設計思想を根本的に改めねばなりません。これは日本だけではなく、一刻も早く世界の技術者と共有すべき重大事項です。だから私は、今回のプロジェクトの中間報告書と最終報告書を、日本語版に加えて英語版と解説動画の英語字幕付きバージョンも制作し、YouTubeなどで公開しました。

再生可能エネルギーは高コスト

「脱原発」を主張する人は、太陽光や風力といった再生可能エネルギーで原子力を代替すべき──

今後の事故に備えた訓練が繰り返されている（左から、防災訓練中の福島第一原発の免震重要棟、福島第二原発の電源ケーブル接続訓練と送水訓練）

と言います。ですが、これは当面は、ほぼ不可能だと思います。例えば、菅直人前首相は2020年までに再生可能エネルギーの比率を20％にする、と言いました。もちろん、それを目指して努力するのはよいことですが、現在（水力を除いて）1％ほどでしかない再生可能エネルギーを8年間で20％に持っていくというのは、現実的ではありません。

もう1つはコストの問題です。この先、原子力発電のコストは1kWあたり8円くらいに上がるかもしれませんが、それでも太陽光発電や風力発電で計算されている40〜60円に比べると、まだ相当安価です。もし再生可能エネルギーをフィード・イン・タリフ（固定価格買取制度）方式で導入していくとなれば、国民は電気料金が大幅に高くなることを覚悟する必要があります。また、原発が止まったまま、当面の間、火力発電で補うとすれば、1日あたり全国で約100億円（年間3兆6000億円）の追加費用が発生します。

このような事実を踏まえ、私たちは未来を選択しなければなりません。もはや日本は新たな原発を建設することはできないでしょうし、既存の原発の延命も今後は難しいと思われます。ということは、どのみち30年後には国内の原発はゼロになります。それまでは本書で詳しく検証した〝最後の条件〟をクリアした原子炉は、地元住民の理解を得たうえで「再稼働」して寿命が来るまで利用し、その間に再生可能エネルギーへの転換を進めるのが現実的な選択ではないか、と私は思います。いずれにせよ、原発存廃の是非は最終的に国民の皆さんが判断すべきことです。

ただし、その「判断」は、情緒的であってはいけません。原発の是非を理性的・論理的・客観的に考えるためには、やはり福島第一原発事故を正確に振り返り、そこで得られる教訓に忠実に学ぶことが必要です。本書が、皆さんが「日本のエネルギーの未来」を考える一助になれば幸いです。

2012年7月　大前研一

基礎知識編 ①原子力発電の仕組み
原発はどうやって電気を作っているのか？

■原発の仕組み（模式図）

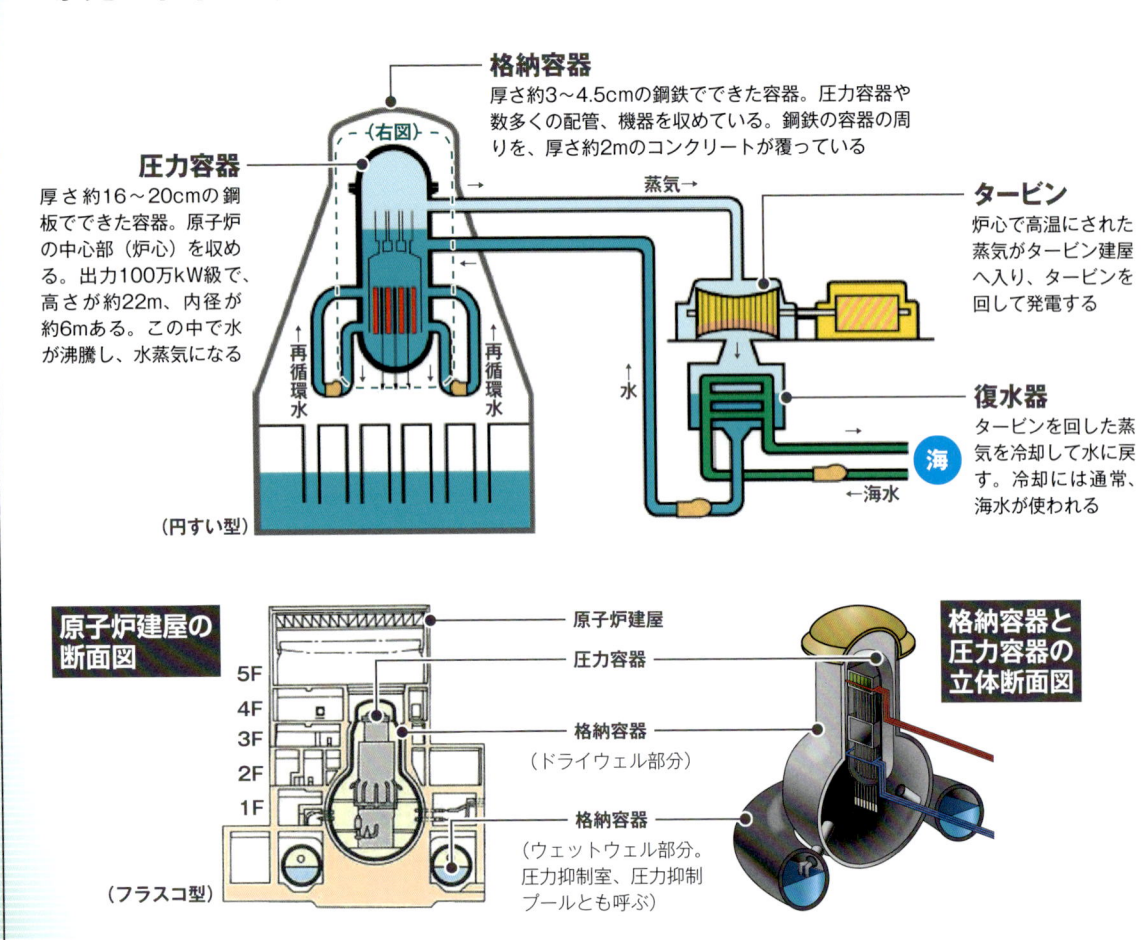

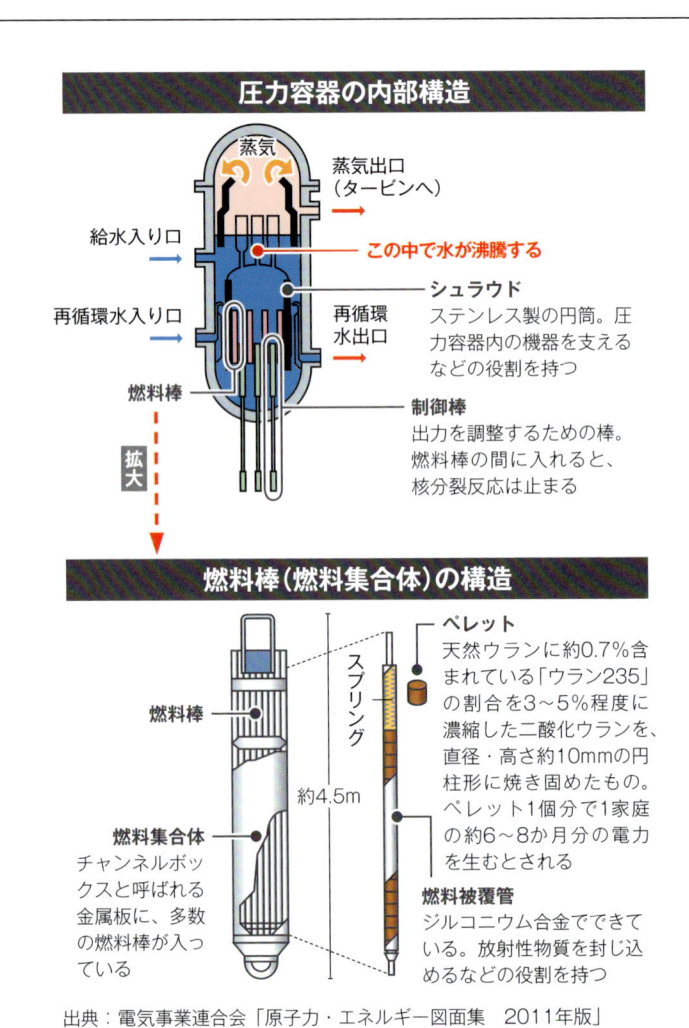

格納容器
厚さ約3～4.5cmの鋼鉄でできた容器。圧力容器や数多くの配管、機器を収めている。鋼鉄の容器の周りを、厚さ約2mのコンクリートが覆っている

圧力容器
厚さ約16～20cmの鋼板でできた容器。原子炉の中心部（炉心）を収める。出力100万kW級で、高さが約22m、内径が約6mある。この中で水が沸騰し、水蒸気になる

タービン
炉心で高温にされた蒸気がタービン建屋へ入り、タービンを回して発電する

復水器
タービンを回した蒸気を冷却して水に戻す。冷却には通常、海水が使われる

（円すい型）

原子炉建屋の断面図
- 原子炉建屋
- 圧力容器
- 格納容器（ドライウェル部分）
- 格納容器（ウェットウェル部分。圧力抑制室、圧力抑制プールとも呼ぶ）

（フラスコ型）

格納容器と圧力容器の立体断面図

圧力容器の内部構造

- 蒸気
- 蒸気出口（タービンへ）
- 給水入り口
- この中で水が沸騰する
- 再循環水入り口
- 再循環水出口
- 燃料棒

シュラウド
ステンレス製の円筒。圧力容器内の機器を支えるなどの役割を持つ

制御棒
出力を調整するための棒。燃料棒の間に入れると、核分裂反応は止まる

燃料棒（燃料集合体）の構造

- 燃料棒
- スプリング 約4.5m
- 燃料集合体

ペレット
天然ウランに約0.7％含まれている「ウラン235」の割合を3～5％程度に濃縮した二酸化ウランを、直径・高さ約10mmの円柱形に焼き固めたもの。ペレット1個分で1家庭の約6～8か月分の電力を生むとされる

燃料集合体
チャンネルボックスと呼ばれる金属板に、多数の燃料棒が入っている

燃料被覆管
ジルコニウム合金でできている。放射性物質を封じ込めるなどの役割を持つ

出典：電気事業連合会「原子力・エネルギー図面集　2011年版」

> ※この「基礎知識編」は、技術的な参考資料です。
> 本編は21ページの「第1章」から始まります。
> ※なお、「原子力関連用語・略語集」を巻末にまとめています。

福島第一原発の事故を検証するにあたって、まず原発の仕組みをはじめとした基礎知識をおさらいしておきましょう。

「原子力」も「火力」も、熱で水を蒸気に変え、その勢いでタービンを回して発電する——という点では同じです。左の図は、原発内部の構造を簡単に示したものですが、原子炉の中で水が熱せられて蒸気に変わり、タービンを回した後で「復水器」という装置によって冷やされて水に戻り、また原子炉に戻ることがわかります。復水器には海水が通っていて、それで蒸気を冷やしています。

■「ウラン235」に中性子を当てると核分裂

原発の燃料となっているのは、ウランです。ウランには核分裂を起こしやすい「ウラン235」と起こしにくい「ウラン238」があり、自然界に多いのは「238」です。天然ウランには、「235」は約0.7％しか含まれていないため、濃縮して含有率を3〜5％に高めたうえで焼き固めたものを「ペレット」と呼びます。これを棒状に並べたものが「燃料棒」で、表面は「ジルコニウム」という金属で覆われています（燃料被覆管と言います）。

ウラン235に中性子を当てると、ウラン原子は2つの原子核に分裂し、同時に大量の熱を発生します。この熱を発電に使っているのです。

そして核分裂が起きた際には、新たに2〜3個の中性子が発生し、これが別のウラン235に当たって、核分裂が続いていくことになります。この反応を、ゆっくりと連続的に行なうようにしたものが、原子炉です。

原子炉を停止する時には、中性子を吸収する性質を持つ「制御棒」を挿入することで、核分裂の連鎖を止めます。強い地震などが起きると、制御棒は瞬間的に挿入されるように設計されています。

燃料棒は、厚さ約16〜20cmの鋼鉄製の「圧力容器」の中に収められています。圧力容器は、さらに「格納容器」で覆われています。格納容器は厚さ約3cmの鋼鉄と約2mのコンクリートでできており、大きく2つの部分に分けられます。1つは上部の「ドライウェル」と呼ばれる部分で、もう1つが下部の「ウェットウェル（圧力抑制室、圧力抑制プールとも呼ぶ）」です（左の断面図参照）。

■「崩壊熱」に対処できなかった

では、今回の福島第一原発事故では何が起きたのでしょうか。詳細は本編で検証することにして、ここでは概要を押さえておきましょう。

まず、強い地震が起きて、前述の制御棒は設計通りすぐに挿入され、原子炉は緊急停止（スクラム）しました。ここでポイントとなるのが、「崩壊熱」です。

核分裂の連鎖反応が止まっても、原子炉には多くの核分裂生成物が存在し、その多くは化学的に〝不安定〟と呼ばれる状態にあります。それらは〝安定〟するまで、放射線と熱を出しながら、別の物質に変わっていきます。この熱を「崩壊熱」と言い、熱量が極めて大きいため、原子炉に水を注入して冷やし続けなければなりません。

福島第一原発では、制御棒は挿入されたものの、復水器に海水を送るポンプなどが津波で損傷し、原子炉に水を注入し続けることができなくなってしまったため、圧力容器の中の水がどんどん蒸発して減ってしまいました。そして、ついには燃料が水面から「露出」します。露出した燃料は、それ自体が発生する熱で溶け始めました。溶融した燃料は圧力容器の底をも溶かし、格納容器の底へと落ちました。これが「メルトダウン」および「メルトスルー」です。

さらに、燃料棒の外側を覆う被覆管のジルコニウムが水蒸気中の酸素と化学反応を起こし、大量の水素が発生しました。そして「水素爆発」に至ったのです。ただし、第3章で解説しますが、水素爆発が起きたのは「圧力容器」「格納容器」ではなく、それらを取り囲む「原子炉建屋」です。

こうして、格納容器の中に閉じ込めなければならないはずの放射性物質が、外部へと漏れてしまいました。

基礎知識編

②原発を「冷やす」仕組み
原子炉の安全な停止に必要な「電源」と「冷却系統」

■原子炉を冷やすための主な「冷却系統」

冷却系統は、大きく3つに分けられる

①高圧冷却系
圧力容器内の圧力が高い場合に使用する。高圧炉心スプレイ系、高圧注水（注入）系、原子炉隔離時冷却系など

②低圧冷却系
圧力容器内の圧力が低い場合に使用する。低圧炉心スプレイ系、消火系、復水補給水系、残留熱除去系など

③ディーゼル発電機などを冷やすための冷却系
海水冷却系、補機冷却系、残留熱除去冷却系、残留熱除去海水系など

（下の図は、冷却系統の一例。上記の冷却系統が、すべての原発に設置されているわけではない）

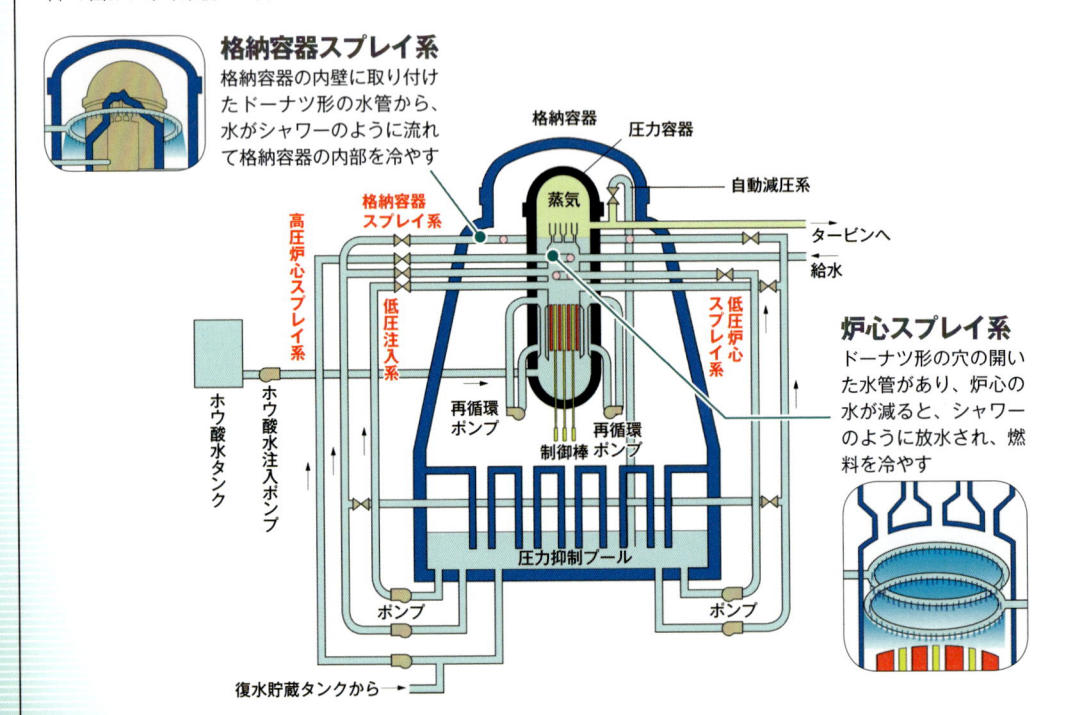

格納容器スプレイ系
格納容器の内壁に取り付けたドーナツ形の水管から、水がシャワーのように流れて格納容器の内部を冷やす

炉心スプレイ系
ドーナツ形の穴の開いた水管があり、炉心の水が減ると、シャワーのように放水され、燃料を冷やす

原子炉隔離時冷却系、非常用復水器、高圧冷却系とは？

事故の検証で取り上げられるさまざまな高圧冷却系のなかでも、特に多く出てくる3つについて、簡単に違いを解説します。

原子炉隔離時冷却系（RCIC）
何らかの事故が起きた際、放射性物質を含む蒸気を格納容器内に閉じ込めるために、「主蒸気隔離弁」を閉鎖して、発電タービンへと蒸気を送らないようにします（隔離という）。そのうえで、圧力抑制プールまたは復水貯蔵タンクから、ポンプを使って炉心に水を送り込むことができる仕組みです。

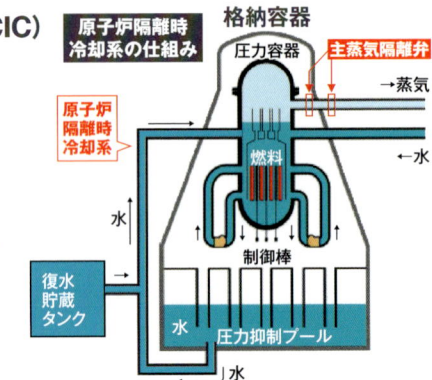

非常用復水器（IC）
福島第一原発1号機には、RCICがなく、ICがついています。原子炉で発生した蒸気を、水の溜まった復水器に通し、冷やして水に戻します。そのうえで炉心に送り込むシステムです（詳細は154ページ参照）。

高圧注水系（HPCI）
復水貯蔵タンクから、水を高圧で炉心に送り込むことができるシステムです。そのポンプは強力で、RCICの10倍ほどの水を送ることができます。

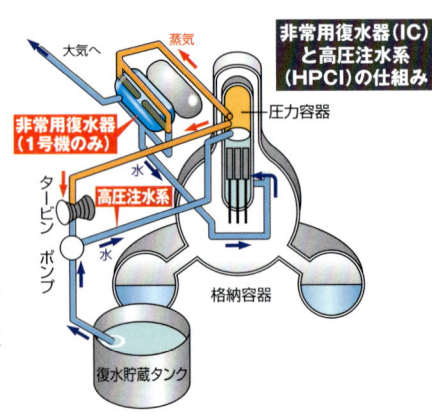

出典：電気事業連合会「原子力・エネルギー図面集 2011年版」

原発をコントロールするための「電源」の種類

①外部電源（交流）
原発外部の変電所から、送電線を使って送られてくる電気。複数の系統で送られてきている

②非常用ディーゼル発電機（交流）
外部電源が失われた時に使用するディーゼル発電機。原発1基につき、複数台設置されている

③バッテリー（直流）
全交流電源が失われた際に使う蓄電池。制御室の照明・監視機能や、一部の冷却系統の稼働※など、限られた用途にしか使えない。充電なしで8時間ほどもつ。原発1基につき、複数準備されている

④電源車（交流・直流）
下記の「電源盤」を通じて給電したり、バッテリーに接続して充電したりできる。原発敷地内にも準備されている

⑤電源盤（高圧電源盤と低圧電源盤）
通常時は外部電源、非常時にはディーゼル発電機や電源車などから電気を受けて配電することができる装置（電源盤自体が電源となるわけではない）

※BWR（沸騰水型原子炉）の場合

15ページで述べたように、原発は停止した後も崩壊熱を出し続けるため、長時間にわたって冷却をしなければなりません。

原発はトラブルに備え、炉心を冷やし続けるための「冷却系統」や、温度や機器の状況を監視したり冷却系統のポンプを動かすための「電源」を二重三重に用意しています。

結論から言うと、炉心損傷や水素爆発に至った福島第一原発1～3号機では、このいくつも用意されたはずの「電源」と「冷却系統」が次々と使えなくなってしまったことが、悲劇へとつながりました。

事故を検証する過程では、これらの「電源」と「冷却系統」がポイントとして繰り返し登場するので、ここで概要を把握しておきましょう。

■3つに分けられる冷却系統

原発は、〝配管と配線のオバケ〟です。左の図は、原子炉を冷やすための冷却系統の例を示したものですが、もし一部が故障しても別の系統が使えるように、バックアップが備えられているのがわかります。

ここではそれらの詳細な名称や機能まで理解する必要はありませんが、左ページの表の通り、冷却系統が大きく3つに分けられることは覚えておいていただきたいと思います。

このうち、**①高圧冷却系**と**②低圧冷却系**は炉心を冷やすものです。例えば、高圧冷却系の1つである「高圧炉心スプレイ系」は、格納容器の下部にある圧力抑制プールに溜まっている水を引っ張って、強力なポンプで圧力を高め、原子炉の中（圧力容器内）に送り込みます。その水をシャワーのように放出し、燃料を冷やすという仕組みです。それ以外に**③ディーゼル発電機などを冷やすための冷却系**があります。非常時に使うディーゼル発電機や、ポンプのモーターなどは、大きな熱を発します。これを冷やすためにも、冷却系統が設けられているわけです。逆に、この冷却系統が使えないと、非常用ディーゼル発電機が使えないという事態になります。

■電源は原発の「命綱」

続いて、電源を見ていきましょう。

通常時には、発電所の外から引かれている送電線の電気を使って、原子炉の運転・監視を行なっています。これが「外部電源」です。

外部電源が地震など何らかの原因でストップしてしまった場合に使用されるのが、「非常用ディーゼル発電機」です。軽油を使って発電するもので、万一、使えなくなることを想定し、原発1基につき2～3台ほど設置されています。この「外部電源」と「非常用ディーゼル発電機」は、交流電源です。このほか、直流電源であるバッテリーや、電源車も用意されています。

電源は、原発の〝命綱〟です。原子炉の安全な停止には、絶対に失われてはならないものだということだけは、強調しておきたいと思います。

基礎知識編 ③緊急時の対応手順
全交流電源を喪失したら、どうやって原子炉を冷やすのか

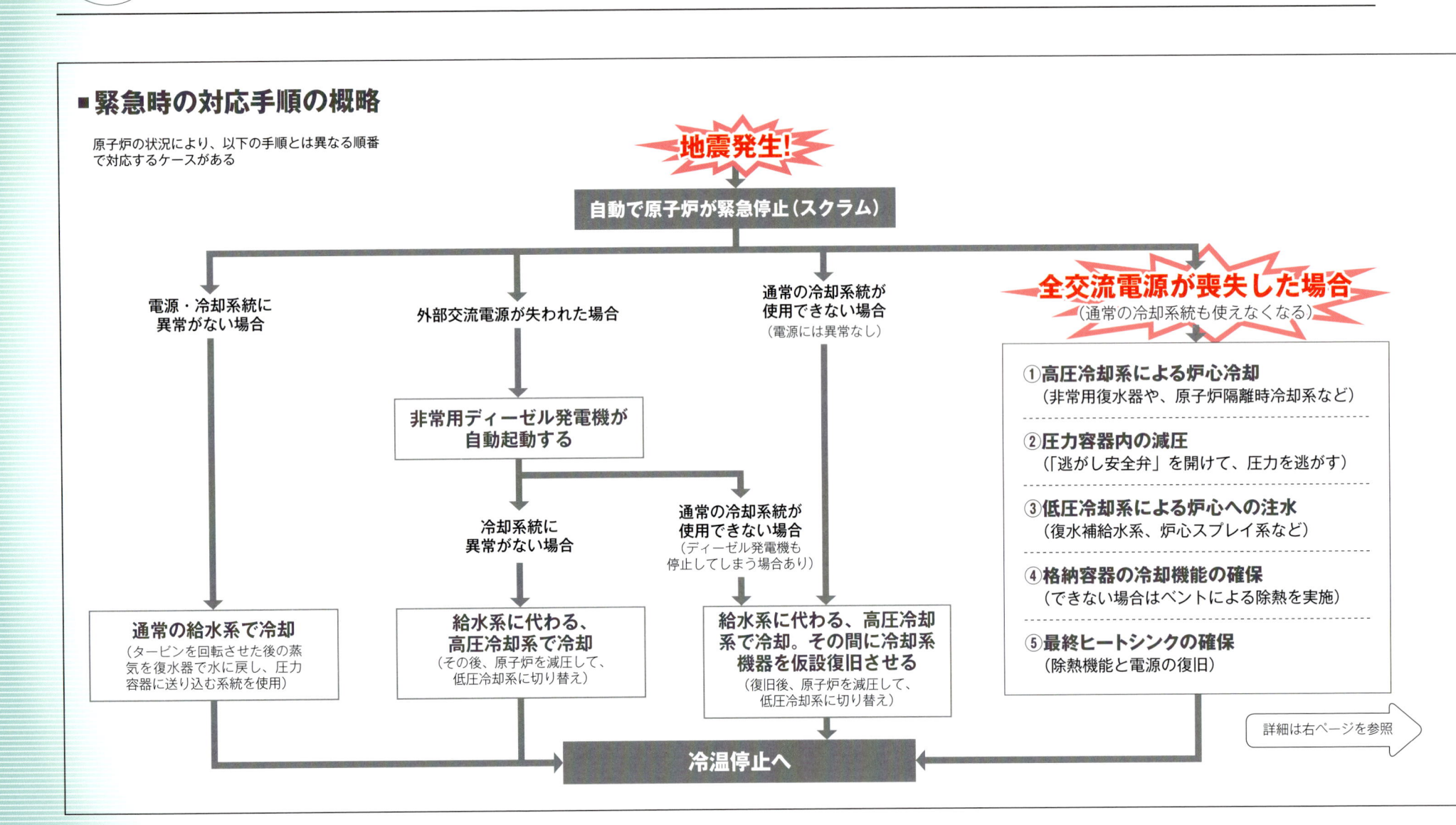

■緊急時の対応手順の概略

原子炉の状況により、以下の手順とは異なる順番で対応するケースがある

地震発生!

→ 自動で原子炉が緊急停止（スクラム）

【電源・冷却系統に異常がない場合】
→ 通常の給水系で冷却
（タービンを回転させた後の蒸気を復水器で水に戻し、圧力容器に送り込む系統を使用）

【外部交流電源が失われた場合】
→ 非常用ディーゼル発電機が自動起動する
→ 冷却系統に異常がない場合
→ 給水系に代わる、高圧冷却系で冷却
（その後、原子炉を減圧して、低圧冷却系に切り替え）

【通常の冷却系統が使用できない場合】（電源には異常なし）
→ 通常の冷却系統が使用できない場合（ディーゼル発電機も停止してしまう場合あり）
→ 給水系に代わる、高圧冷却系で冷却。その間に冷却系機器を仮設復旧させる
（復旧後、原子炉を減圧して、低圧冷却系に切り替え）

全交流電源が喪失した場合
（通常の冷却系統も使えなくなる）

①高圧冷却系による炉心冷却
（非常用復水器や、原子炉隔離時冷却系など）

②圧力容器内の減圧
（「逃がし安全弁」を開けて、圧力を逃がす）

③低圧冷却系による炉心への注水
（復水補給水系、炉心スプレイ系など）

④格納容器の冷却機能の確保
（できない場合はベントによる除熱を実施）

⑤最終ヒートシンクの確保
（除熱機能と電源の復旧）

→ **冷温停止へ**

詳細は右ページを参照

[基礎知識編]

全交流電源を喪失した場合の対応手順

①高圧冷却系による炉心冷却
- 全交流電源喪失時でも直流電源（バッテリー）で動かせる高圧冷却系（非常用復水器や原子炉隔離時冷却系など）により、高温待機状態を維持する
- これまでは約8～10時間で直流電源が枯渇し、高圧冷却系が停止することを想定していた。高圧冷却系が作動している間に、非常用ディーゼル発電機または外部電源を復旧させ、低圧冷却の準備を行なう必要がある。また仮設バッテリーを準備することにより、バッテリーの延命化を図ることも可能

②圧力容器内の減圧（「逃がし安全弁」を開けて、圧力を逃がす）
- 低圧冷却の準備が整った段階で、逃がし安全弁を開け、圧力容器内を減圧する（事前に格納容器内の圧力を下げるためにベントを実施しておくケースもある）
- 非常用電源が確保できている場合には、逃がし安全弁を開けることにより圧力抑制室の水温が上昇することを想定し、事前に圧力抑制室の水を冷却しておく

③低圧冷却系による炉心への注水（復水補給水系、炉心スプレイ系など）
- 非常用ディーゼル発電機または外部電源が復旧した場合は、炉心スプレイ系、復水補給水系などにより注水
- 上記が復旧しない場合は、消火系のディーゼル駆動消火ポンプを用いて注水
- ディーゼル駆動消火ポンプも使用できない場合には、消防車を用いて注水

④格納容器の冷却機能の確保（できない場合はベントによる除熱を実施）
- 非常用ディーゼル発電機または外部電源が復旧した場合には、格納容器スプレイ系などで冷却
- 上記が復旧せず、格納容器が冷却できずに圧力が高まっていく場合は、格納容器のベントを実施

⑤最終ヒートシンクの確保（除熱機能と電源の復旧）
- 電源車や仮設電源などにより交流電源を復旧させ、海水系ポンプなどを使って、継続的に除熱していく

17ページで説明した通り、原子炉の安全を保つには冷却が不可欠です。しかし、万一、地震などの災害によって冷却を続けるための電源が失われてしまったら、どうなるのでしょうか。ここでは、そんな緊急時の対応手順を紹介します。

地震が発生すると、原子炉は自動的に緊急停止（スクラム）する仕組みになっています。

電源や冷却系統に異常がなければ、通常の給水系（タービンを回した後の蒸気を復水器で水に戻し、ポンプで圧力容器に送り込む系統）を使って冷却し、安全に冷温停止に持っていくことが可能です。

一方、外部電源が失われてしまった場合は、非常用ディーゼル発電機が起動します。冷却系統に異常がなければ、17ページで紹介した高圧冷却系を使って冷却します。

通常の冷却系統が使えなくなっている場合も、同様に高圧冷却系を使いつつ、その間に、冷却系機器を仮復旧させて、冷温停止へと持ち込むことになります。

問題は、すべての交流電源が喪失してしまった場合です。詳細は左の表に示した通りですが、おおまかに言って、

高圧冷却系で原子炉に注水して時間を稼ぎ

→その間に低圧冷却系を準備

→バルブを開けて炉心の蒸気を逃がし、圧力を下げて低圧冷却系で注水

→並行して電源などを復旧させ、冷温停止へ

——というのが、安全に停止させるためのシナリオです。

事故の経過を時系列で検証する第2章では、さまざまな冷却系統の名前が登場して、どのような操作が行なわれたのかを記していますが、概ね上記のシナリオに沿って対応しているということを頭に入れておけば、理解しやすいと思います。

炉心損傷や水素爆発に至った福島第一原発の1～3号機では、このシナリオがいずれかの段階で破綻したことになります。

基礎知識編 ④東京電力が示した「中長期ロードマップ」
福島第一原発は、今後どう事故処理が進んでいくのか

■ 東京電力が2011年12月に示した「中長期ロードマップ」

2011年12月16日 ステップ2完了	2年以内	10年以内	30〜40年後
ステップ1 ステップ2	**第1期**	**第2期**	**第3期**
■冷温停止状態 ■放射性物質放出の大幅抑制	使用済み燃料プール内の燃料取り出しが開始されるまでの期間	燃料デブリ(※)取り出しが開始されるまでの期間	廃止措置完了までの期間

※デブリ：燃料や被覆管などが溶解して再固化したもの

　野田佳彦首相は、2011年12月16日の記者会見で福島第一原発が「冷温停止状態」になったと発表しました。しかし、もちろんこれで終わりではなく、事故処理への道は始まったばかりです。

　2011年12月、東京電力は今後のスケジュールを示した中長期ロードマップを発表しました。それによると、「ステップ2」完了から2年以内を第1期とし、使用済み燃料プール内の燃料取り出しを開始することになっています。さらに、原発敷地境界における放射線量を年間1ミリシーベルト未満まで低減し、燃料デブリ（燃料や被覆管などが溶けて再固化したもの）の取り出しや放射性廃棄物の処理に向けた技術開発に着手するとしています。

　そして10年以内の期間を第2期とし、燃料デブリの取り出しをスタート。すべてのプラントで使用済み燃料プール内の燃料取り出し完了を目指します。併せて、建屋内の除染や格納容器の修復などを完了し、施設解体に向けた研究開発を始めることになっています。

　最後の第3期で、燃料デブリの取り出しや放射性廃棄物の処理をすべて終え、原子炉の廃止措置を完結させるというスケジュールです。

　これらの作業の完了には、30〜40年の長い期間が必要とされています。ひとたび原発で深刻な事故が起きれば、将来に大きな負担を残します。その意味でも、事故の再発は絶対に防がねばならないのです。

事故調査・検証編 **第1章**

〈ビジュアル解説〉写真でわかる壮絶な破壊力

「地震」と「津波」は原発にどんなダメージを与えたか？

第1章では「3・11」のその日、
地震と津波が福島第一原発にどのような被害をもたらしたのかを、
当日撮影された写真を中心にして解説していきます。
震度6強の地震により、福島第一原発では、構内の道路が陥没・損壊するなどして、
その後の復旧の妨げとなりました。津波は、建屋の設置エリアのほとんどを飲み込み、
巨大な重油タンクを押し流すほどのエネルギーがありました。
そうした震災当日の生々しい写真からわかるのは、大地震や大津波の破壊力に対し、
あまりにも原発が脆弱だったということです。
では、その苛烈な現実を見ていきましょう。

地震時に稼働中の1〜3号機は〝初期型〟だった

未曾有の事故を起こした「福島第一原発」はGE、東芝、日立製

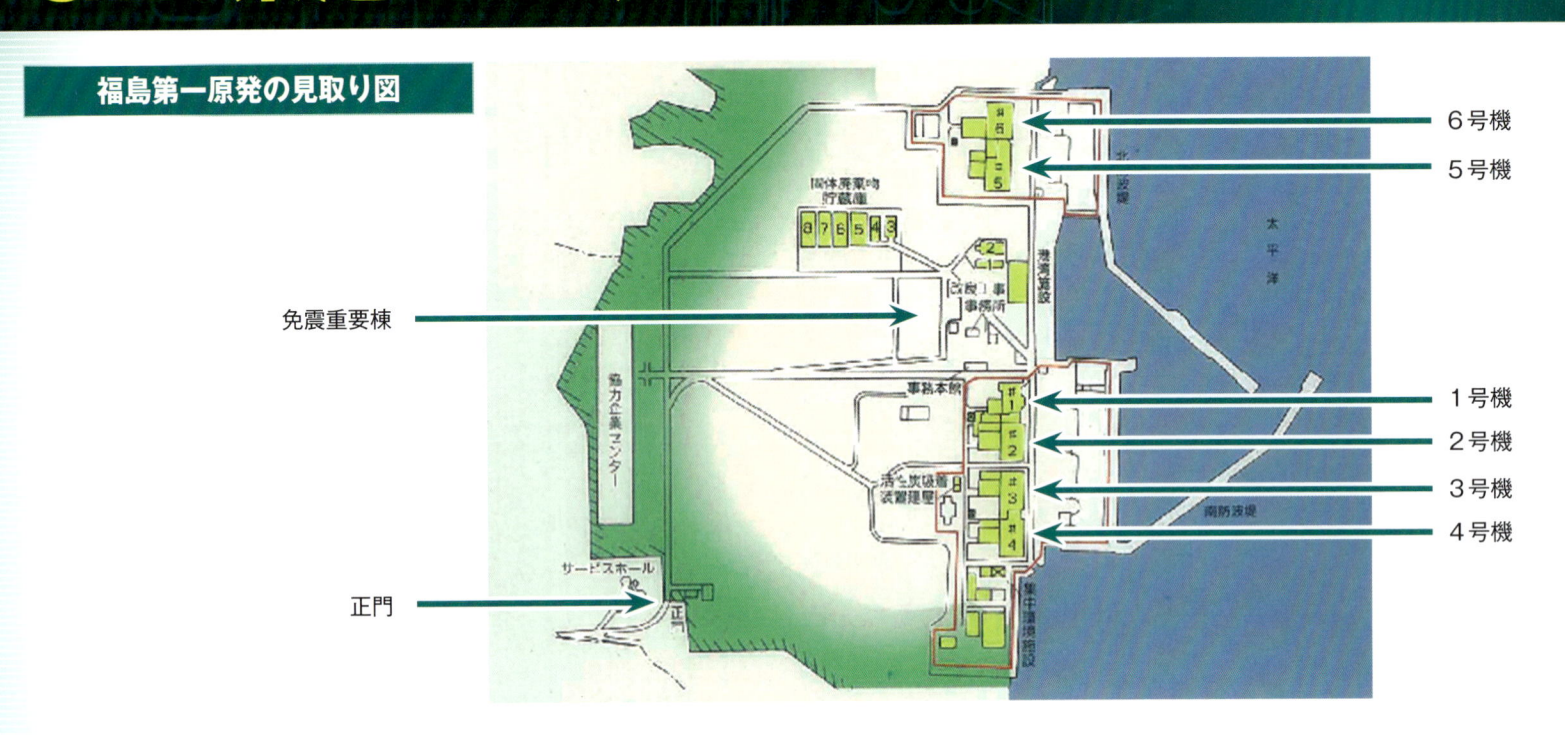

福島第一原発の見取り図

所在	号機	運転開始時期	型式	出力	主契約メーカー	地震発生時の状況
大熊町	1号機	1971年3月	BWR-3	46.0万kW	GE	定格出力運転中
	2号機	1974年7月	BWR-4	78.4万kW	GE/東芝	定格出力運転中
	3号機	1976年3月	BWR-4	78.4万kW	東芝	定格出力運転中
	4号機	1978年10月	BWR-4	78.4万kW	日立	定期検査中
双葉町	5号機	1978年4月	BWR-4	78.4万kW	東芝	定期検査中
	6号機	1979年10月	BWR-5	110万kW	GE/東芝	定期検査中

第1章 「地震」と「津波」は原発にどんなダメージを与えたか?

福島第一原子力発電所は、東京電力が最初に建設・運転した原発です。敷地は福島県・浜通り(県東部の太平洋沿岸地域)の双葉郡大熊町と双葉町にまたがり、いわき市の北約40km、郡山市の東約55km、福島市の南東約60kmに位置しています。BWR※(沸騰水型原子炉)の原子炉6基を有し、1号機が1971年、2号機が74年、3号機が76年、4号機と5号機が78年、6号機が79年に営業運転を開始した日本初期の原発の1つです。

福島第一原発建設までの経緯を振り返ると、まず1960年に福島県が日本原子力産業会議に加盟し、大熊・双葉地区が立地に最適と判断しました。翌61年に大熊町と双葉町の議会が相次いで原発誘致を決議。64年に東電が福島原発(現在の福島第一原発1号機)の建設計画を発表し、66年に当時の佐藤栄作首相が原子炉設置を許可して建設が開始されました。

当時の大熊・双葉地区は、ともに人口7000人ほどで目立った産業がなく、過疎化が進んでいました。このため、地元の(住民の本音はともかく)自治体や議会は原発誘致に積極的に協力していたことがうかがわれます。実際、県と町が用地取得を主体的に代行・支援していた記録が残っており、取得もスムーズに進んだようです。

▍東京ドーム75個分の敷地

1~4号機は大熊町、5号機と6号機は双葉町にあり、敷地面積は東京ドーム75個分に相当する約350万㎡。その中に原子炉と1次冷却材ループ(炉心を通る水の系統)、使用済み燃料プールなどが収納されている「原子炉建屋」、タービン発電機や復水器、給水ポンプなどが設置されている「タービン建屋」、そして地震などの災害が発生した際に緊急対策室を設置するための「免震重要棟」(震度7クラスの地震が起きても初動対応に支障がないよう、緊急時対策室や通信設備、電源設備、空調設備などを備えた免震構造の建物)などがあります。

プラントの出力は1号機が46万kW、2~5号機が78.4万kW、6号機が110万kW。主契約メーカーは1号機がアメリカのGE(ゼネラル・エレクトリック)、2号機と6号機がGEと東芝、3号機と5号機が東芝、4号機が日立ですが、増設するにつれて、日本のメーカーが技術提携・技術吸収をして、いわゆる〝国産化率〟を上げていきました。ただし、基本的にはGEの技術がベースになっています。

▍1~3号機は海抜10m

重要なのは、原発がどれくらいの高さの場所に立地していたのか、ということです。1~4号機の敷地は海水ポンプが設置されている海側エリアが海抜4m、原子炉建屋やタービン建屋などがある主要建屋エリアが海抜10mで、5号機と6号機の敷地は海側エリアが同じく海抜4m、主要建屋エリアが1~4号機より3m高い、海抜13mでした。後述するように、想定されていた津波の高さは最大6.1m。が、今回は最大15.5mに達したため、1~6号機と主要施設の全域が浸水しました。

東日本大震災が発生した当時、1~3号機は運転中、4~6号機は定期検査のため停止中でした。地震で1~3号機は自動的に緊急停止(スクラム)しました。4号機はシュラウド(原子炉の圧力容器内に燃料棒を取り囲むように設置されている直径約4.5m、高さ約7mのステンレス製の円筒)を交換するため、炉心からすべての燃料を取り出し、原子炉建屋内の使用済み燃料プールで冷却していました。5号機と6号機は炉心に燃料が入っていて圧力容器の上蓋が閉まっていました。いずれも原子炉や使用済み燃料を冷やし続けていなければ、炉心やプールの温度が上昇してしまう状態でした。

※原子炉の中で発生した熱で水を沸騰させ、高温・高圧の蒸気にして、そのまま直接、タービン発電機に送り込んで電力を生み出すタイプ

原子炉格納容器の形はこんなに違う

1〜5号機は「マークⅠ」、6号機は「マークⅡ」型だが基本的な仕組みは同じ

福島第一原発 1号機
出力46万kW
1971年 運転開始

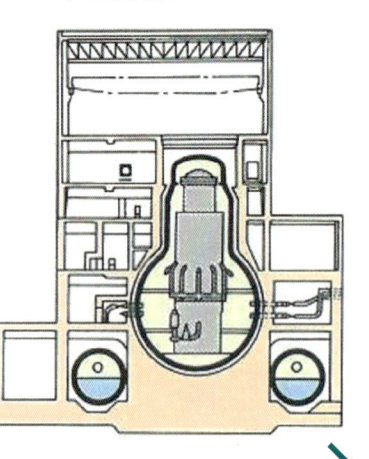

福島第一原発 2〜5号機
出力78.4万kW
1974年〜78年運転開始

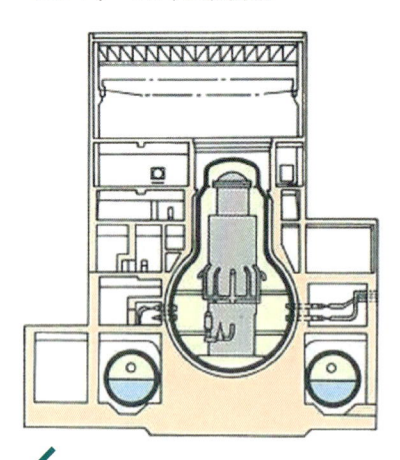

福島第一原発 6号機
福島第二原発 1号機
出力110万kW
1979年〜85年運転開始

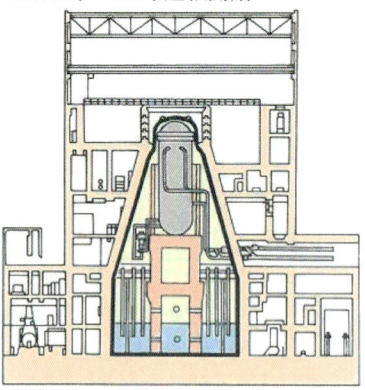

福島第二原発 2〜4号機
出力110万kW
1984年〜94年運転開始

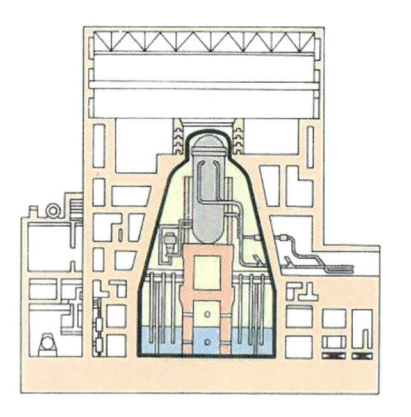

マークⅠ（BWR-3）
フラスコ型

マークⅠ（BWR-4）
フラスコ型

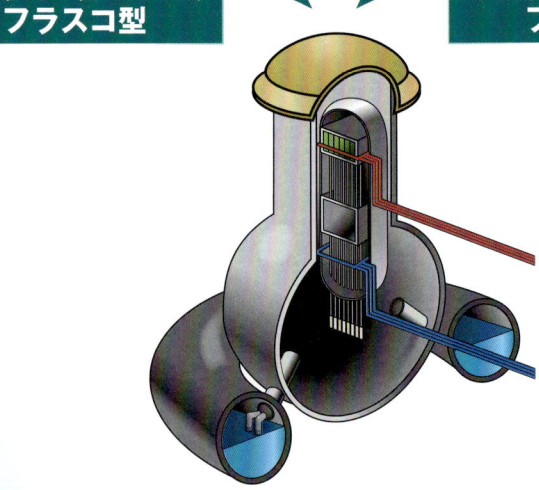

マークⅡ（BWR-5）
円すい型

マークⅡ改良（BWR-5）
つりがね型

立体断面図

福島第二原発 1号機

福島第二原発 3号機

日本で商用稼働している原発の原子炉は、すべてアメリカで開発された「軽水炉」です。この原子炉は軽水（＝普通の水）を核分裂の減速材と冷却材に兼用しているのが特徴で、燃料には濃縮ウランを使います。

軽水炉は、蒸気を発生させる仕組みの違いによって、BWR（沸騰水型原子炉）とPWR（加圧水型原子炉）※の2種類に分かれています（両者の違いは第6章で詳述）。

▌放射性物質の〝防護壁〟

そして、原子炉冷却材（冷却水）喪失事故などが起きても原子炉から放射性物質を放出しないようにするため、「原子炉圧力容器」と「原子炉格納容器」、さらに「原子炉建屋」という〝防護壁〟があります。今回の事故ではそれらがあっけなく破られてしまったわけですが、これまで原子炉エンジニアは格納容器があれば絶対に安全だと考え、地元の自治体や住民にも、そう説明してきました。いわゆる格納容器の〝安全神話〟です。

福島第一原発の原子炉格納容器は、1〜5号機が「マークⅠ」、6号機が「マークⅡ」というタイプです。いずれもアメリカのGE（ゼネラル・エレクトリック）からの技術導入によるもので、厚さ約3cmの鋼鉄製です。その外側が厚さ約2mもの鉄骨鉄筋コンクリートで覆われる構造になっています。

▌「フラスコ型」と「円すい型」「つりがね型」

マークⅠは格納容器の本体（圧力容器と再循環系回路を取り囲んでいる部分。水がないのでドライウェル＝D/Wと呼ばれます）が「フラスコ型」で、左の断面図でわかるように、本体の下に連結したドーナツ形の部分があるのが特徴です。

このドーナツ形の部分も「圧力抑制室」（サプレッション・チェンバー＝S/C）という格納容器の一部です。「圧力抑制プール」（サプレッション・プール＝S/P）とも呼ばれ、水があることからドライウェルに対してウェットウェル（W/W）と呼ばれます。

一方、マークⅡは格納容器が「円すい型」または「つりがね型」をしており、上部のドライウェルと下部のウェットウェルが別々ではなく、一体化しています。ただし、圧力抑制プールとベントに使う一部の配管の設計の違いにより形が異なるだけで、基本的な仕組みはマークⅠとほとんど同じです。

▌格納容器〝安全神話〟の崩壊

事故が起きた時などは、ドライウェル内に高温の蒸気が発生して格納容器の圧力が上昇します。このためマークⅠ・マークⅡでは、蒸気を圧力抑制室内のプールに導いて冷却・凝縮することにより、格納容器の圧力の上昇を抑制するという仕組みになっています。また、圧力抑制プールの水をドライウェル内にスプレイ（噴霧）することで、格納容器内の温度、圧力を下げるとともに、格納容器内に浮遊している放射性物質を除去する機能も備えています。

しかし、これらの安全装置は福島第一原発1〜3号機の場合、地震と津波で全電源を喪失したため役に立ちませんでした。1〜3号機がマークⅠだったことから、それを事故原因の1つと指摘した報道もありましたが、後述するように「マークⅠだから事故が起きた」わけではありません。

マークⅠ・マークⅡには改良型があり、容積がマークⅠ改良型はマークⅠの約1.6倍、マークⅡ改良型はマークⅡの約1.5倍になり、定期検査時の作業性が改善されています。

※1次冷却系は加圧して1次冷却水が沸騰しないようにし、この熱水を蒸気発生器に通して2次系の水に伝え、そこで発生した蒸気によってタービン発電機を回すタイプ

15:35の「第二波」はさらに高かった
地震から40分後に福島第一原発を襲った津波の大きさ

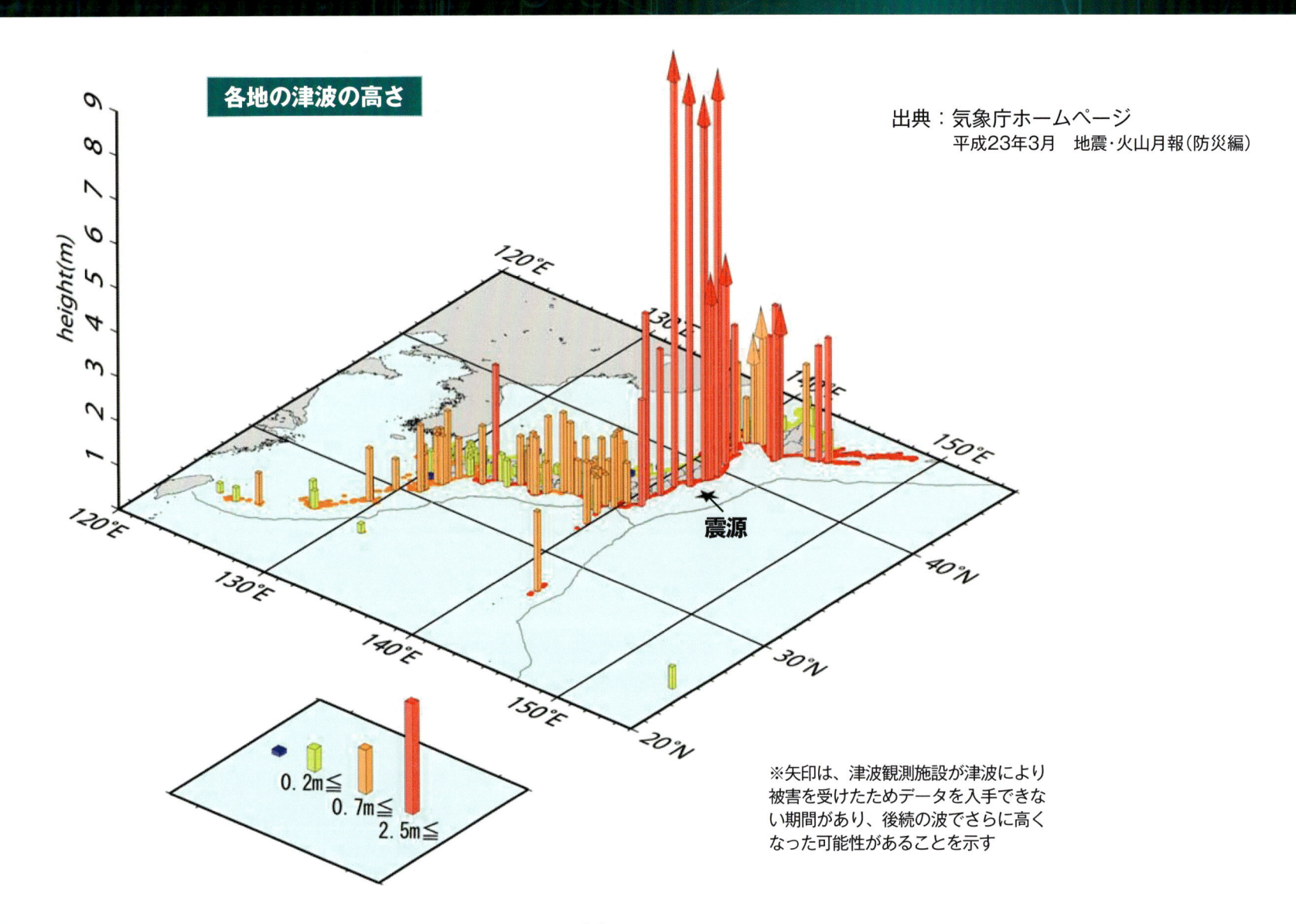

各地の津波の高さ

出典：気象庁ホームページ
平成23年3月　地震・火山月報（防災編）

※矢印は、津波観測施設が津波により被害を受けたためデータを入手できない期間があり、後続の波でさらに高くなった可能性があることを示す

2011年3月11日14時46分、三陸沖の海底（北緯38度06.2分、東経142度51.6分、深さ24km）を震源とするマグニチュード（M）9.0の巨大地震「東北地方太平洋沖地震」が発生しました（「東日本大震災」は、この「東北地方太平洋沖地震」と津波、余震などを含めた震災の名称）。

気象庁は「宮城県、岩手県、福島県、秋田県および山形県で強い揺れが予想される」という緊急地震速報（警報）を、地震波を最初に検知してから8.6秒後に発表しました。また、最初の地震波の検知から3分後の14時49分に岩手県、宮城県、福島県の沿岸に津波警報（大津波）を、北海道から九州にかけての太平洋沿岸と小笠原諸島に津波警報と津波注意報を発表しました。

この地震の最大震度は7。福島第一原発のある福島県双葉郡大熊町と双葉町、福島第二原発のある同郡楢葉町と富岡町では震度6強、女川原発のある宮城県牡鹿郡女川町と石巻市、東海第二原発のある茨城県那珂郡東海村では震度6弱を記録しました。

そして地震に伴う巨大津波が、岩手県、宮城県、福島県を中心とする東北地方と関東地方北部の太平洋沿岸を襲い、福島第一原発、福島第二原発、女川原発、東海第二原発を直撃しました。なお、福島第一原発と震央の距離は178kmでした。

津波の高さは福島第一原発で最大15.5m

福島第一原発に津波の第一波が押し寄せたのは、地震発生から約40分後の15時27分ごろで、その8分後の15時35分ごろには、さらに極めて高い第二波が襲来しました。津波の高さは福島第一原発が11.5～15.5m、福島第二原発が12～14.5m、女川原発が13m、東海第二原発が3mでした。

気象庁は福島県相馬市で高さ9.3m以上、岩手県宮古市で高さ8.5m以上の津波を観測しましたが、この数値は「観測施設が津波により被害を受けたためデータを入手できない期間があり、後続の波でさらに高くなった可能性がある」としています。

地震・津波の規模は観測史上4番目

ちなみに、東北地方太平洋沖地震のM9.0は国内観測史上最大規模で、世界でも1960年のチリ地震（M9.5）、2004年のスマトラ地震（M9.3）、1964年のアラスカ地震（M9.2）に次ぐ観測史上4番目の規模でした。また、津波マグニチュード（地震で生じた津波の大きさから求めるマグニチュード）も、1960年のチリ地震（M9.4）、1837年のバルディビア地震（M9.3）と1946年のアリューシャン地震（同）に次いで世界観測史上4番目となる規模でした。

地震マグニチュードによる規模比較

順位	マグニチュード	発生年	地震名
1	M9.5	1960年	チリ地震（チリ）
2	M9.3	2004年	スマトラ地震（インドネシア）
3	M9.2	1964年	アラスカ地震（アメリカ）
4	M9.0	1700年	カスケード地震（カナダ、アメリカ）
4	M9.0	1868年	アリカ地震（ペルー、チリ）
4	M9.0	1952年	カムチャツカ地震（ソ連）
4	M9.0	2011年	東北地方太平洋沖地震（日本）

津波マグニチュードによる規模比較

順位	マグニチュード	発生年	地震名
1	M9.4	1960年	チリ地震（チリ）
2	M9.3	1837年	バルディビア地震（チリ）
2	M9.3	1946年	アリューシャン地震（アメリカ）
4	M9.1	1964年	アラスカ地震（アメリカ）
4	M9.1	2011年	東北地方太平洋沖地震（日本）

第1章　「地震」と「津波」は原発にどんなダメージを与えたか？

同じ震度6強でも「第一」が「第二」より大ダメージ
道路が陥没、亀裂──インフラ破壊が対応を遅らせた

福島第一原発の被災状況
- 路面が左右にわたり完全に亀裂、破断
- ガードレールは大きく傾斜
- 側道に無数のヒビ割れ
- 車両や人の通行が困難

- 路面が数mにわたり陥没している
- 道路中央にドラム缶が転がっている
- 車はまったく通行できない。徒歩での移動も困難

- 高台においても数mの亀裂

福島第二原発の被災状況
- 一部、地盤の陥没が見られる

- 建屋と地面の間に隙間（地盤沈下か？）

「6.1m」の想定に対し、実際の津波は最大15.5m

これまでの津波対策の条件設定の経緯

建設時 原発の建設にあたり、過去の津波の発生実績をベースに、設計に反映すべき津波の条件を設定していた

2002年 同年刊行の土木学会編「原子力発電所の津波評価技術」に基づき、津波の条件設定を見直した
それに伴い、海水ポンプのかさ上げなどの津波対策を強化していた
➡ 2009年に福島第一原発のみ、さらに見直し

● 約5.4〜9.4mの想定差があった
（福島第二原発は、海側面エリアで約1.3〜1.8mの想定差）

		建設時の想定	2002年の見直し時の想定	今回の津波（浸水高）
福島第一原発	上昇側	海抜(O.P.)＋3.1m	海抜(O.P.)＋5.7m ※09年に＋6.1mに見直し	主要建屋設置エリアの海側面において 海抜(O.P.)＋11.5〜＋15.5m
福島第一原発	下降側（引き波）	同 －1.9m	同 －3.6m	
福島第二原発	上昇側	同 ＋3.7m	同 ＋5.2m	海側面エリアにおいて 同 ＋6.5〜＋7m 主要建屋エリア南の道路では集中的に遡上あり 同 ＋12〜＋14.5m
福島第二原発	下降側（引き波）	同 －1.9m	同 －3.0m	

※O.P.とは小名浜港工事基準面のこと。東京湾平均海面（T.P.）の下方0.727mにある基準面である

27ページで述べたように、福島第一原発のある大熊町・双葉町と福島第二原発のある楢葉町・富岡町の震度は同じ「6強」でした。ところが、地震による道路の陥没や亀裂、地盤沈下などのインフラの被害は、福島第一原発のほうが福島第二原発よりも甚大で（左ページ写真参照）、福島第一原発は車や人の通行が困難になり、それがその後の事故対応に大きな差をもたらす一因となりました。

被害が異なった理由は、地震の「最大加速度」の違いです。地震の震度は加速度波形から計算されますが、震度の計算には加速度の大きさのほかにも揺れの周期や継続時間が考慮されるので、最大加速度が大きい場所が震度も大きくなるとは限りません。今回の地震による最大加速度は福島第一原発が550ガル（東西方向）、福島第二原発が305ガル（上下方向）でした。

また、福島第一原発と福島第二原発は、津波対策を建設時よりも強化していました。津波の高さの想定が、建設時は福島第一原発3.1m、福島第二原発3.7mでしたが、2002年の土木学会の津波評価技術に基づいて5.7mと5.2mに見直し、それに伴い海水ポンプのかさ上げなどを行なっていたのです。さらに09年には福島第一原発の想定は6.1mへと見直されました。しかし、その想定を今回の巨大津波は大きく上回り、福島第一原発を襲った津波の高さは11.5〜15.5mに達しました。想定より5.4〜9.4mも高い津波が押し寄せたわけです。

海側だけではなく山側を含む全域が水浸しに

1〜4号機、原子炉建屋・タービン建屋「全面浸水」図解

福島第一原発 1〜4号機の敷地高さと津波イメージ　　想定津波最高水位6.1m ➡ 実際の浸水高11.5〜15.5m

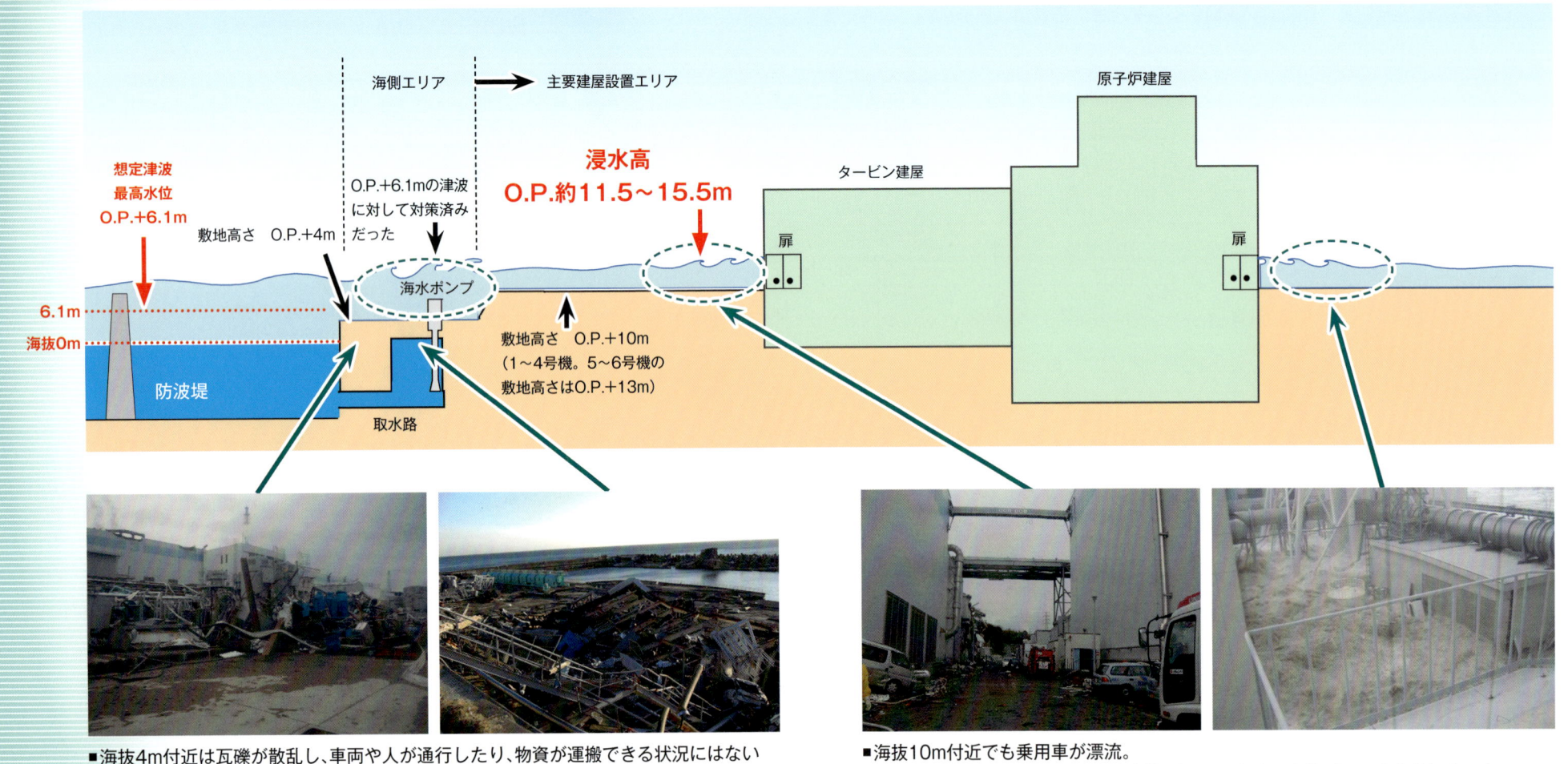

海側エリア → 主要建屋設置エリア

原子炉建屋
タービン建屋

想定津波最高水位 O.P.+6.1m

敷地高さ O.P.+4m

O.P.+6.1mの津波に対して対策済みだった

浸水高 O.P.約11.5〜15.5m

扉

6.1m
海抜0m

防波堤
海水ポンプ
取水路

敷地高さ O.P.+10m（1〜4号機。5〜6号機の敷地高さはO.P.+13m）

■海抜4m付近は瓦礫が散乱し、車両や人が通行したり、物資が運搬できる状況にはない

■海抜10m付近でも乗用車が漂流。建屋山側でも高さ5.5mのタンクを飲み込み、まるで水泳プールのようになった

襲来した津波の立ち上がりは高さ45mの建屋を上回った

排気塔（高さ約120m）

津波の立ち上がりは
凄まじい高さに

原子炉建屋（高さ約45m）

　それまで想定していた6.1mの2倍以上の、11.5〜15.5mという高さで襲来した津波は、福島第一原発を一気に飲み込みました。津波に対する設計尤度（余裕の度合い）が、明らかに低かったわけです。

　このため、左ページの図や写真のように、海抜4mの海側エリアに設置されていた常用電源および非常用電源を冷却するための海水ポンプとモーターはもとより、海抜10mの主要建屋エリアに建設されていた1〜4号機の原子炉建屋やタービン建屋などの施設、さらには原子炉建屋の裏側（山側）にあった重要設備までもが、水浸しになってしまいました。

　左の写真は、福島第一原発に津波が襲来した瞬間です。高さ10mの防波堤をやすやすと乗り越えて怒涛のごとく敷地に押し寄せた津波の立ち上がりは、高さ約45mの原子炉建屋を上回り、高さ約120mの排気塔の半分近くに達しています。凄まじい自然の力です。これでは、プラント全域が浸水したのは当然と言えます。

　次ページ以降、福島第一原発を襲った津波の様子を写真で詳しく検証します。

大震災時、稼働中だった1～3号機は海抜10mだった

写真で見る津波の爪痕①
建屋エリアの位置関係と「高さ」

福島第一原発の各エリアの敷地高さ（黄色とオレンジの全域、緑色の部分のほとんどが浸水）

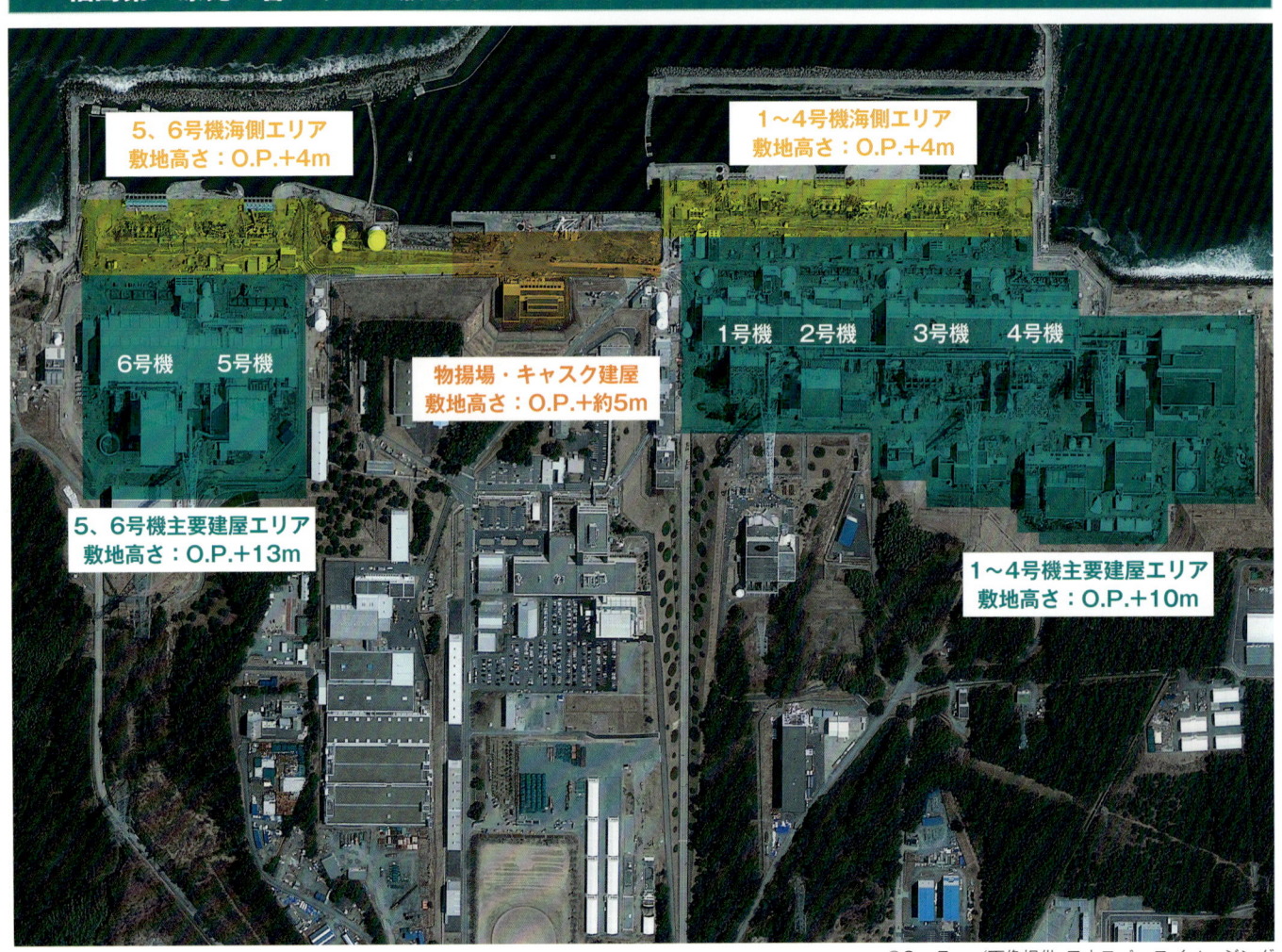

- 5、6号機海側エリア　敷地高さ：O.P.+4m
- 1～4号機海側エリア　敷地高さ：O.P.+4m
- 物揚場・キャスク建屋　敷地高さ：O.P.+約5m
- 5、6号機主要建屋エリア　敷地高さ：O.P.+13m
- 1～4号機主要建屋エリア　敷地高さ：O.P.+10m

6号機　5号機　1号機　2号機　3号機　4号機

©GeoEye／画像提供：日本スペースイメージング

はぎ取られた植林──4号機南側の海岸にあった緑が消えた

2011年3月11日以前

海岸の植林が、根こそぎはぎ取られている

2011年3月11日以後

第1章　「地震」と「津波」は原発にどんなダメージを与えたか？

　ここからは、東日本大震災の当日や、その前後に撮影された写真で、福島第一原発がどのような状態になったかを検証します。

　左ページの衛星写真は同原発敷地の全体を写したものですが、想定外の高さで押し寄せた津波の第二波は、主要建屋の設置エリアに達し、黄色とオレンジ、緑色の部分のほぼ全域が浸水しました。1～4号機および5、6号機の海側エリアの敷地高さは海抜4m。海から物資などを運ぶための物揚場やキャスク（使用済み燃料の収納容器）を一時保管する建屋の敷地高さは海抜5m、1～4号機主要建屋エリアの敷地高さは海抜10m、そして5号機と6号機主要建屋エリアの敷地高さは海抜13m。1～4号機主要建屋エリアと5、6号機主要建屋エリアとでは、前者のほうが3m低く、結果的により深刻な浸水被害が残りました。

　津波の痕跡は原発敷地内に限らず、沿岸伝いにも広く残っています。上の写真2点は、福島第一原発4号機の南側に位置する海岸です。震災前にはあった植林が、震災後には、津波によってなぎ倒されて消失し、土がむき出しになった薄茶色の帯と化していることがわかります。

　では、こうした津波の脅威が、原発敷地内をどのような惨状に陥れたか、次に見ていきます。

まるで敷地内がプールのように……
写真で見る津波の爪痕②
高さ5.5mの重油タンクを飲み込んだ瞬間

福島第一原発 4号機南側付近（敷地高さO.P.＋10m）の浸水状況

写真撮影場所

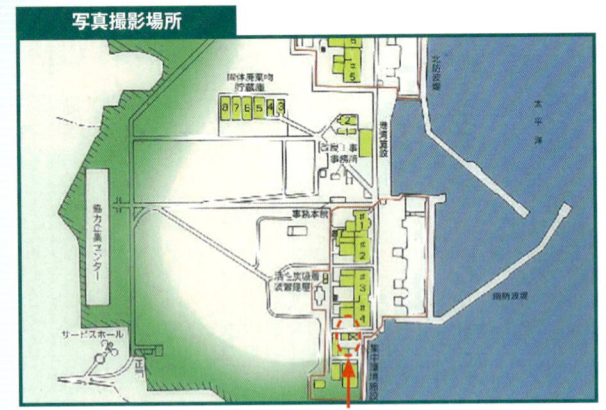

4号機南側付近

重油タンク（高さ約5.5m）

3台の車が見える

❶15:42

❷15:42

❸15:43

❹15:43　重油タンクが飲み込まれている

❺15:43

❻15:44　写真❶では左側にあった白い車が流されて建物に突っ込んでいる

❼15:44

❽15:44

❾15:46

❿15:49

⓫15:57　そのうち1台は建物の壁に突き刺さっている

左ページ❶の写真ではこの辺りにあった車がすべて流されている

第1章　「地震」と「津波」は原発にどんなダメージを与えたか？

高さ約10mの堤防を軽々と越えて押し寄せた
写真で見る津波の爪痕③
巨大タンクを押し流し、変形させるほどの威力

福島第一原発 5号機南側、固体廃棄物貯蔵所の東側

❶

❷ ← 高さ約10mの堤防を軽々と越えている

❸

❹ ← 写真❸右側の巨大なサージタンクがここまで浸水

↑ どこからか流されてきた車

❺ 道路側へ乗り上げている　　❻ 周囲がよじれている

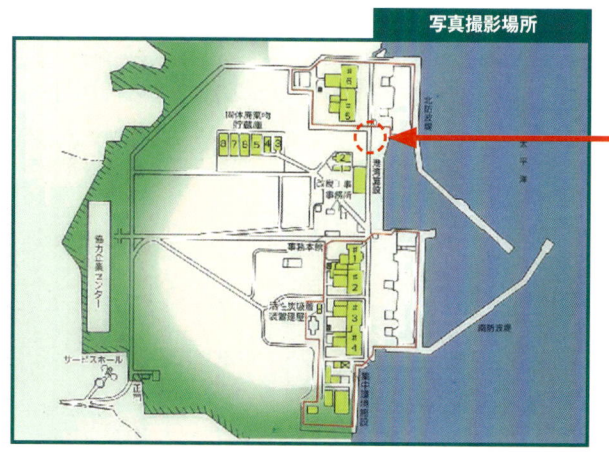

写真撮影場所

5号機南側、
固体廃棄物貯蔵所の東側

　津波は、福島第一原発敷地内の設備を次々と破壊していきました。34〜35ページの写真は、4号機南側付近の15時42分〜57分までの浸水状況を写しています。

　34ページの写真中央に見える重油タンクは高さが5.5mあったのですが、水煙を上げて猛烈に流れ込んできた濁水があっという間に満ち、その姿が見えなくなりました。15時42分には左下に見えていた白い乗用車が、2分後には建屋の壁にめり込んでいます。

　この4号機南側付近の敷地高さは海抜10mあり、一時、ほぼ水没した重油タンクの高さを加えると、15m超の津波が敷地内に押し寄せてきたことが推察できます。

　36〜37ページの写真6点は、5号機東南の海側にある固体廃棄物貯蔵所東側を写したものです。高さ約10mの堤防を軽々と越えた波が巨大なサージタンク1基と重油タンク2基に迫り、重油タンクが波の勢いに負けて大きく流され、道路側に乗り上げています。また、サージタンクは渦巻く水の圧力に壁面を絞られるように圧迫され、海水が引いた後にはペットボトルをひねりつぶしたかのような形を晒しています。

　猛烈な速度と水圧で襲いかかる津波の尋常ならざる破壊力がうかがえます。

1〜4号機　海側の衛星写真
写真で見る津波の爪痕④
550t吊りの大型クレーンが動かされた

1〜4号機の海側

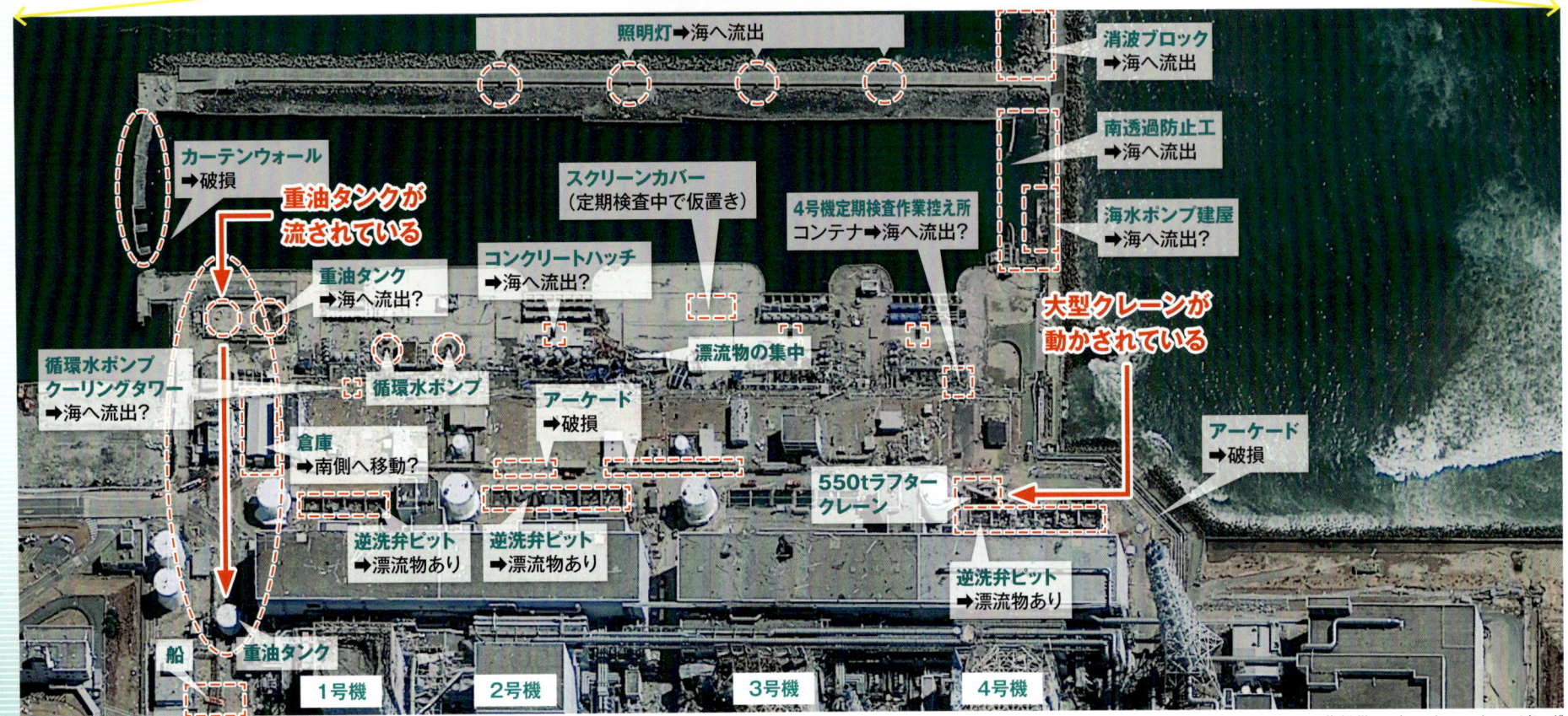

©GeoEye／画像提供：日本スペースイメージング

多くの瓦礫や重油タンクが復旧作業の妨げになった

重油タンクが漂流し、道路を完全に塞いでいる

大型クレーン（重量約45t）と瓦礫が漂流し、建物へのアクセスを妨害

漂流した自動車が配管と建物の間に挟まっている

津波の脅威がわかる写真はまだあります。

左ページの衛星写真では、重油タンクが本来あるべき海に近い敷地から、1号機タービン建屋の北西端の位置まで、距離にして180mほどを一直線に運ばれており、左上の写真のように道路を塞いでしまっています。吊り上げが550tまで可能な重量約45tの大型クレーンも津波にさらわれ、他の漂流物と一緒に4号機タービン建屋前で瓦礫の山を築いています（写真左中）。

また、敷地内にあった数々の自動車も津波が去った後は無用の鉄塊と化し、配管と建物の間など、あちこちに点在しました（写真左下）。

こうした大中小の重量物や無数の瓦礫の重層が、この後、現場作業員に迫られる危急の事故対応の障害となりました。散乱した瓦礫は、原子炉施設への車両によるアクセスはもちろん、徒歩による資機材の運搬や物資の輸送さえも難航させました。全交流電源喪失直後からの予備電源の確保、さらには原子炉への注水など、一刻を争う作業の初動に大きな遅れを生じさせたことは言うまでもありません。

加えて、原子炉建屋の水素爆発で大量の放射性物質が周囲に飛散。瓦礫にも付着し、放射線を発するようになったことで、復旧作業の二重、三重の足枷ともなりました。

1～4号機 山側の衛星写真
写真で見る津波の爪痕⑤
敷地内に多数のコンテナ、カバーが散乱！

1～4号機の山側

流されて移動？
コンテナの蛇腹カバー
コンテナの蛇腹カバー
海から離れた場所も浸水。
コンテナやカバーが散乱し、作業を妨げた
コンテナの散乱

©GeoEye／画像提供：日本スペースイメージング

防波堤は破損! 護岸も崩壊して海へ流出した

5号機、6号機の海側

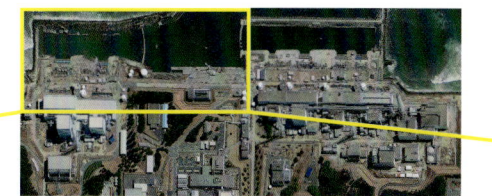

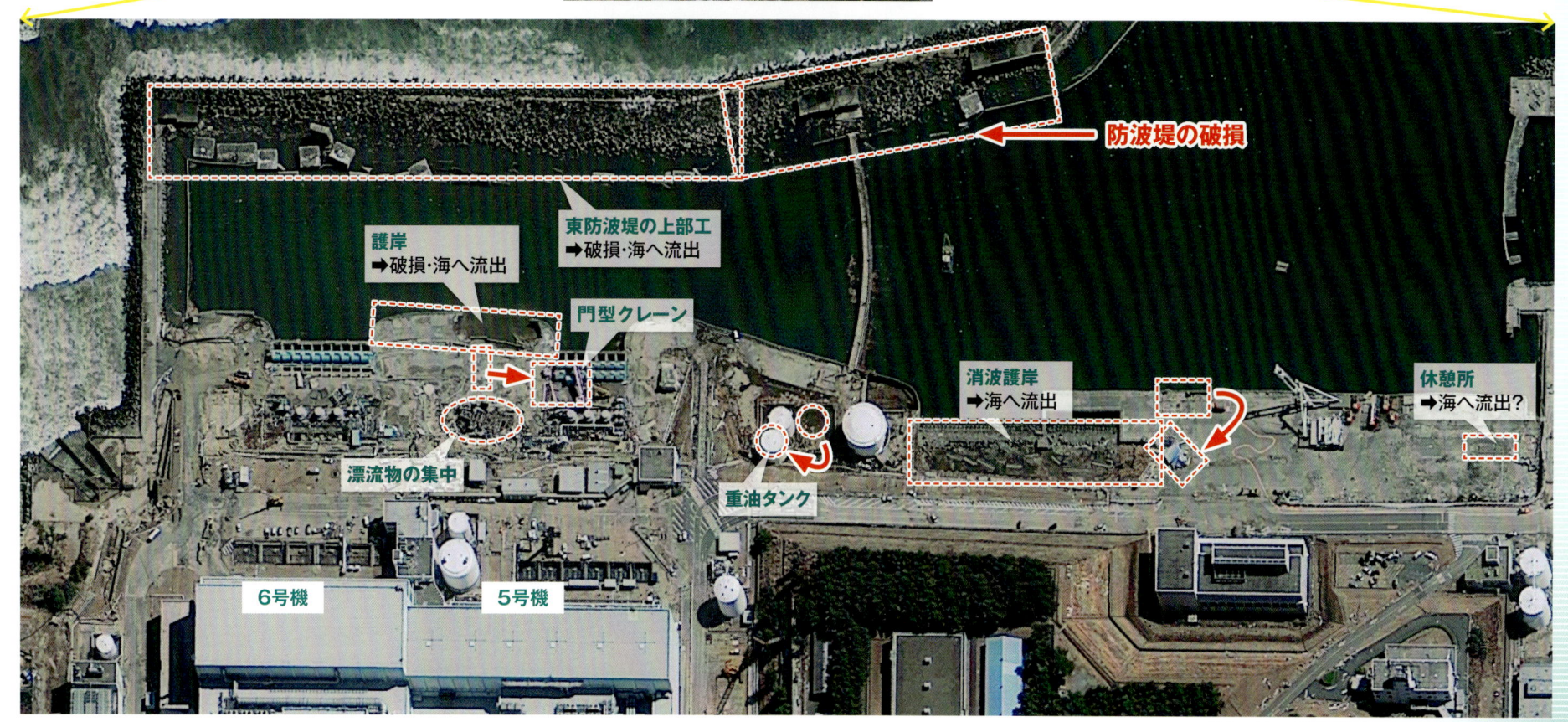

- 防波堤の破損
- 東防波堤の上部工 ➡ 破損・海へ流出
- 護岸 ➡ 破損・海へ流出
- 門型クレーン
- 漂流物の集中
- 重油タンク
- 消波護岸 ➡ 海へ流出
- 休憩所 ➡ 海へ流出?
- 6号機
- 5号機

©GeoEye／画像提供：日本スペースイメージング

電源盤にもアクセスができない状態

写真で見る津波の爪痕⑥
路面は液状化して昼間でも歩くのが困難に

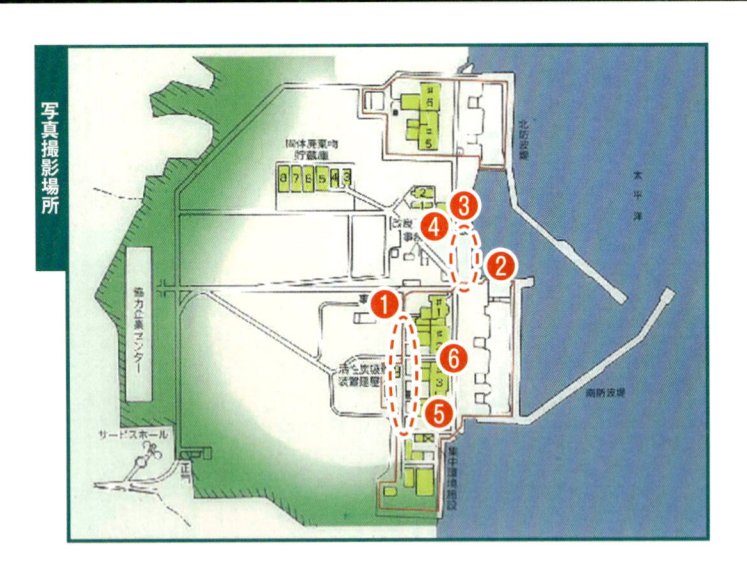

❶山側に位置する開閉所にも多量の海水が流入し、電源系統を機能不全にした。このことが、全電源喪失の原因の1つとなり、致命的な影響を及ぼすことになる

❷津波による土砂、瓦礫などの散乱が人・物資の運搬を難航させた

❸建物にオイルフェンスが突き刺さり、路面は激しく液状化している

❹物揚場・キャスク建屋の中。流入した瓦礫と散乱した什器などが屋内を埋め尽くし、まったく足場がない状態(左)。漂流して流れ込んだ自動車が縦に突き刺さっている(右)

❺4号機タービン建屋の電源盤。大量に流れ込んだタイヤ、掃除機などが覆い尽くし、電源盤へのアクセスができない状態に

❻アクセスルートの障害物。水素爆発後は、瓦礫、損傷した消防車がさらなる障害物となった

40ページの写真をよく見ると、施設の山側(写真下側)にコンテナやコンテナ用蛇腹カバーが散乱しています。ここは1〜4号機側の護岸から約400m。これらの残留物から、海水の浸水域の広さがわかります。41ページの写真は、5、6号機側の防波堤や護岸の破損状況です。防波堤は消波ブロックが散り散りに。護岸も崩壊し、海へ流出しています。津波の凄まじい破壊力をまともに受けた結果が、こうした惨状となって残りました。

42〜43ページの写真は、1〜4号機周辺の津波後の姿です。写真❶は、原子炉建屋の西側の道路で、路面が見えないほど水浸しになっています。奥の点線で囲まれている建物は、超高圧開閉所です。送電線による外部電源からの受電に必要な施設で、ここに海水が流れ込み、制御盤が冠水。受電が不可能になりました。

写真❷は海から物資を引き揚げる、物揚場です。津波が巻き上げた土砂で一帯が泥だらけになり、使用済み燃料の輸送容器を保管するキャスク建屋(写真❸)には、海面にあるべきオイルフェンスが突き刺さっています。写真❹はキャスク建屋の屋内で、流入した瓦礫と散乱した什器で足場がなくなっています。写真❺は4号機タービン建屋内の電源盤ですが、タイヤや掃除機などが室内を埋め尽くしているのが見てとれます。

原子炉の状態把握が困難に
電源喪失で建屋の中は「真っ暗闇」になった

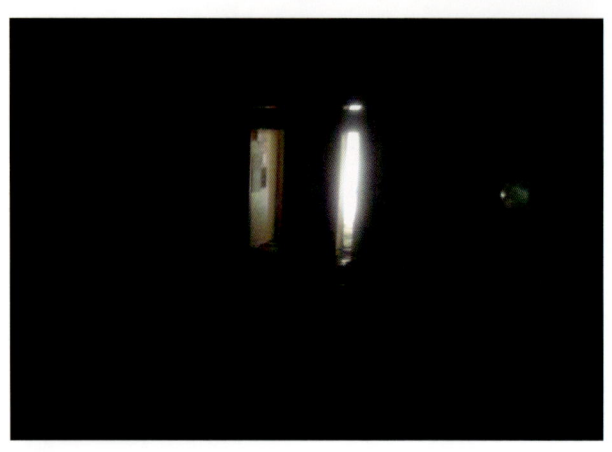

❶真っ暗な中での作業の様子。床にも散乱物がある

❷電源がないため、仮設バッテリーをつないで計器用電源として使用している

❸懐中電灯の明かりを頼りに指示値を確認する作業員

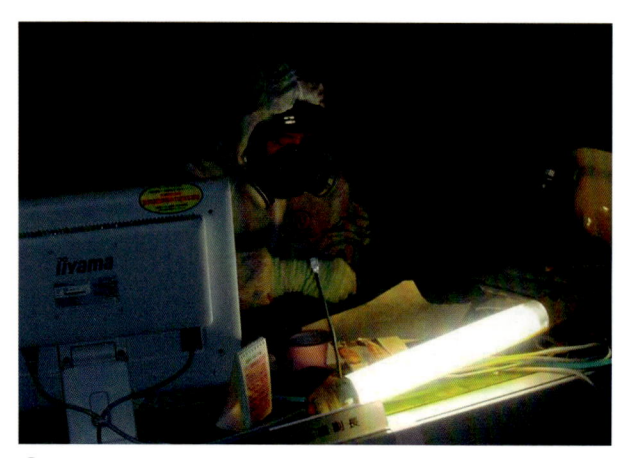

❹当直副長席。暗闇の中、全面マスクをつけて状況を監視

原子炉建屋周辺には、漂流または破断した数m大のアスファルト、コンクリート片が散乱し、道路の路面もそこかしこで陥没、亀裂、液状化が発生しました。

さらに、土砂、瓦礫、損傷した車両といった大量の障害物が積み重なり、過去の地震と比較にならないほど余震も頻発。復旧作業は難航しました。

暗闇の中で強いられた苛酷な作業

電源喪失は、こうした極めて苛酷な作業環境に追い打ちをかけました。放射線遮蔽のため、原発の重要施設には採光の窓がありません。電源喪失によって、どの建屋も屋内は昼夜関係なく真っ暗闇となったのです。

地震発生以降、原子炉の監視は何よりも優先されるべき事案でしたが、電源を失ってからは、中央制御室で、原子炉の温度、圧力、水位といった最重要計測値を含むほぼすべてのデータ（パラメーターと呼ばれる）が把握不可能となりました。直接、原子炉建屋内に入っての計器確認が必要になったものの、電話回線の混乱や電源喪失も加わって、指揮命令や報告すらも困難となりました。

放射線防護服に身を包んだ作業員は、地震の揺れや浸水で内部環境が悪化した中、懐中電灯片手の手探りの対応を強いられました。左の写真❶～

※格納容器下部の圧力抑制室（S/C）は大きなドーナツ状だが、この形状をトーラス形状ということから、単に「トーラス」とも呼ばれる

❹はその際の様子です。

ベント作業の人選に若手を外す

最悪の状況に直面した現場作業員らは、後日、当時の状況について聞き取り調査で次のように振り返っています。

「電源のランプがフリッカ（明滅）し、**一斉に消えていくのを目前で見た。その時は津波によるものとは思わず、何が起きたのかわからなかった**」

「2号機は真っ暗、1号機は非常用灯（薄暗いわずかな照明）に切り替わった。**電源を失って何もできなくなったと思った**」

「若い運転員は不安そうで、『**操作もできず、手も足も出ないのに我々がここ（中央操作室）にいる意味があるのか**』と紛糾したが、自分がここに残ってくれと頭を下げておさめた。若い研修生2人は免震重要棟に避難させ、『皆、それでいいな』という話をした」

「ベントに行ける人間を書き出して、当直長をそれぞれ割り振るように編成した。**完全装備で線量が高い中に行かせるので、若い人には行かせなかった**」

「通常であれば、ケーブルの敷設作業は1～2か月かかる。数時間でやったのは破格のスピード。暗闇の中、敷設のための貫通部を見つけたり、端末処理を行なう必要もある。**通常なら機械を使うが、今回は重量があるケーブルを人力で敷設した**」

「相当大きい余震があり、死に物狂いで走って帰ることもあった」――。

さらに、中の苛酷な状況がわかるコメントもありました。

「熱さ確認のためトーラスに足をかけたら、（黒い長靴が）ずるっと溶けた。やめたほうがよいと判断した」

「原子炉建屋内での確認作業も容易ではなかった。セルフエアセットを着るのに10～15分、それで活動時間は30分。戻ってセットを外して中央制御室へ報告に行く余計な手間がかかってしまった」

「**通信機能は使えず、一度、RCIC（原子炉隔離時冷却系）室まで行って帰ってくるのに45分～1時間くらいかかった**」

「**計器を復旧するには（自動車の）バッテリーしかないと思い、メンバーに集めさせた。**（中略）通常、想定されていないようなことだが、できることは何かを考えてやった」

「バッテリーの運搬は重くて大変だった。**接続工具もないし、通信手段もない。あれ以上の悪条件はない**」

これら率直な言葉の端々には絶望の色さえ感じられ、震災直後の状況の厳しさが伝わってきます。

稼働開始は福島第一原発の11年後の1982年
[参考／福島第二原発の場合①]
4基の原子炉はすべて運転中だった

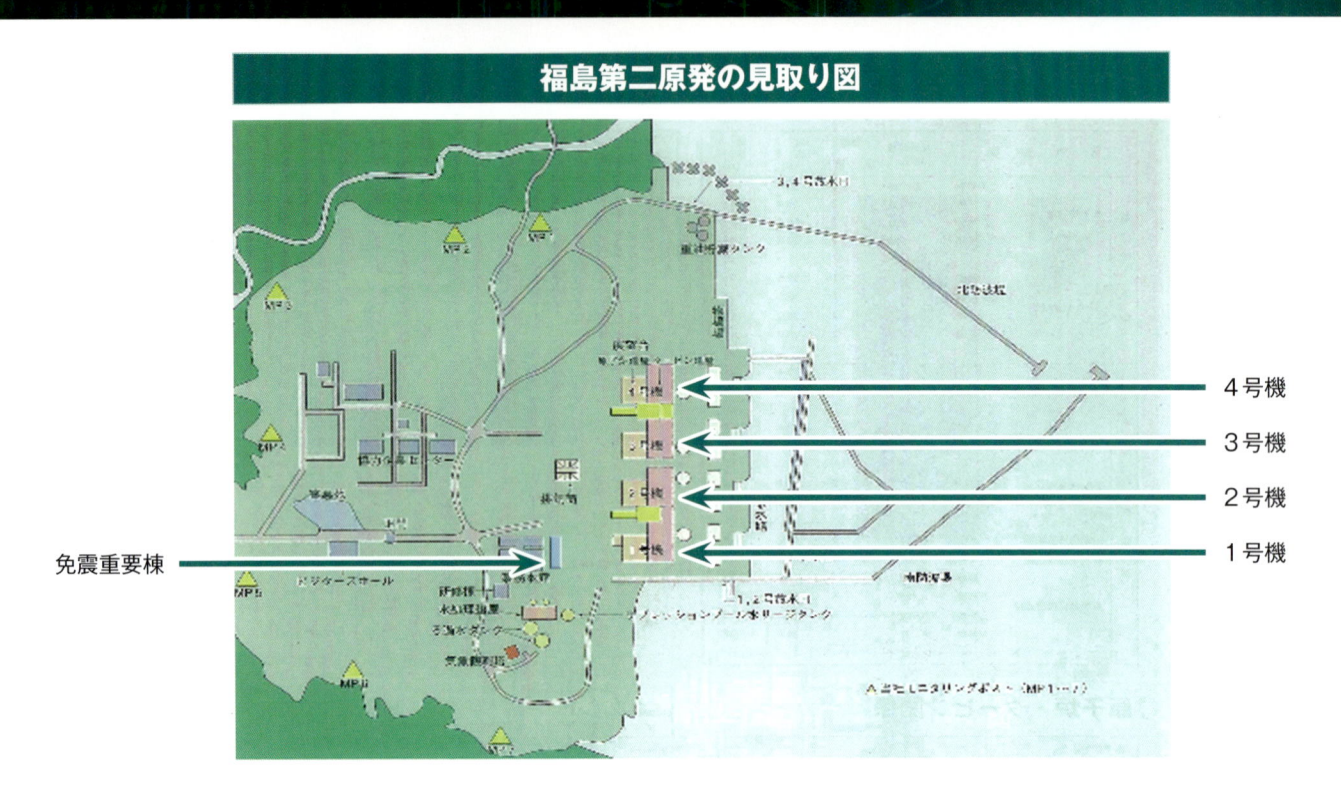

福島第二原発の見取り図

- 4号機
- 3号機
- 2号機
- 1号機
- 免震重要棟

所在	号機	運転開始時期	型式	出力	主契約メーカー	地震発生時の状況
楢葉町	1号機	1982年4月	BWR-5	110.0万kW	東芝	定格出力運転中
	2号機	1984年2月	BWR-5	110.0万kW	日立	定格出力運転中
富岡町	3号機	1985年6月	BWR-5	110.0万kW	東芝	定格出力運転中
	4号機	1987年8月	BWR-5	110.0万kW	日立	定格出力運転中

「5.2m」の想定に対し、実際の津波は7m

		建設時の想定	2002年の見直し時の想定	今回の津波（浸水高）
福島第一原発	上昇側	海抜(O.P.)＋3.1m	海抜(O.P.)＋5.7m ※09年に＋6.1mに見直し	主要建屋設置エリアの海側面において **海抜(O.P.)＋11.5〜＋15.5m**
	下降側（引き波）	同　−1.9m	同　−3.6m	
福島第二原発	上昇側	同　＋3.7m	**同　＋5.2m**	海側面エリアにおいて **同　＋6.5〜＋7m** 主要建屋エリア南の道路では集中的に遡上あり **同　＋12〜＋14.5m**
	下降側（引き波）	同　−1.9m	同　−3.0m	

※O.P.とは小名浜港工事基準面のこと。東京湾平均海面（T.P.）の下方0.727mにある基準面である

● 福島第二原発は、設計値に対し海側面エリアで約1.3〜1.8mの差があった → 福島第一原発の差（約5.4〜9.4m）に比べて小さい

福島第二原子力発電所は、福島第一原発から南へ約12km離れた福島県双葉郡楢葉町と富岡町にまたがっています。福島第一原発1号機の稼働から11年後の1982年に1号機、84年に2号機、85年に3号機、87年に4号機が稼働。原子炉は福島第一原発と同じBWR（沸騰水型原子炉）ですが、原子炉格納容器には旧式のマークⅠから発展したマークⅡ（2〜4号機はマークⅡ改良型）を採用しています。出力はいずれも110万kWで、福島第一原発1号機の46万kW、同2〜5号機の78万4000kWに比べて大きいのが特徴です。

約150万㎡の敷地には、1〜4号機の原子炉・タービン建屋をはじめ、放射性物質を処理する廃棄物処理建屋や免震重要棟などがあります。敷地の海抜は4mと12mの部分に分かれており、後者に原子炉建屋やタービン建屋などの主要施設が立地しています。

浸水被害はごく一部に限られる

福島第一原発と同様に、建設にあたっては過去の津波の発生実績をベースに、想定する津波高を3.7mとして、施設の設計に反映させました。その後、土木学会編「原子力発電所の津波評価技術」に基づき、2002年に想定する津波高を5.2mに修正し、それに合わせて海水熱交換器建屋の水密性の強化などの津波対策を強化しました。

地震が発生した時、1〜4号機はすべて運転中で、強い揺れを感知して自動的に緊急停止（スクラム）しました。津波の浸水高は主要建屋の海側面エリアで6.5〜7mを記録。設計値を約1.3〜1.8m上回りました。とはいえ、設計値を約5.4〜9.4mも超えた福島第一原発と比べれば、その差はかなり小さかったと言えます。

襲来した津波より原子炉敷地の海抜のほうが高かったため、直接の浸水被害が出たのは海抜4mの場所にある海水冷却系施設などでした。ただ、主要建屋エリア南の道路では津波が集中的に遡上して12.0〜14.5mの高さに達し、海水が原子炉建屋の裏側まで回り込んで周辺が浸水しました。

海抜4m付近では津波被害が大きかったが……

[参考／福島第二原発の場合②]
原子炉建屋・タービン建屋はほぼ無傷

福島第二原発の敷地高さと津波イメージ　　想定津波最高水位　5.2m　➡　実際の浸水高　7m（1号機南側のみ14.5m）

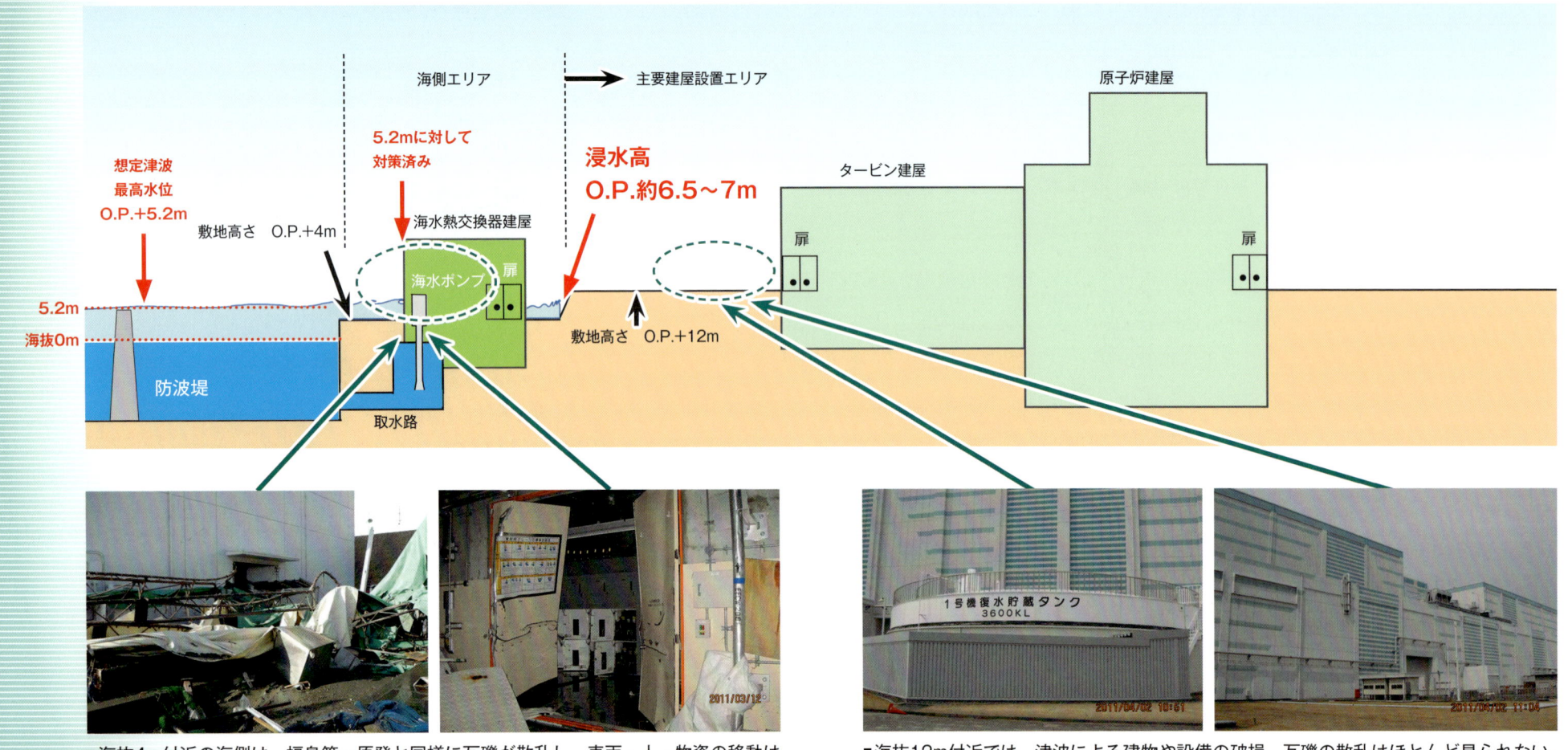

- 海抜4m付近の海側は、福島第一原発と同様に瓦礫が散乱し、車両・人・物資の移動は非常に困難な状態
- 海抜12m付近では、津波による建物や設備の破損、瓦礫の散乱はほとんど見られない

福島第二原発の各エリアの敷地高さ（黄色と青色部分が浸水）

海側エリア
敷地高さ：O.P.＋4m
➡浸水

4号機　3号機　2号機　1号機

津波が集中的に遡上
青色の部分は浸水

主要建屋エリア
敷地高さ：O.P.＋12m
➡ほとんど浸水せず

免震重要棟

第1章　「地震」と「津波」は原発にどんなダメージを与えたか？

駆け上がった津波は原子炉建屋の裏側まで回りこんだ

［参考／福島第二原発の場合③］
被害は海側と、1号機南側に集中

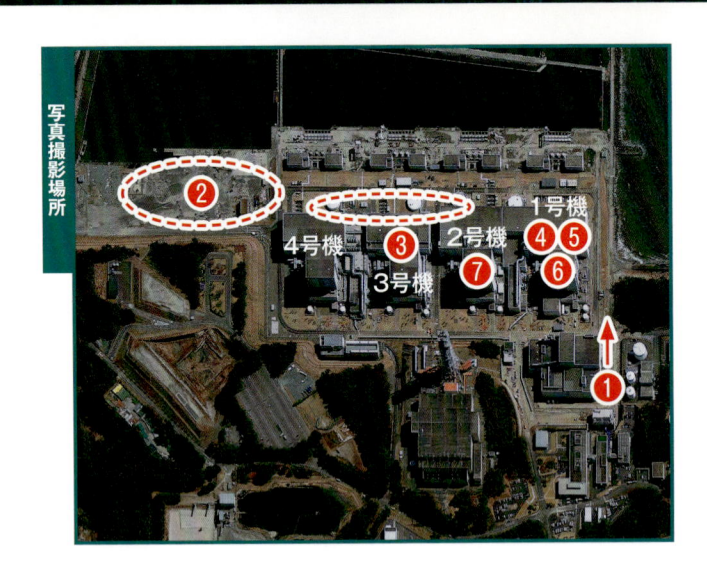

❶1号機南側の通路を直撃した津波は最大14.5mの高さまで集中的に遡上し、原子炉建屋の裏側まで海水が回り込んだ

❷4号機の北側。ここを含め、海抜4mの海側は、津波で瓦礫が多数散乱している

❸3、4号機タービン建屋。海抜12mだったため、津波被害はほとんどなかった

❹1号機の南側を駆け上がった津波は、この原子炉付属棟の吸気口から浸水した

❺1号機の非常用送風機室（❹の内側）。浸水はしたが、福島第一原発のような大量の瓦礫、什器設備などの散乱は発生していない

❻非常用ディーゼル発電機制御室。こちらにも水は流れ込んだが、制御盤にはアクセスできる状態になっている

❼浸水を免れた2号機の非常用ディーゼル発電機

　福島第二原発の津波被害は、福島第一原発に比べると限定的なものでした。

　海抜4mの高さにある海側エリアは、防波堤を乗り越えてきた津波に飲み込まれて浸水し、福島第一原発と同様に多数の瓦礫が散乱しました。特に、4号機北側にある物揚場では、車や人の通行と物資の運搬が困難な状態になりました。

　一方、海抜12mにある主要建屋設置エリアまでは津波が到達しませんでした。このことが、福島第一原発との大きな違いを生みました。

　ただし、1号機南側の道路では、津波の集中的遡上で高さが12.0～14.5mとなり、49ページで図示したように、流れ込んだ海水で1～4号機の裏手などが部分的に浸水しました。左ページの写真❶は、津波が1号機南側を一気に駆け上がってきた様子です。今後は、こうした浸水の〝通り道〟を作らないことが必要だとわかります。

　この折、1号機原子炉付属棟の送風用吸気口（写真❹）から内部への浸水も見られたものの、深刻な被害にまでは至りませんでした。

　写真❺に見える機械は、送風用吸気口の内側にある非常用送風機、写真❻は同じ1号機の非常用ディーゼル発電機制御室です。ともに瓦礫や什器などの散乱はなく、復旧作業は福島第一原発よりは容易に進みました。

浸水範囲は「第一」のほうが「第二」より圧倒的に広かった

　第1章では、地震の揺れと津波が、福島第一原発にどんな被害をもたらしたかを、福島第二原発と比較しながら検証を進めてきました。

　本章で見たように、第一と第二の距離は約12kmですが、浸水範囲の広さも施設の被害も第一が第二を大きく上回りました。第一がどのようにして過酷事故に至ったかを次章で検証する前に、津波の高さや浸水範囲、施設の被害などについてあらためてわかりやすく対比しておきます。

　第一と第二で浸水範囲と被害状況に極端な差が出た原因は、襲った津波の高さにありました。第一が11.5〜15.5mだったのに対し、第二は6.5〜7.0mにとどまりました（ただし、一部のエリアでは12.0〜14.5m）。ちなみに、第一では想定される津波の最高水位を6.1m、第二では5.2mとして津波対策を行なっていました。

　一方、敷地の海抜は第一の海側エリアが4m、1〜4号機主要建屋エリアが10m、5号機と6号機の主要建屋エリアが13m。第二は海側エリアが4m、1〜4号機主要建屋エリアが12mでした。

　津波は、第一では想定値を5.4〜9.4mも超え、最も海抜の高い5号機と6号機の主要建屋エリアまですべてが浸水しました。浸水状況は、停止中の5、6号機より、運転中の1〜3号機のほうが敷地が低かったためひどく、その後の被害を拡大する原因にもなりました。

　第二では想定値を1.3〜1.8m上回るにとどまり、直接の浸水被害が出たのは海抜4mの海側エリアだけ。津波が集中的に遡上した建屋エリア南の道路面からの浸水はありましたが、限定的でした。

　津波の怖さは、高波や高潮と違って海面から海底までの水全体が、同じ速度で水平移動して沿岸までやってくる点にあります。第一原発に津波が襲来した時の映像を見ると、津波の立ち上がりの高さは約45mの原子炉建屋を超え、約120mの排気塔の半分近くにまで達していたことは前述した通りです。

■電源設備への浸水は軽微だった福島第二

　同時に、津波の持つ破壊力が被害を増幅させます。そのすごさは、重油タンクや大型クレーンが流されていることが如実に物語っています。さすがに巨大なサージタンクまでは流されなかったものの、側面にペットボトルをねじったような生々しい痕跡を残しました。

　当然のことながら、第一では主要施設内にも海水が流れ込み、1〜4号機の電源系統が機能不全に陥りました。中央制御室では、原子炉の温度、圧力、水位など、最も重要なデータの把握が不能となり、固定電話や携帯電話の回線の混乱などから、現場チームとの通信や指揮命令も極めて困難な状況となりました。これに対して第二では、1号機の原子炉付属棟の非常用送風機室などに海水が浸入したものの、福島第一原発に比べ電源設備への津波被害は軽微でした。

　また、地震による直接被害を見ても、第一がより深刻でした。震度は第一、第二ともに同じ「6強」でしたが、地震の瞬間的な力を示す最大加速度は、第一が550ガル（東西方向）、第二が305ガル（上下方向）と、大きく異なったことによるものです。

　これにより、第一では道路の陥没や亀裂、地盤沈下、液状化が起き、復旧にあたる車両などの通行の大きな障害になりました。加えて、津波で流された土砂や構造物、車両など大量の瓦礫も敷地内に散乱し、作業の難航に輪をかけたのです。

事故調査・検証編

第2章

〈事故総括〉時系列（クロノロジー）で検証する

福島第一原発はどのようにして過酷事故（シビアアクシデント）に至ったか？

第2章では、福島第一原発とそれ以外の原発（福島第二、女川、東海第二）の
被災状況を、時系列（クロノロジー）に沿って検証していきます。
メルトダウンや原子炉建屋の爆発に至った福島第一原発の1〜4号機は、
いずれも同じような経過をたどって重大事故に至ったかのように見えます。
しかし、この4つの原子炉の被災状況を子細に検証していくと、
被害のプロセスは各々で違いがあり、
原発事故のケース・スタディとして1つ1つきちんと分析すべき事態が
進行していたことがわかります。
以下、図表とともに解説していきましょう。

地震による鉄塔倒壊と機器損傷、そして津波で水没

外部電源と内部電源はこうして失われた

福島第一原発の送電系統

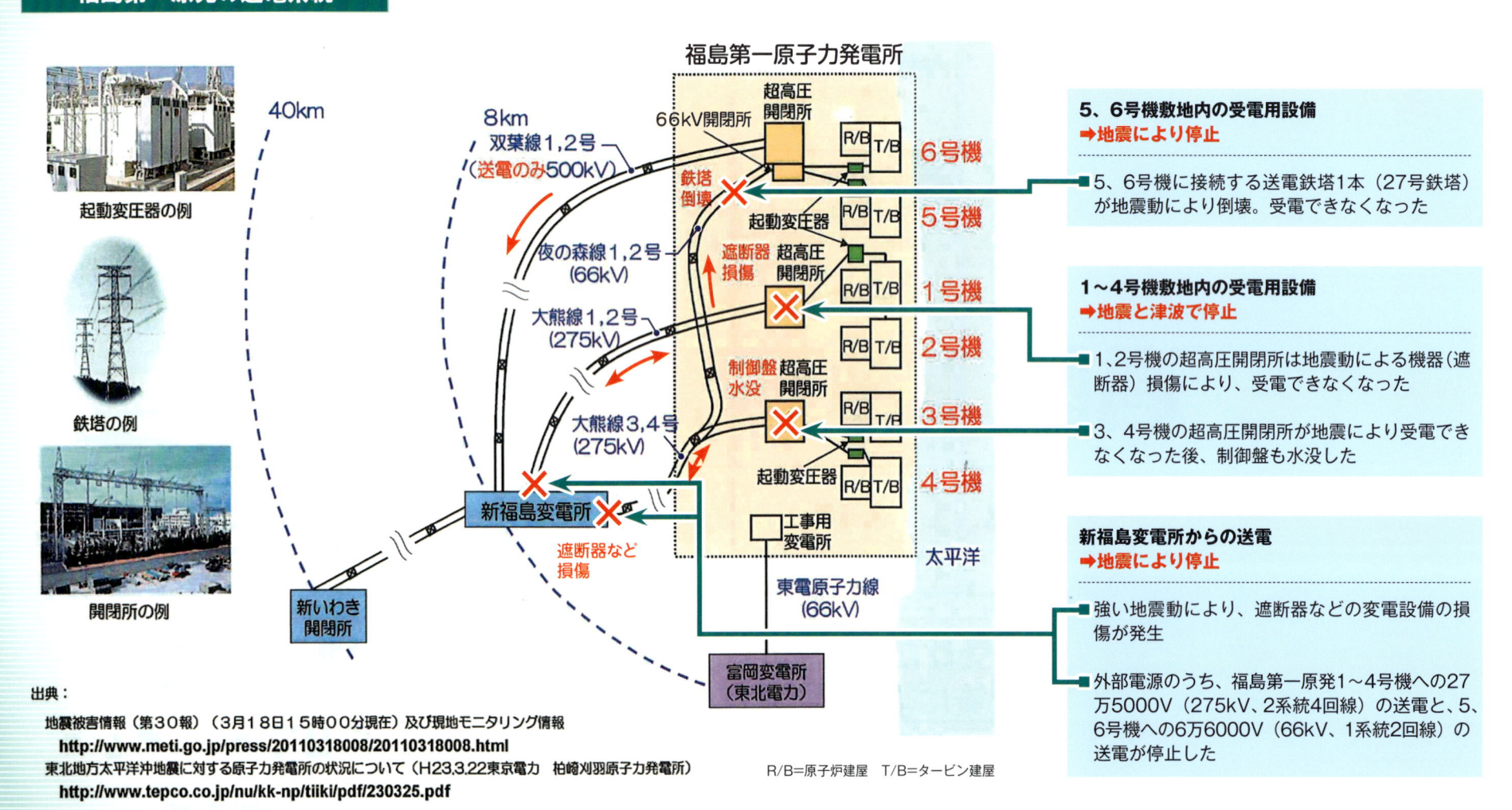

5、6号機敷地内の受電用設備
➡ 地震により停止

- 5、6号機に接続する送電鉄塔1本（27号鉄塔）が地震動により倒壊。受電できなくなった

1～4号機敷地内の受電用設備
➡ 地震と津波で停止

- 1、2号機の超高圧開閉所は地震動による機器（遮断器）損傷により、受電できなくなった
- 3、4号機の超高圧開閉所が地震により受電できなくなった後、制御盤も水没した

新福島変電所からの送電
➡ 地震により停止

- 強い地震動により、遮断器などの変電設備の損傷が発生
- 外部電源のうち、福島第一原発1～4号機への27万5000V（275kV、2系統4回線）の送電と、5、6号機への6万6000V（66kV、1系統2回線）の送電が停止した

図中ラベル：
- 起動変圧器の例
- 鉄塔の例
- 開閉所の例
- 福島第一原子力発電所
- 超高圧開閉所
- 66kV開閉所
- 双葉線1,2号（送電のみ500kV）
- 鉄塔倒壊
- 6号機、5号機、1号機、2号機、3号機、4号機
- 起動変圧器
- 遮断器損傷
- 夜の森線1,2号（66kV）
- 大熊線1,2号（275kV）
- 制御盤水没
- 大熊線3,4号（275kV）
- 新福島変電所
- 遮断器など損傷
- 新いわき開閉所
- 工事用変電所
- 東電原子力線（66kV）
- 富岡変電所（東北電力）
- 太平洋
- R/B＝原子炉建屋　T/B＝タービン建屋

出典：
地震被害情報（第30報）（3月18日15時00分現在）及び現地モニタリング情報
http://www.meti.go.jp/press/20110318008/20110318008.html
東北地方太平洋沖地震に対する原子力発電所の状況について（H23.3.22東京電力　柏崎刈羽原子力発電所）
http://www.tepco.co.jp/nu/kk-np/tiiki/pdf/230325.pdf

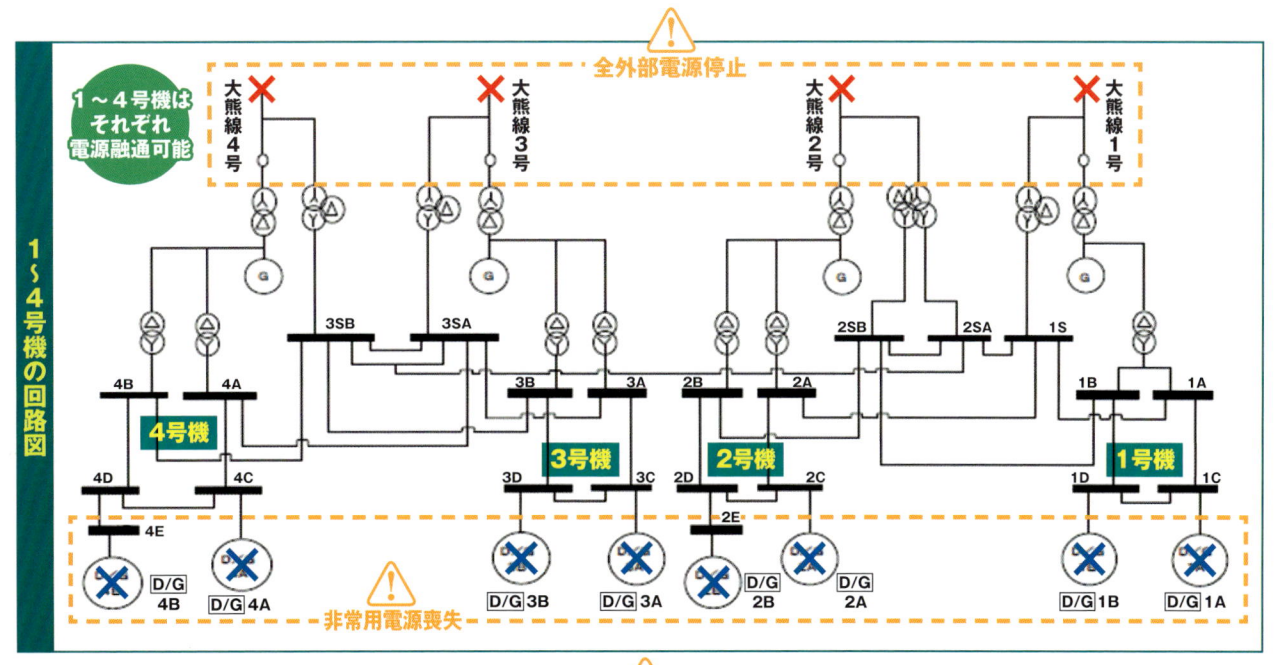

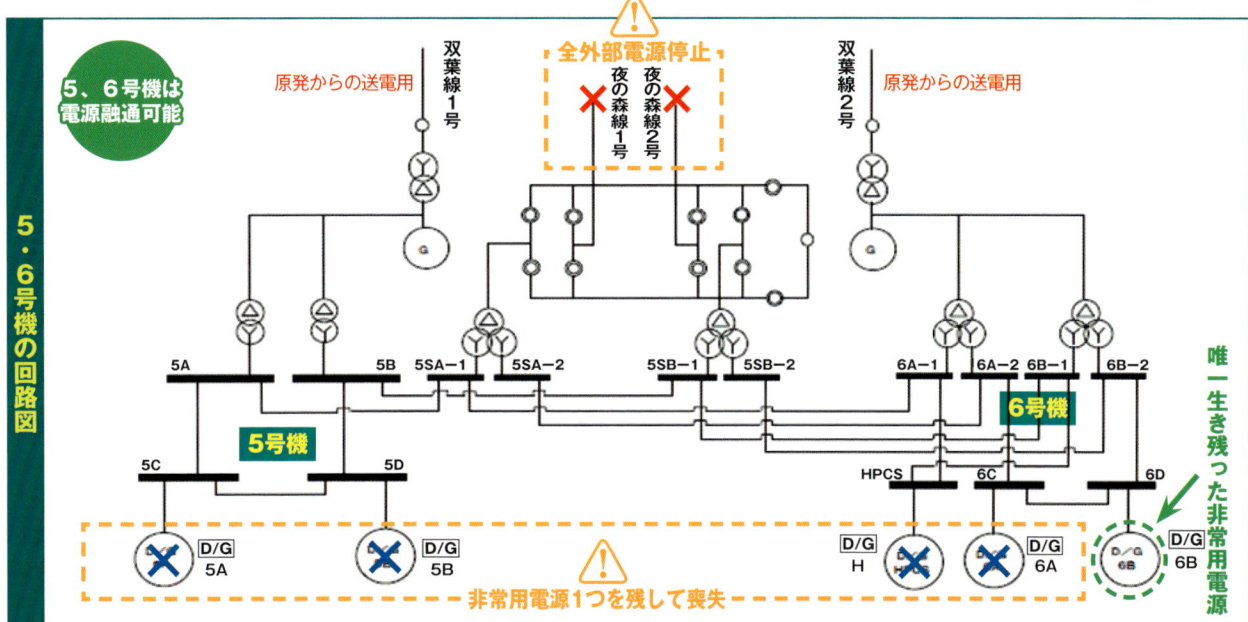

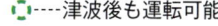

まず、事故対応に不可欠な電源がどのようにして失われたのかを見ていきます。54ページの図のように、福島第一原発の外部電源は、「新いわき開閉所」から「新福島変電所」を経て供給されています。しかし、強い地震により、鉄塔の倒壊や遮断器などの変電設備の損傷が発生。さらに1、2号機では原発敷地内の超高圧開閉所という場所で遮断器が損傷。3、4号機では制御盤も水没し、受電不能な状況に追い込まれました。

　左は、各原発の電源の回路図です。これを見ると、よりはっきりするように、外部電源は各原子炉に1系統ずつ割り当てられていましたが、1〜6号機の送電線は地震動によってすべて失われました。外部電源がなくなっても、内部電源として非常用ディーゼル発電機を稼働して電源を供給するシステムになっていたのですが、津波によってそれらも喪失してしまいました。

　内部電源のうち、注目すべきは6号機の非常用発電機です。この1台（右下の緑色の円内）が生き残ったおかげで、5、6号機は甚大な被害を回避できたのです。いずれにしても、もし今回の災害の要因が地震だけなら、外部電源喪失後も内部電源で対処できていた可能性が高く、あるいは津波だけであれば、内部電源が水没しても外部電源が活用できていた可能性が高いことがわかります。

第2章　福島第一原発はどのようにして過酷事故に至ったか

爆発で被害が連鎖！ 復旧作業に立ちはだかった「4機同時トラブル」

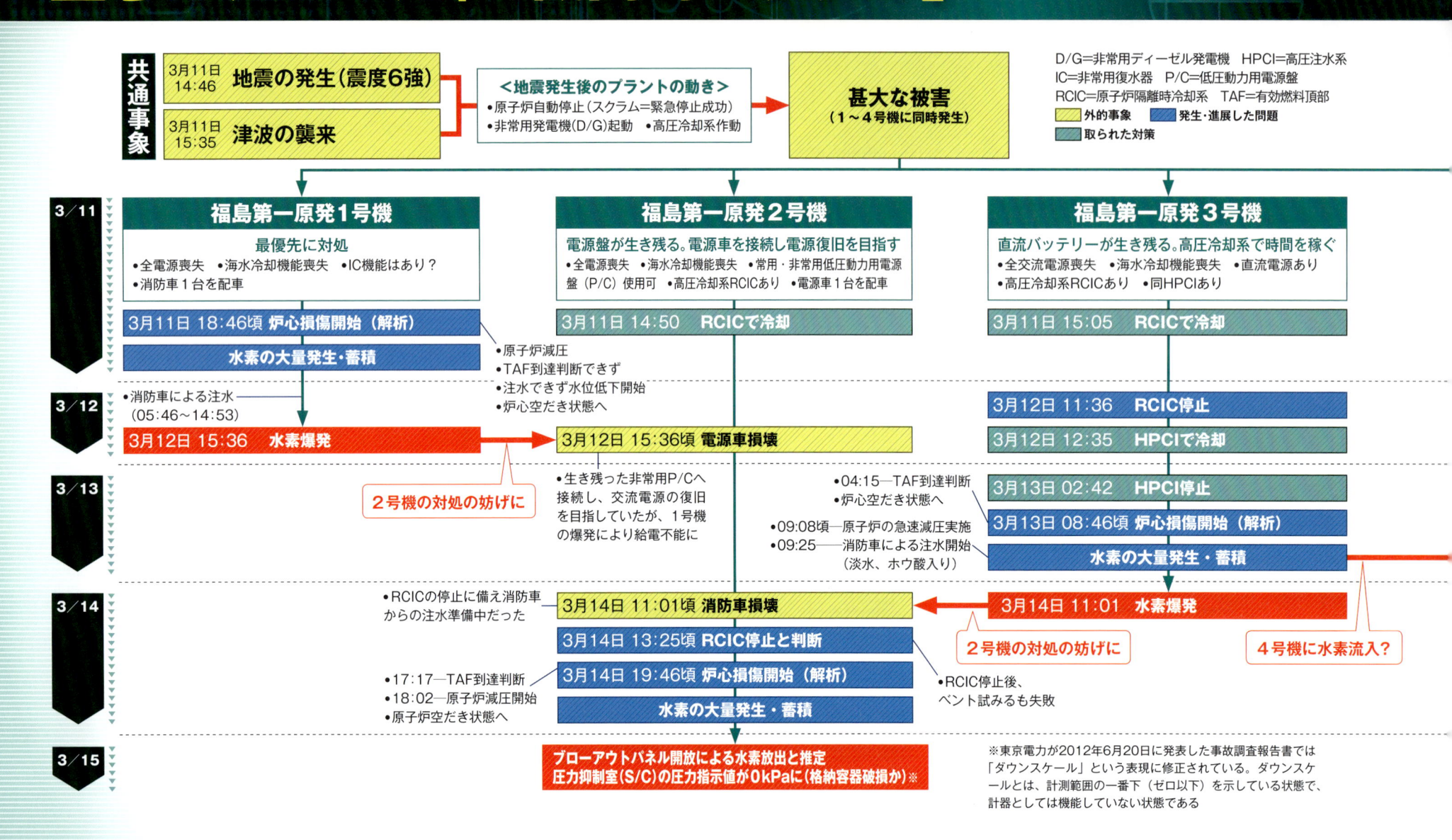

水素爆発、炉心損傷が一目でわかる

共通事象

- 3月11日 14:46 地震の発生（震度6強）
- 3月11日 15:35 津波の襲来

＜地震発生後のプラントの動き＞
- 原子炉自動停止（スクラム＝緊急停止成功）
- 非常用発電機（D/G）起動
- 高圧冷却系作動

→ **甚大な被害**（1〜4号機に同時発生）

凡例
- D/G＝非常用ディーゼル発電機
- HPCI＝高圧注水系
- IC＝非常用復水器
- P/C＝低圧動力用電源盤
- RCIC＝原子炉隔離時冷却系
- TAF＝有効燃料頂部
- 外的事象
- 発生・進展した問題
- 取られた対策

福島第一原発1号機
最優先に対処
- 全電源喪失
- 海水冷却機能喪失
- IC機能はあり？
- 消防車1台を配車

3/11
- 3月11日 18:46頃 炉心損傷開始（解析）
- 水素の大量発生・蓄積

3/12
- 消防車による注水（05:46〜14:53）
- 3月12日 15:36 水素爆発 → 2号機の対処の妨げに

3/14
- RCICの停止に備え消防車からの注水準備中だった
- 17:17——TAF到達判断
- 18:02——原子炉減圧開始
- 原子炉空だき状態へ

福島第一原発2号機
電源盤が生き残る。電源車を接続し電源復旧を目指す
- 全電源喪失
- 海水冷却機能喪失
- 常用・非常用低圧動力用電源盤（P/C）使用可
- 高圧冷却系RCICあり
- 電源車1台を配車

3/11
- 3月11日 14:50 RCICで冷却
- 原子炉減圧
- TAF到達判断できず
- 注水できず水位低下開始
- 炉心空だき状態へ

3/12
- 3月12日 15:36頃 電源車損壊
- 生き残った非常用P/Cへ接続し、交流電源の復旧を目指していたが、1号機の爆発により給電不能に

3/13
- 04:15——TAF到達判断
- 炉心空だき状態へ
- 09:08頃——原子炉の急速減圧実施
- 09:25——消防車による注水開始（淡水、ホウ酸入り）

3/14
- 3月14日 11:01頃 消防車損壊
- 3月14日 13:25頃 RCIC停止と判断
- 3月14日 19:46頃 炉心損傷開始（解析）
- 水素の大量発生・蓄積
- RCIC停止後、ベント試みるも失敗

3/15
- ブローアウトパネル開放による水素放出と推定
- 圧力抑制室（S/C）の圧力指示値が0kPaに（格納容器破損か）※

福島第一原発3号機
直流バッテリーが生き残る。高圧冷却系で時間を稼ぐ
- 全交流電源喪失
- 海水冷却機能喪失
- 直流電源あり
- 高圧冷却系RCICあり
- 同HPCIあり

3/11
- 3月11日 15:05 RCICで冷却

3/12
- 3月12日 11:36 RCIC停止
- 3月12日 12:35 HPCIで冷却

3/13
- 3月13日 02:42 HPCI停止
- 3月13日 08:46頃 炉心損傷開始（解析）
- 水素の大量発生・蓄積

3/14
- 3月14日 11:01 水素爆発 → 2号機の対処の妨げに／4号機に水素流入？

※東京電力が2012年6月20日に発表した事故調査報告書では「ダウンスケール」という表現に修正されている。ダウンスケールとは、計測範囲の一番下（ゼロ以下）を示している状態で、計器としては機能していない状態である

運転中だった福島第一原発1～3号機では、地震直後に自動的に原子炉に制御棒が挿入され、緊急停止（スクラム）しました。そして実際に、運転を停止させることに成功しています。また、当初は非常用ディーゼル発電機が起動し、原子炉を冷却するための高圧冷却系も作動。ここまでは「想定内」の災害対応が進んでいました。余震が続く中でも懸命に対処した現場の作業員たちの働きぶりは、もっと評価されてよいと思います。

しかし、結果的に1～4号機すべてで水素爆発や炉心損傷に至ってしまいました。いったい、どの時点から被害が〝暴走〟していったのでしょうか？

〝隣の爆発〟が復旧作業中の電源車を直撃

54～55ページで見たように、地震と津波の直後から、外部電源と内部電源が次々に失われていきました。それによって、炉心の冷却ができずに被害が進行していくのですが、より事態を深刻にさせたのが、隣接する原発同士が水素爆発や水素の大量発生によって、お互いに被害を〝連鎖〟させていった、ということです。

例えば、最優先で対処した1号機では、地震発生4時間後の3月11日18時46分頃から早くも炉心損傷が始まり、水素が大量発生。翌12日の15時36分に水素爆発を起こしました。原子炉内の水位が低下する中、注水もできずに、燃料棒が露出（＝TAF到達と呼びます）したかどうかの判断もできないまま、事態が進行したのでした。

ちなみに、2号機や3号機を見ればわかるように、燃料棒が露出して以降、水位が下がるにしたがって、炉心損傷は一気に進んでいきました。

さらに、この1号機の水素爆発で、2号機で交流電源の復旧のために作業していた電源車が損傷。その結果、給電ができなくなってしまったのです。

3号機が、2号機と4号機に悪影響

加えて、2号機より以前に原子炉隔離時冷却系（RCIC）と高圧注水系（HPCI）という2つの高圧冷却系が停止した3号機で、3月14日午前11時1分に水素爆発が発生。その爆発によって2号機で注水準備中だった消防車が損傷してしまいました。

こうして、隣接する1号機と3号機の度重なる爆発のために、2号機の対処は遅れ、冷却が停止して14日17時過ぎには燃料棒が露出。その後、炉心損傷が進み、水素大量発生に至ったのです。

また、3号機で大量発生した水素は、隣の4号機に流入したと推定されています。4号機はもともと運転停止中だったのですが、結局、15日午前6時過ぎに水素爆発を起こしてしまいました。

福島第一原発4号機

運転停止中だったため、1～3号機の対応を優先
- 全電源喪失　・海水冷却機能喪失
- 常用・非常用低圧動力用電源盤（P/C）使用可

↓

水素蓄積（3号機から流入か）

↓

3月15日 06:14頃 水素爆発

地震発生の4時間後には燃料損傷開始

【1号機クロノロジー解説】
なぜ最も早く水素爆発したのか

発生した事象

3/11

原子炉の停止

14:46 地震の発生(震度6強)
- 原子炉の自動停止 ➡ 14:52 非常用復水器(IC)自動起動
- 全外部電源の喪失 ➡ 14:47 非常用ディーゼル発電機(D/G)の自動起動

津波による全電源と重要機器の冷却機能の全面喪失

15:35 津波の襲来
全電源、「冷やす」機能、「圧力制御」機能の同時喪失＋暗闇・劣悪環境
- ■ D/G、電源盤の水没 ➡ 全交流電源の喪失 ➡ 電動機使用不能へ
- ■ 直流電源(バッテリー)の喪失 ➡ 電源盤、計測・制御設備が使用不能へ ➡ 冷却機能の喪失(ICなど)、圧力制御機能の喪失
- ■ 冷却用の海水系ポンプの損傷 ➡ 冷温停止機能の喪失(最終ヒートシンク喪失)

津波直後：非常用復水器(IC)による原子炉の冷却機能喪失
➡ やがて原子炉水位の低下へ
18:46頃 燃料損傷の開始(推定)

非常用電源の確保、冷却用の注水準備、ベント準備など

- 21:19 **原子炉水位が判明**(燃料頂部＋200mm。※)
- 23:00 **タービン建屋内での放射線量の上昇を確認**。この頃、最初の電源車が到着

3/12
- 00:06 所長、ベント準備を指示
- 01:30頃 ベントの実施を申し入れ、国の了承
- 02:30 **格納容器の圧力上昇を確認、その後、圧力容器の圧力の低下を確認**
- 05:46 **消防車により淡水注入開始**
- 07:20 **圧力容器の破損(解析)**
- 10:17 **格納容器ベント開始**
- 14:30 **格納容器ベント成功**

注水実施、ベント実施、水素滞留

- 14:53 淡水注入完了(累計8万ℓ)
- 14:54 所長、海水注入を指示

水素爆発、放射能漏れ

- **15:36 建屋爆発(5階部分)**
- 19:04 海水注入の開始
- 20:45 ホウ酸を海水に混ぜ、原子炉へ注入開始

※水位計指示値の信頼性自体を疑問視する見方あり

事故の進展(概念図)

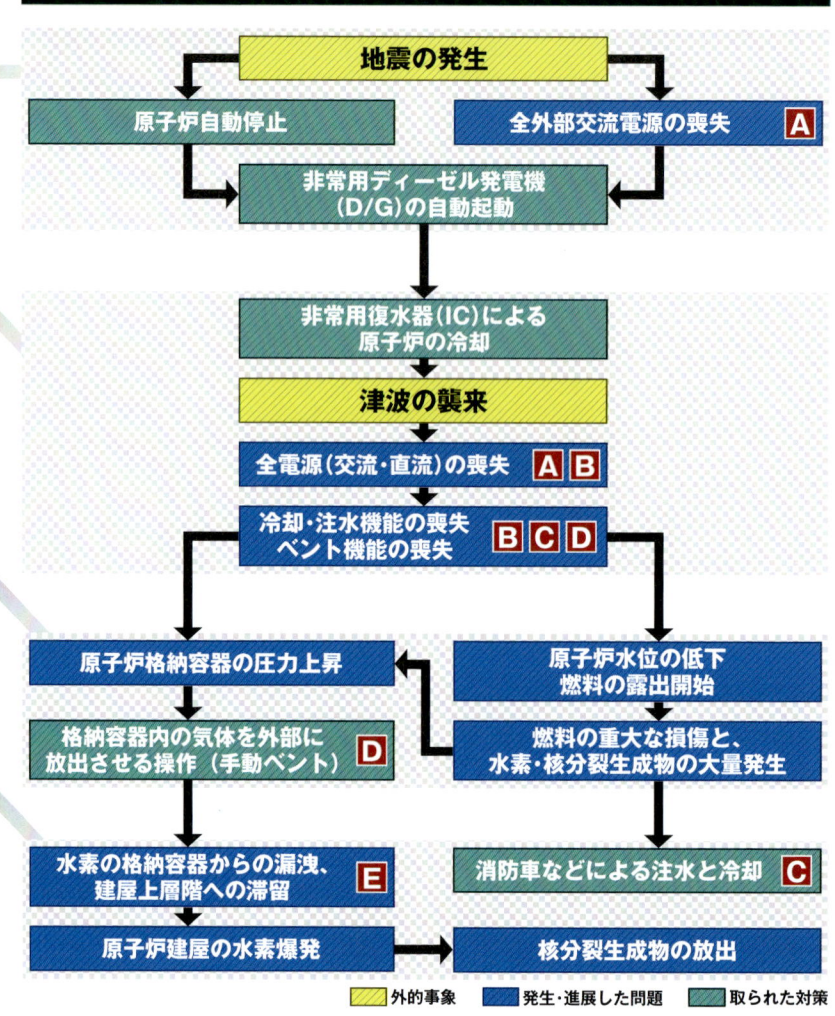

地震の発生
→ 原子炉自動停止
→ 全外部交流電源の喪失 **A**
→ 非常用ディーゼル発電機(D/G)の自動起動
→ 非常用復水器(IC)による原子炉の冷却
→ 津波の襲来
→ 全電源(交流・直流)の喪失 **A B**
→ 冷却・注水機能の喪失 ベント機能の喪失 **B C D**
→ 原子炉格納容器の圧力上昇
→ 原子炉水位の低下 燃料の露出開始
→ 格納容器内の気体を外部に放出させる操作(手動ベント) **D**
→ 燃料の重大な損傷と、水素・核分裂生成物の大量発生
→ 水素の格納容器からの漏洩、建屋上層階への滞留 **E**
→ 消防車などによる注水と冷却 **C**
→ 原子炉建屋の水素爆発
→ 核分裂生成物の放出

凡例：外的事象／発生・進展した問題／取られた対策

問題点

A 地震と津波によって、全交流電源が長期的に喪失した
- 電気融通機能を持つ2〜4号機も電源喪失したため、電源が融通できなかった
- 電源盤の水没によって電源車からの給電もできなかった

B 交流・直流の同時電源喪失を想定していなかった
- 全電源喪失により、遠隔からの減圧・換気などのための弁操作やベント操作が困難になった
- 全交流電源喪失と同時に直流電源が喪失した場合の運転手順が不明確だった

C 原子炉冷却のための代替注水源の確保が不十分かつ遅延した
- 電源喪失により、注水前に行なう原子炉減圧操作が遅延した(バッテリー枯渇、駆動用空気圧の低下)
- 消火系ディーゼル駆動消火ポンプに不具合が発生した
- 道路液状化、瓦礫などにより、外部注水ラインへの移動、設置・接続が困難だった
- 外部注水ポンプの注入能力の低さ、外部注水源の確保・補給の長期化

D 格納容器ベント機能が喪失し、手動開放が遅延した
- 電源喪失時のベント操作の容易性の確保、線量対策が不十分だった

E 建屋爆発(水素爆発)への警戒、動向把握、対策行動が不十分だった
- 長期的な全交流電源喪失時の建屋換気方法が考慮されていない
- 水素発生を検知する仕組みや、水素を外部に逃がす仕組みが確立されていない

F 海側の津波耐性が弱く、最終ヒートシンク喪失後、有効策が打てなかった
- 全電源喪失時、ベント機能喪失時の管理・運用手順が不明確だった

第2章 福島第一原発はどのようにして過酷事故に至ったか

以下では、それぞれの原子炉の事故進展状況をより詳しく検証していきます。

まず1号機は、地震ですべての外部電源を喪失したものの、原子炉は緊急停止(スクラム)し、非常用のディーゼル発電機も自動起動しました。しかし、津波の襲来によって、非常用電源や直流電源、電源盤などが冠水。さらに、海側にあった冷却用の海水ポンプが損傷しました。全電源の喪失と相まって、炉心を冷やす機能も失われます。同様に、圧力容器・格納容器内の圧力や熱を制御するためのバルブの駆動も困難になり、ベント(減圧・排気)機能まで喪失してしまったのです。

その結果、原子炉内の水位が低下。地震の4時間後には燃料損傷が始まったと推定されています。

1号機は福島第一原発の中では最も旧式で、非常時には、原子炉で発生した蒸気を非常用復水器(IC)によって水に戻して再び原子炉に送ることで冷却する構造になっていますが、実際にはこのICはほとんど機能しませんでした。その後も高圧注水ができなかったため、あっという間に水位が低下し、空だき状態になったと見られています。

加えて、水素爆発への警戒や水素発生時の対策が不十分だったため、地震発生から約24時間後の3月12日15時36分に原子炉建屋が爆発で吹き飛んでしまいました。

隣接する原子炉の巻き添えを食った悲劇
【2号機クロノロジー解説】
1、3号機の爆発で復旧が次々中断

発生した事象

3/11

原子炉の停止

- 14:46 **地震の発生（震度6強）**
- 14:47 原子炉の自動停止
  全外部電源の喪失 ➡ 非常用ディーゼル発電機（D/G）自動起動
- 14:50 原子炉隔離時冷却系（RCIC）手動起動 ➡ RCIC自動停止
- 15:01 **原子炉未臨界確認**
- 15:02 RCIC手動起動 ➡ RCIC自動停止

津波による全電源喪失と海水系冷却機能喪失

- 15:35 **津波の襲来**
- 15:39 RCIC手動起動
- 15:41 **全交流電源喪失（D/G、電源盤水没）＋劣悪環境・暗闇**
  ■ 海水系水没により最終ヒートシンク喪失 ➡ 冷温停止機能喪失
- 17:12 所長、消防車などによる注水の検討指示
- 21:50 原子炉水位が判明（燃料頂部＋3400mm）

3/12

高圧冷却系の確保、低圧冷却系注水・ベント準備など

- 02:55 RCIC運転中であることを確認
  （RCICによる原子炉注水が確認できたことから、1号機のベントを優先）
- 17:30 所長、格納容器ベント操作準備開始を指示

3/13

- 11:00 圧力抑制室（S/C）ベント弁（大弁）開、ベントライン構成完了

3/14

- 11:01 3号機爆発により、S/Cベント弁が弁閉となり、開不能となる。
  また、消防車および仮設ホースの破損により原子炉注水ラインも使用不能に
- 13:25 原子炉水位の低下傾向を確認 ➡ RCIC機能喪失判断

減圧・低圧注水実施、ベント準備・ベント失敗、燃料損傷・水素発生

- 17:17～ **水位が燃料頂部に到達。燃料損傷の開始（推定）**
- 18:02 原子炉減圧開始
- 19:54 消防車による海水注入開始
- 21:00頃 S/Cベント弁（小弁）微開、ベントライン再構成完了
- 23:35頃 ドライウェル（D/W）ベント弁（小弁）によるベント実施を決定

3/15

- 00:01 D/Wベント弁（小弁）開、ベントライン構成完了（数分後、弁閉確認）
  （D/W圧力低下せず）

放射能漏れ

- 06:14頃 **S/C圧が０kPaを指示※**

※東京電力が2012年6月20日に発表した事故調査報告書では
「ダウンスケール」という表現に修正されている（56ページ参照）

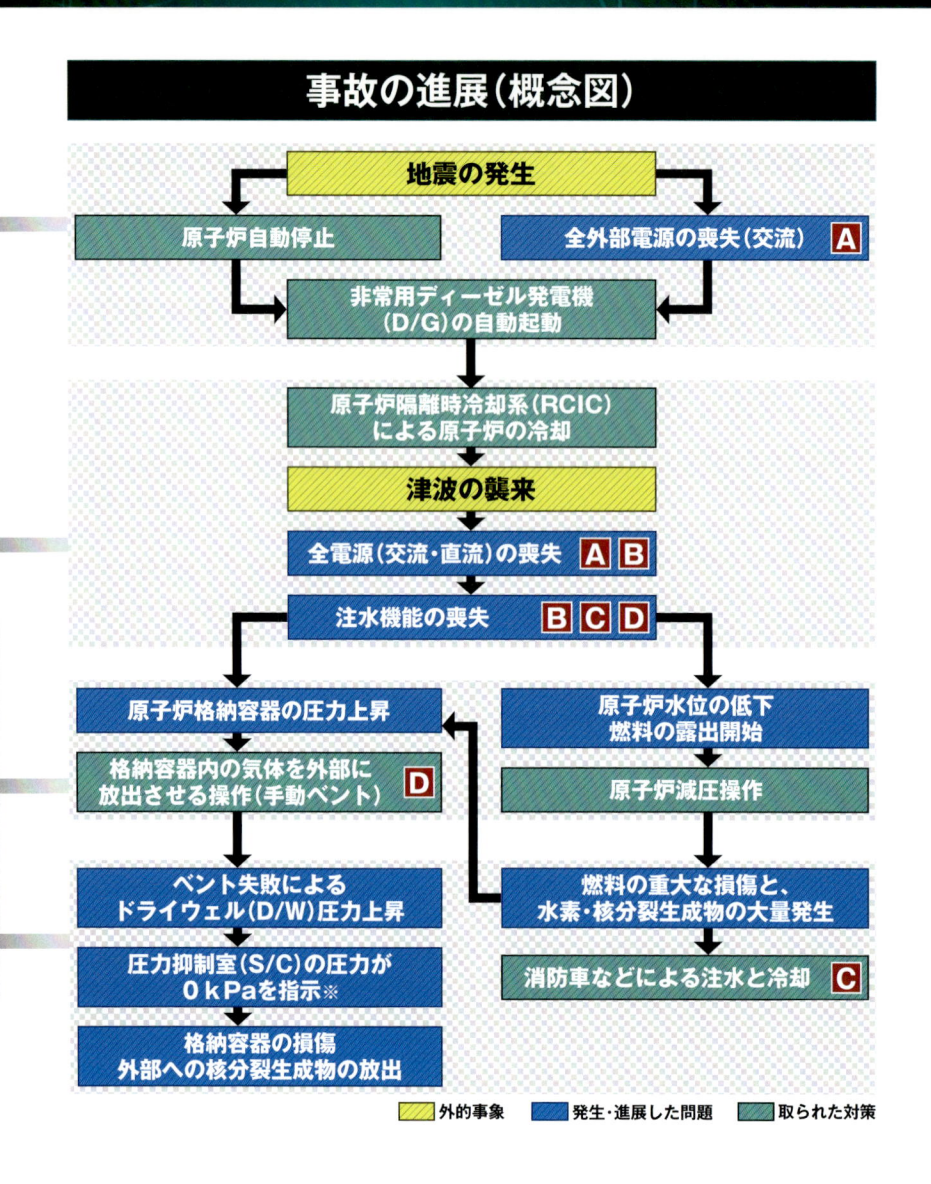

事故の進展（概念図）

地震の発生
↓
原子炉自動停止 ／ 全外部電源の喪失（交流）**A**
↓
非常用ディーゼル発電機（D/G）の自動起動
↓
原子炉隔離時冷却系（RCIC）による原子炉の冷却
↓
津波の襲来
↓
全電源（交流・直流）の喪失 **A B**
↓
注水機能の喪失 **B C D**
↓
原子炉格納容器の圧力上昇 ／ 原子炉水位の低下 燃料の露出開始
↓
格納容器内の気体を外部に放出させる操作（手動ベント）**D** ／ 原子炉減圧操作
↓
ベント失敗によるドライウェル（D/W）圧力上昇 ／ 燃料の重大な損傷と、水素・核分裂生成物の大量発生
↓
圧力抑制室（S/C）の圧力が０kPaを指示※ ／ 消防車などによる注水と冷却 **C**
↓
格納容器の損傷 外部への核分裂生成物の放出

凡例：外的事象／発生・進展した問題／取られた対策

問題点

A 地震と津波によって、全交流電源が長期的に喪失した
- 電気融通機能を持つ1、3、4号機も電源喪失したため、電源が融通できなかった
- 電源盤の一部は水没を免れたが、瓦礫などの障害物により建屋へのアクセスが困難であり、復旧に時間がかかり、電源喪失が長期化した
- 水没を免れた電源盤への電源供給のための電源車が、1号機の爆発により破損した

B 交流・直流の同時電源喪失を想定していなかった
- 交流電源のバックアップである直流電源が浸水により機能しない状況を想定していなかった
- 全電源喪失により、遠隔からの減圧・換気などの弁操作やベント操作が困難になった
- 全交流電源喪失と同時に直流電源が喪失した場合の運転手順が不明確だった

C 原子炉冷却のための代替注水源の確保が不十分かつ遅延した
- 電源喪失により、注水前に行なう原子炉減圧操作が遅延した（代替電源準備の遅延）
- 3号機の爆発により、消防車、注水ホースが破損した
- 道路液状化、瓦礫など、または余震の発生で海水注水ラインの構成が困難を極めた

D 格納容器ベント機能が喪失し、手動開放が遅延した
- 3号機の爆発により、ベントラインのバルブ（大弁）が閉まり、開けられなくなった
- ベントのためのラプチャーディスク（R/D。内部がある圧力以上になると破れるようになっている破裂板）の開放設定値が高く、ベントの準備ができていたのにR/Dが破れなかった

E 海側の津波耐性が弱く、最終ヒートシンク喪失後、有効策が打てなかった
- 全電源喪失時、ベント機能喪失時の管理・運用手順が不明確だった

2号機でも、地震後の緊急停止（スクラム）は想定通り行なわれましたが、地震と津波で全交流・直流電源が失われてしまいました。しかし、原子炉隔離時冷却系（RCIC）を起動でき、原子炉への注水を開始。3月12日未明には、炉内の水位が維持されていることが確認されました。さらに、津波の被害を受けていなかった冷却系統を利用して注水しようと模索。水没を免れた電源盤に電源車を接続すべく作業していましたが、12日15時36分、隣の1号機の水素爆発によって、2号機の電源車・ケーブルが破損し、使用不能になりました。

また、格納容器内の高圧化を防止するため、12日17時30分にベント（排気）の準備を開始。それらと並行して、消防車による海水注入ラインの準備を進めていましたが、今度は3号機が14日11時過ぎに水素爆発したことにより、2号機の圧力抑制室（S/C）の排気弁が故障して閉まったままになります。同時に、消防車・注水ホースが破損して、注水手段が断たれてしまいました。

その後、14日17時17分から燃料損傷が始まったと見られ、15日6時過ぎに圧力抑制室の圧力が急低下したことで、現場は緊迫。格納容器に〝穴が開いた〟と推定されます。放射性物質の放出量はこの2号機が最大となり、深刻な結果をもたらしました。

自家用車バッテリーまで動員するも力及ばず
【3号機クロノロジー解説】
唯一の電源を生かせなかった教訓

発生した事象

原子炉の停止

3/11
- **14:46** 地震の発生（震度6強）
- 14:47 原子炉の自動停止 ➡ 15:05 原子炉隔離時冷却系（RCIC）手動起動 ➡ 自動停止
  全外部電源の喪失 ➡ 14:48頃 非常用ディーゼル発電機（D/G）の自動起動

津波による交流電源・海水系冷却の機能の喪失

- **15:35** 津波の襲来
- 15:38 **全交流電源機能の喪失＋暗闇・劣悪環境**
  ■ 冷却用の海水系ポンプの損傷 ➡ 冷温停止機能の喪失（最終ヒートシンク喪失）
  ■ 直流母線の被水は免れる。**直流電源（バッテリー）からの供給継続** ➡ RCIC、記録計などへの供給継続
- **16:03** **原子炉隔離時冷却系（RCIC）手動起動による冷却**

直流電源の確保・喪失、注水による冷却継続・失敗、格納容器のベント準備など

3/12
- 11:36 RCIC自動停止
- 12:35 高圧注水系（HPCI）自動起動
- 17:30 所長、ベントの準備を指示

3/13
- 02:42 **HPCI手動停止（バッテリー枯渇直前に停止）➡ 原子炉圧力減圧失敗 ➡ 圧力上昇 ➡ 原子炉水位低下へ**
- 04:15 水位が燃料頂部に達したと判断
- 05:10 RCICによる注水を試みるも失敗と判断

低圧系の注水実施、格納容器ベント実施

- **08:00～09:00** **燃料損傷の開始（推定）**
- 09:08頃 **逃がし安全弁による減圧実施（社員乗用車バッテリーで）**
- 09:25 **消防車による淡水注入開始（ホウ酸入り）**
- 09:36 **ベントによりドライウェル（D/W）圧の低下を確認**
- 10:30 所長、海水注入の準備を指示
- 12:20 淡水注入完了（防火水槽の淡水枯渇）
- 12:30 圧力抑制室（S/C）ベントAO弁を開（空気ボンベ交換）
- 13:12 **消防車による海水注入開始（余震のため準備難航）**

3/14
- 01:10 海水補給のため、消防車注水を停止
- 03:20 消防車による海水注入再開
- 09:05 逆洗弁ピットへの海水補給を開始（高線量、アクセス難で難航）
- 10:26 自衛隊給水車（5t、7台）到着、逆洗弁ピットに配置

水素滞留・格納容器ベント実施、放射能漏れ、水素爆発

- **11:01** **建屋爆発（4・5階部分）** 消防車やホースが損傷し、海水注入停止
- 15:30頃 海水注入再開

3/15
- 07:55 建屋上部に蒸気を確認

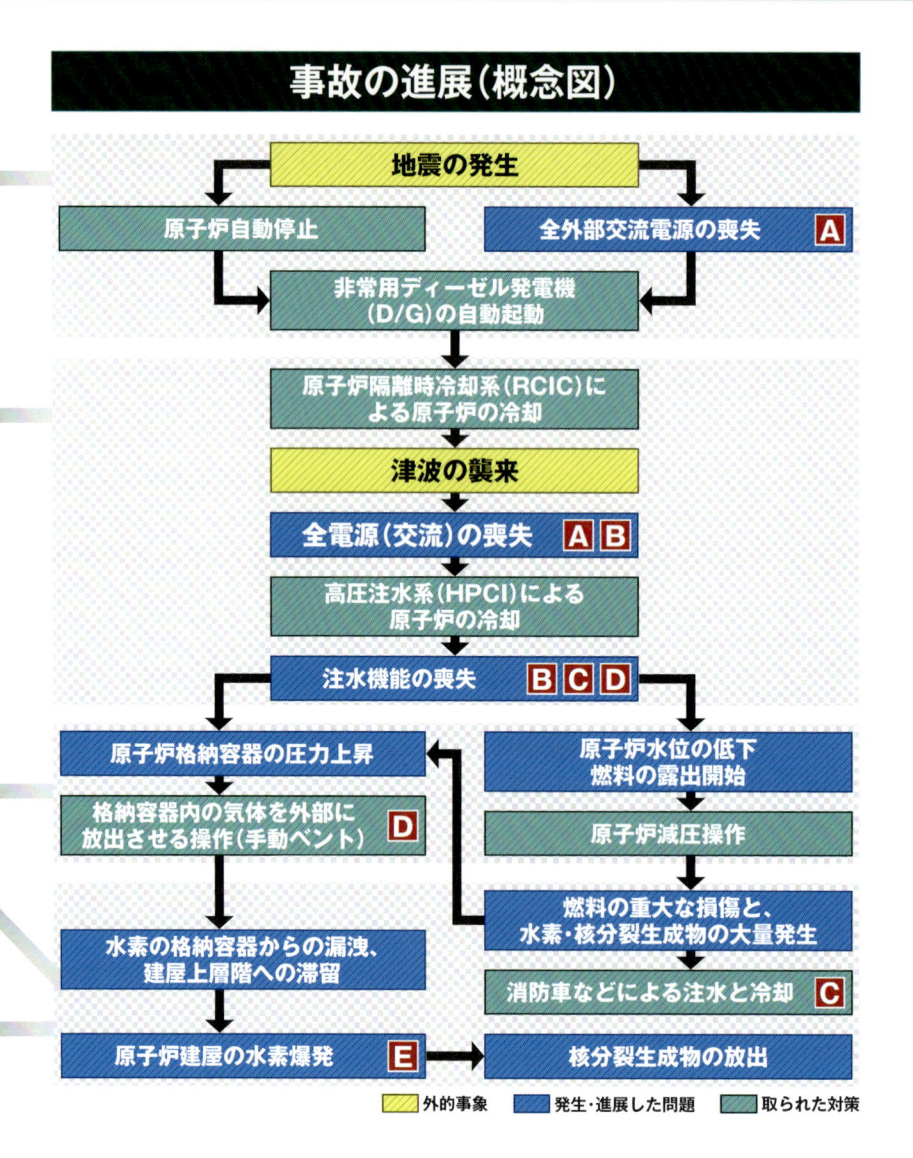

事故の進展（概念図）

```
地震の発生
  ├─→ 原子炉自動停止
  └─→ 全外部交流電源の喪失 [A]
          ↓
      非常用ディーゼル発電機
      （D/G）の自動起動
          ↓
      原子炉隔離時冷却系（RCIC）
      による原子炉の冷却
          ↓
      津波の襲来
          ↓
      全電源（交流）の喪失 [A][B]
          ↓
      高圧注水系（HPCI）による
      原子炉の冷却
          ↓
      注水機能の喪失 [B][C][D]
       ├─→ 原子炉格納容器の圧力上昇
       │      ↓
       │   格納容器内の気体を外部に
       │   放出させる操作（手動ベント）[D]
       │      ↓
       │   水素の格納容器からの漏洩、
       │   建屋上層階への滞留
       │      ↓
       │   原子炉建屋の水素爆発 [E]
       │      ↓
       └─→ 原子炉水位の低下
              燃料の露出開始
                ↓
              原子炉減圧操作
                ↓
              燃料の重大な損傷と、
              水素・核分裂生成物の大量発生
                ↓
              消防車などによる注水と冷却 [C]
                ↓
              核分裂生成物の放出
```

凡例： 黄＝外的事象　青＝発生・進展した問題　緑＝取られた対策

問題点

A 地震と津波によって、全交流電源が長期的に喪失した
- 電気融通機能を持つ1、2、4号機も電源喪失したため、電源が融通できなかった
- 電源盤の水没によって電源喪失が長期化した

B 交流・直流の同時電源喪失を想定していなかった
- 直流電源が水没しなかったため、高圧冷却系での冷却が維持された。しかし、直流電源枯渇後は注水機能が喪失した
- 全電源喪失により、遠隔からの減圧・換気などの弁操作やベント操作が困難になった
- 全交流電源喪失と同時に直流電源が喪失した場合の運転手順が不明確だった

C 原子炉冷却のための代替注水源の確保が不十分かつ遅延した
- バッテリーが不足しており、自家用車バッテリーを使用したため、減圧開始に時間を要した
- 所内の消防車が1号機海水注入に使用されており、代替消防車の手配に時間がかかった
- 道路液状化、瓦礫などで、消防車の取水場所への移動、注水ホースの設置・接続などが困難を極めた

D 格納容器ベント機能が喪失し、手動開放が遅延した
- 電源喪失時のベント操作の容易性の確保、現場の線量対策が不十分だった

E 建屋爆発（水素爆発）への警戒、動向把握、対策行動が不十分だった
- 長期的な全交流電源喪失時の建屋換気方法が考慮されていない
- 水素発生を検知する仕組みや、外部に逃がす仕組みが確立されていない

F 海側の津波耐性が弱く、最終ヒートシンク喪失後、有効策が打てなかった
- 全電源喪失時、ベント機能喪失時の管理・運用手順が不明確だった

震災当日の3月11日に一気に炉心損傷が始まったとされる1号機に比べ、2号機と3号機は相対的には損傷の進行が遅くなっていました。そのため、まず1号機への対応を優先した結果、消防車などの手配が後回しになり、被害が拡大しました。

さらに2号機と3号機を比較してみると、両者の大きな違いの1つは、3号機では津波を受けた後も、バックアップ用のバッテリーが生き残っていたことです。この直流電源のおかげで、3号機はしばらくの間、原子炉隔離時冷却系（RCIC）や、高圧注水系（HPCI）用の電源、計器類などに電気を供給することができたのです。しかし結局、その〝僥倖〟を生かしきれませんでした。

12日11時36分にまずRCICが停止します。所内の消防車は1号機に使用中で、HPCIを起動し対応しましたが、13日2時42分になって、低圧冷却系への切り替えのためHPCIを停止。約1時間半後には燃料が露出し始めました。同日8～9時に炉心損傷が始まったと推定されます。

そこで社員の自家用車のバッテリーまで使って減圧を実施したものの大幅に時間がかかり、さらに余震の頻発と消防車など資機材の不足で注水作業は遅延。14日11時1分、3号機建屋は水素爆発で吹き飛びました。そして、隣接する2号機、4号機の被害を拡大する連鎖が起きたのです。

原因は3号機で発生した水素の逆流か？
【4号機クロノロジー解説】
運転停止中なのになぜ爆発したか

発生した事象

定期検査中

3/11 14:46 ― 地震の発生（震度6強）
2010年11月30日から定期検査中（原子炉停止中）だった
使用済み燃料プールに燃料1535体貯蔵
全外部電源の喪失 ➡ 非常用ディーゼル発電機（D/G）1台の自動起動
スロッシング（液体の揺動）により使用済み燃料プール水が漏れ、水位低下
（約0.5m低下と推定）

津波による全電源と海水系冷却機能の喪失

15:35 ― 津波の襲来
全交流電源機能の喪失＋暗闇・劣悪環境
■ 直流電源の喪失 ➡ 電源盤、計測・制御設備が使用不能へ
　➡ 冷却機能の喪失（残留熱除去系など）
■ 使用済み燃料プール冷却用の海水系ポンプの損傷
　➡ 冷却機能の喪失（最終ヒートシンク喪失）

使用済み燃料の崩壊熱により、使用済み燃料プール温度は
徐々に上昇し、蒸発により水位低下へ

使用済み燃料プール水位の状態監視と確保準備
3号機からの水素流入

3/14 04:08　使用済み燃料プール温度　84℃と確認
**　　 11:01　3号機爆発**

水素爆発

3/15 06:14頃　大きな音が発生　原子炉建屋損傷（4・5階部分）
爆発によりゲートが開いて隣のプールから水が流れ込み、水位が回復（推定）

火災発生・鎮火 注水開始

3/16 09:38　原子炉建屋3階より火災発生
**　　 11:00頃　現場確認にて自然鎮火**
ヘリコプターにより、使用済み燃料プール水位を確認（燃料頂部より4～5m上部）

3/20 08:21　使用済み燃料プールへの注水開始（以降、断続的に注水）

事故の進展（概念図）

地震の発生
　↓　　　　　↓
スロッシングによる　　全外部電源の喪失（交流）　**A**
使用済み燃料プール水位低下
　↓　　　　　↓
非常用ディーゼル発電機
（D/G）の自動起動
　↓
津波の襲来
　↓
全電源（交流・直流）の喪失　**A B**
　↓
使用済み燃料プール（SFP）
冷却用海水系損傷　**D**
　↓
使用済み燃料プール冷却機能の喪失　**B**
　↓
使用済み燃料プール水温の上昇
　↓
3号機から　　　爆発音発生、
水素が大量流入 ➡ 原子炉建屋4・5階部分損傷　**C**
　↓
原子炉建屋3階で火災発生　**C**
➡自然鎮火
　↓
使用済み燃料プールへの注水開始

■ 外的事象　■ 発生・進展した問題　■ 取られた対策

問題点

A 地震と津波によって、全交流電源が長期的に喪失した
- 電気融通機能を持つ1～3号機も電源喪失したため、電源が融通できなかった
- スロッシングによる水位低下は予測された事象

B 交流・直流の同時電源喪失を想定していなかった
- 全交流電源喪失と同時に直流電源が喪失した場合の運転手順が不明確だった
- 電源・冷却・ベント機能の同時喪失時の対策、準備、訓練などが不十分であった

C 原子炉建屋の爆発、損傷
- 爆発の原因は不明であったが、3号機からの滞留水素が非常用ガス処理系（SGTS）配管を通じて4号機に流入し、水素爆発に至ったものと推定（4号機の使用済み燃料プール内の燃料に損傷はなし）
- 火災発生についても原因不明、水素燃焼による可能性もあり
- 長期的な全交流電源喪失時の建屋換気方法が考慮されていない
- 水素発生を検知する仕組みや、外部に逃がす仕組みが確立されていない

D 海側の津波耐性が弱く、最終ヒートシンク喪失後、有効策が打てなかった
- 冷却用海水ポンプの損傷により、全交流電源喪失と相まって、使用済み燃料プールの冷却機能が喪失

4号機は、前年の11月から定期検査で運転停止中だったため、4・5階部分の使用済み燃料プールに保管されていた燃料の冷却をどう維持するかが問題となりました。1～3号機と同様、4号機も地震で全外部電源を失い、さらに地震動により液体が揺動する「スロッシング」現象の結果、燃料プール内の水が漏れ、0.5mほど水位が低下したと推定されます。ここまでは〝想定内〟でした。

また、津波によって非常用電源や電源盤が冠水し、全交流電源が喪失。そのほか、海側にあった冷却用海水ポンプが冠水・損傷するなど、使用済み燃料プールの冷却機能が失われ、蒸発による水位の低下が懸念されましたが、調査の結果、使用済み燃料の頂部到達は3月20日頃になると予想されたため、他号機の対応が優先されました。実際、14日4時過ぎにプールの温度は84℃で、沸騰まで至っていないことが確認されていたのです。

ところが、その7時間後の同日11時過ぎ、3号機で水素爆発が発生。そして翌15日6時14分頃に4号機の原子炉建屋も爆発してしまいました。16日には火災も発生しましたが、これらの原因は判然としていません。東電は、3号機の滞留水素が4号機に流入して爆発したものと推定していますが、運転停止中であっても爆発が起きるという教訓は重要だと思います。

冷温停止に移行するまでの9日間の軌跡
【5号機、6号機クロノロジー解説】
1つだけ残った発電機が命綱になった

5号機／発生した事象

定期検査中

3/11
- 14:46 **地震の発生（震度6強）**
  - 全外部電源の喪失 ➡ 14:47 非常用ディーゼル発電機（D/G）の自動起動

津波による交流電源と海水系冷却機能の喪失

- 15:35 **津波の襲来**
  - ■非常用ディーゼル発電機停止 ➡ **15:40 全交流電源の喪失** ➡ 電動機使用不能へ
  - ■冷却用の海水系ポンプの損傷 ➡ **冷温停止機能の喪失（最終ヒートシンク喪失）**
  - ■直流母線の被水は免れる（蓄電池により**直流電源からの供給継続**）

6号機からの電源融通による交流電源復旧／原子炉・使用済み燃料プール注水開始

3/12
- 08:13 6号機非常用ディーゼル発電機からの受電開始（直流電源維持）
- 14:42 6号機側空調系の手動起動により5、6号中央制御室内空気浄化開始

3/13
- 20:48 **6号機D/Gから5号機低圧電源盤へ電源供給開始**
- 20:54 復水補給水系ポンプ手動起動

3/14
- 05:00 原子炉減圧実施（以降、断続的に実施）
- 05:30 復水補給水系による原子炉注水開始（以降、断続的に実施）
- 09:27 使用済み燃料プールへの水補給開始（以降、断続的に実施）

非常用ポンプ復旧による原子炉冷温停止へ移行

3/18
- 13:30 原子炉建屋屋上の穴開け（3か所）作業終了

3/19
- 05:00頃 残留熱除去系（RHR）手動起動（使用済み燃料プール冷却開始）

3/20
- 10:49 RHR手動停止
- 12:25 RHR手動起動（原子炉冷却開始）
- 14:30 **原子炉が冷温停止状態に移行**

6号機／発生した事象

定期検査中

3/11
- 14:46 **地震の発生（震度6強）**
  - 全外部電源の喪失 ➡ 14:47 非常用ディーゼル発電機（D/G）の自動起動

津波による海水系冷却機能の喪失

- 15:35 **津波の襲来**
  - ■非常用ディーゼル発電機2台停止。しかし、1台運転継続により所内電源確保
  - ■冷却用の海水系ポンプの損傷 ➡ **冷温停止機能の喪失（最終ヒートシンク喪失）**
  - ■直流母線の被水は免れる（蓄電池により**直流電源からの供給継続**）

原子炉および使用済み燃料プールの水位確保

3/12
- 06:03 非常用ディーゼル発電機より所内電源供給ラインの構成開始
- 08:13 5号機への電源融通
- 14:42 空調系の手動起動により5、6号中央制御室内空気浄化開始

3/13
- 13:01 復水補給水系ポンプ手動起動 ➡ 原子炉注水開始

3/14
- 14:13 使用済み燃料プールへの水補給開始（以降、断続的に実施）

3/16
- 13:10 使用済み燃料プール浄化系手動起動（除熱機能なし、循環運転のみ）

3/18
- 17:00 原子炉建屋屋上の穴開け（3か所）作業終了
- 19:07 非常用ディーゼル発電機冷却系海水ポンプ起動

非常用ポンプ復旧により原子炉冷温停止へ移行

3/19
- 04:22 非常用ディーゼル発電機2台目起動
- 22:14 残留熱除去系（RHR）手動起動（使用済み燃料プール冷却開始）

3/20
- 16:26 RHR手動停止
- 18:48 RHR手動起動（原子炉冷却開始）
- 19:27 **原子炉が冷温停止状態に移行**

5号機と6号機は、定期検査停止中だったため、難なく冷温停止に至ったかのように思われています。しかし、実際は5、6号機においても、原子炉内で上昇する圧力や熱を制御するために、綱渡りの作業が続けられていました。

　まず、地震発生時に、福島第一原発の1～4号機と同様に、外部電源がすべて失われました。それでも、設計通りに非常用ディーゼル発電機が自動起動しました。5、6号機はその直前の時点で燃料が原子炉に装荷されている状態にあり、5号機では炉内の圧力は約7MPa（約70気圧）、水温は約90℃だったことが判明しています。

　そこに、大津波が襲いかかりました。その結果、5号機では非常用ディーゼル発電機を含むすべての交流電源が喪失しましたが、6号機ではたった1基だけ非常用ディーゼル発電機が運転を継続できたのです。

■ 6号機の「空冷式」電源を5号機に融通

　この唯一生き残った非常用電源は、海抜13.2mの位置にあった空冷式の電源装置でした。福島第一原発では、多くの非常用発電機が海水を使った水冷式で、海側に冷却水を汲み上げるためのポンプが並べてあったため、そのほとんどが津波の被害を受けて、復旧に手間と時間がかかりました。

しかし、この空冷式は高所に設置されており、また、空冷式のため冷却水を海から取る必要がなかったことから津波の被害を免れたのでした。

　5号機では、直流電源（バックアップ用の蓄電池）がかろうじて生き残っていました。そこですぐに12日早朝から隣接プラント間の電源融通のための本設ケーブルを通じて、6号機の非常用電源からの受電を開始しました（直流電源の維持）。さらに仮設ケーブルを敷設して、13日の夜には6号機からの交流電源も確保できた結果、復旧作業に必要な機器への電源供給ができるようになりました。

　こうしていわば〝時間稼ぎ〟をしている間に、電源車からの仮設電源の準備が整い、3月19日には残留熱を除去する冷却系（RHR）の海水ポンプが起動。使用済み燃料プールと原子炉の冷却を交互に実施して、最終的には原子炉を冷温停止に移行させることができました。

■ 万全を期して原子炉建屋に穴まで開けた

　6号機では、前述した空冷式の非常用電源1基と直流電源（蓄電池）が生き残っていたため、中央制御室の監視計器は無事に作動しており、原子炉や使用済み燃料プールの様子を確認しながら作業が進められました。

　津波の後も生き残った6号機のたった1つの非常用電源は、まさに八面六臂の活躍をします。この非常用電源によって、復水貯蔵タンクの水源を使った復水補給水系ポンプの電源も確保されていたことから、6号機では3月13日から原子炉への注水が可能となり、続いて使用済み燃料プールへの水の補給もできました。あとは5号機と同様、RHRの海水ポンプが起動して、原子炉の冷温停止に成功しています。

　5、6号機では、地震発生以降、原子炉および使用済み燃料プールの水位は維持されていることが計測されており、水素ガスが発生する状況にはないことがわかっていました。しかし、稼働中の1、3号機のみならず、停止中の4号機までもが水素爆発したのを考慮して、5、6号機では念のためボーリングマシーンを使って、原子炉建屋の屋上3か所に直径3.5～7cmの穴を開けました。交流電源が1つ確保されているだけで、さまざまな対策が可能になることがわかります。

全4基の原子炉が運転中だったが、冷温停止に成功
「福島第二」では1回線だけ残った外部電源が救いとなった

福島第二原発の送電系統

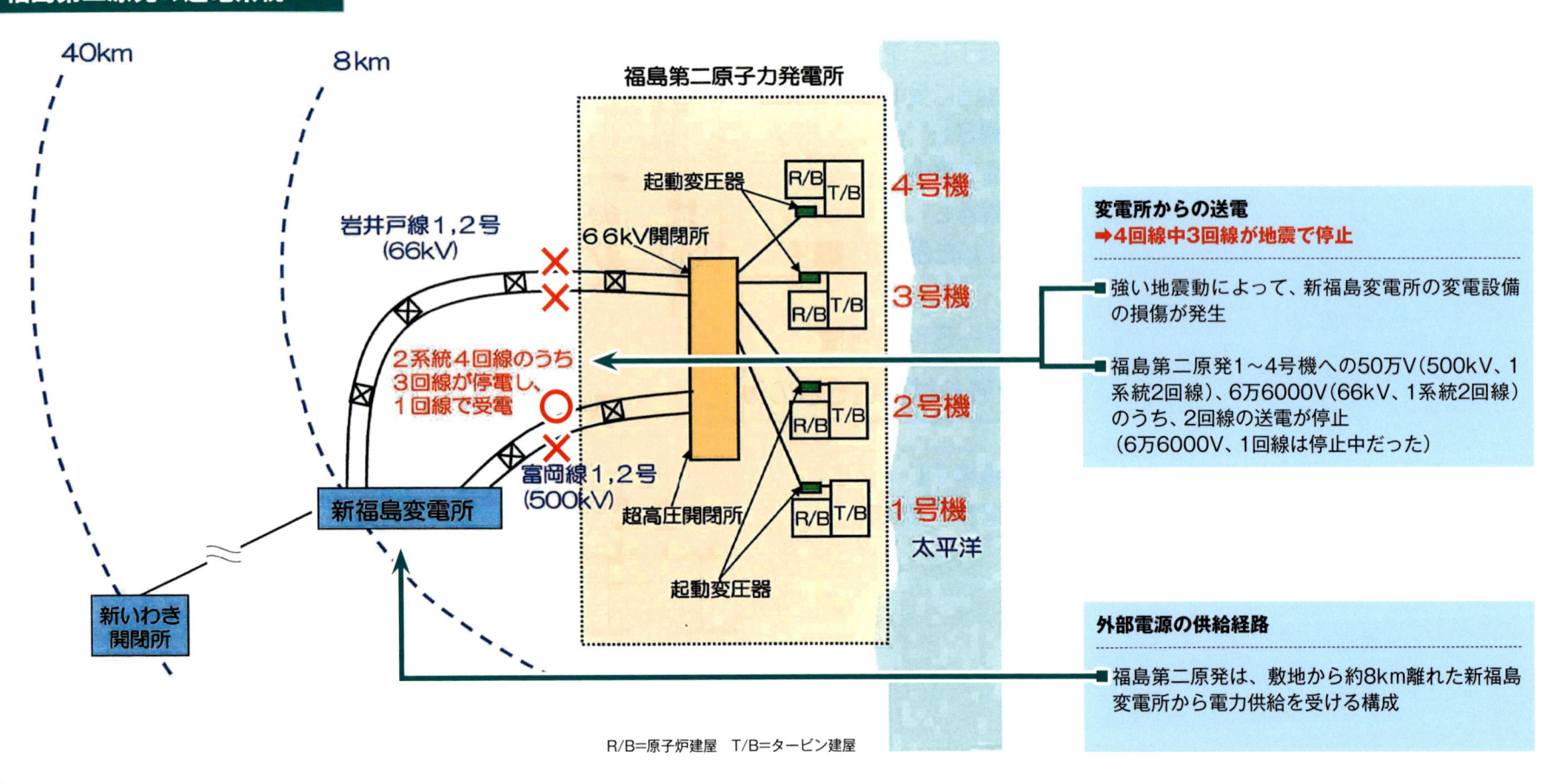

変電所からの送電
➡4回線中3回線が地震で停止

- 強い地震動によって、新福島変電所の変電設備の損傷が発生

- 福島第二原発1～4号機への50万V（500kV、1系統2回線）、6万6000V（66kV、1系統2回線）のうち、2回線の送電が停止（6万6000V、1回線は停止中だった）

外部電源の供給経路

- 福島第二原発は、敷地から約8km離れた新福島変電所から電力供給を受ける構成

R/B＝原子炉建屋　T/B＝タービン建屋

出典：
東北地方太平洋沖地震に対する原子力発電所の状況について（H23.3.22東京電力　柏崎刈羽原子力発電所）
http://www.tepco.co.jp/nu/kk-np/tiiki/pdf/230325.pdf

1〜4号機の回路図

受電継続
富岡線1号／富岡線2号（×）
50万V (500kV) 母線

点検停止中
岩井戸線1号／岩井戸線2号
6万6000V (66kV) 母線

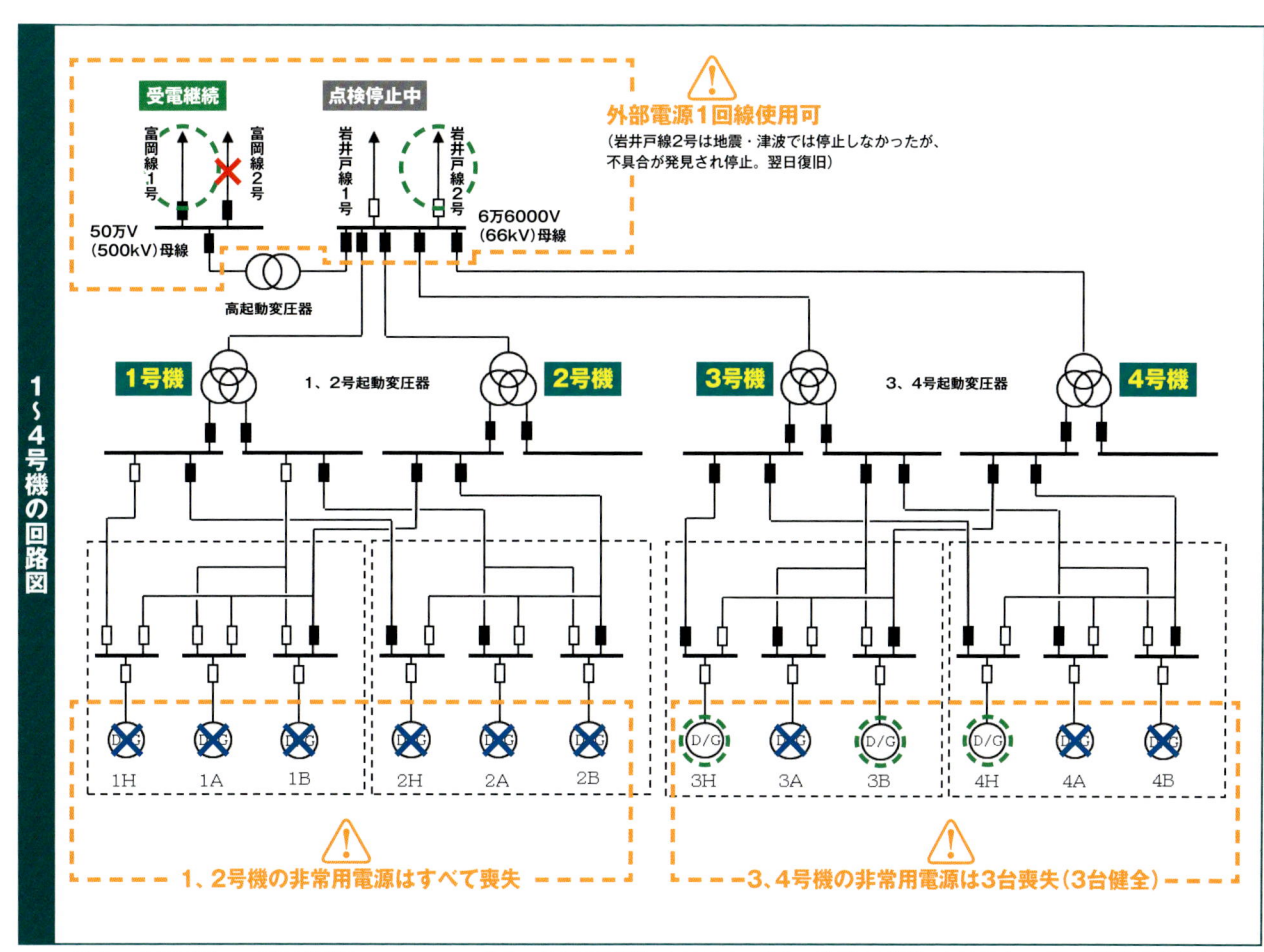

外部電源1回線使用可
（岩井戸2号は地震・津波では停止しなかったが、不具合が発見され停止。翌日復旧）

高起動変圧器

1号機　1、2号起動変圧器　2号機　　3号機　3、4号起動変圧器　4号機

1H 1A 1B　　2H 2A 2B　　3H 3A 3B　　4H 4A 4B

⚠ **1、2号機の非常用電源はすべて喪失**　　⚠ **3、4号機の非常用電源は3台喪失（3台健全）**

D/G＝非常用ディーゼル発電機　　✕----地震の影響により停止　　✕----津波の影響により停止　　◌----津波後も運転可能

第2章　福島第一原発はどのようにして過酷事故に至ったか

原発再稼働「最後の条件」

　福島第一原発では炉心溶融や水素爆発が起きましたが、そこから南へ12kmほど離れた福島第二原発でも、震災時には4基の原子炉が稼働中で、やはり巨大地震と大津波により、いずれの原子炉も危機に晒されました。両者の運命を分けた要因の1つは、電源の有無でした。

　68ページの図のように、福島第二原発は約8km内陸に入った新福島変電所から外部電源を取り入れており、50万Vの「富岡線1、2号」、6万6000Vの「岩井戸線1、2号」という2系統4回線がありました。このうち富岡線1号だけが生き残り、残る富岡線2号は地震により停止、岩井戸線1号は定期検査のため停止中、岩井戸線2号は地震の後に変電所の不具合が発生したために停止しました（翌日に復旧）。

　一方、内部電源は、もともと各号機に3台ずつ非常用電源が設置されていましたが、1、2号機は津波で6台すべてを喪失。3号機は1台、4号機では2台の非常用電源を喪失しました。

　福島第一原発で生き残った非常用電源が「空冷式」だったことに象徴されるように、非常用電源は、単に本体が健全であればよいわけではなく、発電機の冷却系統も維持される必要があります。

　結果的に、この外部電源1回線と非常用電源3台が、福島第二原発を救う鍵になったのです。

69

決死の作業で仮設ケーブル敷設＆冷却ポンプ復旧

【福島第二 1号機、2号機クロノロジー解説】
非常用発電機喪失の危機をどう乗り越えたか？

1号機／発生した事象

3/11

原子炉の停止

- 14:46 **地震の発生（震度6強）** 地震発生前は運転中
- 14:48 原子炉自動停止
  全制御棒挿入
  500kV1回線の外部電源確保
- 15:00 原子炉未臨界確認

津波襲来により非常系機器の喪失

- 15:22 **津波の襲来**
- 15:34 非常用ディーゼル発電機(D/G)自動起動 ➡ 津波により停止
- 15:36 原子炉隔離時冷却系(RCIC)手動起動(原子炉への注水)
- 15:55 逃がし安全弁による原子炉減圧開始
- 17:35 「ドライウェル(D/W)圧力高」警報発生
  ➡ 非常用炉心冷却系(ECCS)ポンプの自動起動信号発信
- 17:53 D/W冷却系手動起動

原子炉圧力・水位調整、減圧操作による格納容器圧力上昇と冷却操作開始

3/12
- 00:00 復水補給水系(MUWC)による原子炉への注水操作開始
- 03:50 原子炉急速減圧開始
- 04:56 原子炉急速減圧完了
- 06:20 可燃性ガス濃度制御系(FCS)ラインを利用したMUWCによる圧力抑制プール(S/C)冷却
- 07:10 MUWCによるD/Wスプレイ実施(格納容器冷却)
- 07:37 MUWCによるS/Cスプレイ実施(格納容器冷却)
- 18:30 格納容器(PCV)耐圧ベントライン構成完了

非常系機器・電源の復旧により原子炉の冷温停止へ

3/13
- 20:17 残留熱除去海水系ポンプ手動起動(仮設ケーブルによる受電)
- 21:03 残留熱除去冷却系ポンプ手動起動(仮設ケーブルによる受電)

3/14
- 01:24 残留熱除去系手動起動(S/C冷却モード開始)
- 01:44 D/G設備冷却系(EECW)手動起動(高圧電源車による受電)
- 03:39 残留熱除去系S/Cスプレイモード開始
- 10:05 残留熱除去系にて原子炉への注水実施
- 10:15 S/C水温100℃未満であることを確認
- 16:30 使用済み燃料プールへの注水開始
- 17:00 **原子炉が冷温停止状態に移行**

2号機／発生した事象

3/11

原子炉の停止

- 14:46 **地震の発生（震度6強）** 地震発生前は運転中
- 14:48 原子炉自動停止
  全制御棒挿入
  500kV1回線の外部電源確保
- 15:01 原子炉未臨界確認

津波襲来により非常系機器の喪失

- 15:22 **津波の襲来**
- 15:34～41 非常用ディーゼル発電機(D/G)自動起動 ➡ 津波により停止
- 15:41 逃がし安全弁による原子炉減圧開始
- 15:43 原子炉隔離時冷却系(RCIC)手動起動(原子炉への注水)
- 18:50 「ドライウェル(D/W)圧力高」警報発生
  ➡ 非常用炉心冷却系(ECCS)ポンプの自動起動信号発信
- 20:02 D/W冷却系手動起動

原子炉圧力・水位調整、減圧操作による格納容器圧力上昇と冷却操作開始

3/12
- 04:50 復水補給水系(MUWC)による原子炉への注水操作開始
- 06:30 可燃性ガス濃度制御系(FCS)ラインを利用したMUWCによる圧力抑制プール(S/C)冷却
- 07:11 MUWCによるD/Wスプレイ実施(格納容器冷却)
- 07:35 MUWCによるS/Cスプレイ実施(格納容器冷却)
- 残留熱除去系(B)手動起動 ➡ 圧力抑制プール冷却運転
- 10:58 格納容器(PCV)耐圧ベントライン構成完了

非常系機器・電源の復旧により原子炉の冷温停止へ

3/14
- 03:20 D/G設備冷却系(EECW)手動起動(仮設ケーブルによる受電)
- 03:51 残留熱除去海水系ポンプ手動起動(仮設ケーブルによる受電)
- 05:52 残留熱除去冷却系ポンプ手動起動(仮設ケーブルによる受電)
- 07:13 残留熱除去系手動起動
- 07:50 残留熱除去系S/Cスプレイモード開始
- 10:48 残留熱除去系にて原子炉への注水実施
- 15:52 S/C水温100℃未満であることを確認
- 18:00 **原子炉が冷温停止状態に移行**

以下では、福島第二原発での電源喪失の過程と教訓を、より詳しく見ていきます。

まず、福島第一原発と同様、第二においても地震後の原子炉の緊急停止（スクラム）は無事に行なわれ、大きな問題はありませんでした。

さらに、68〜69ページでも図解したように、福島第二原発の外部電源は「富岡線1号」と呼ばれる1回線がかろうじて確保できたおかげで、1〜4号機ともに、常用電源・非常用電源への給電が維持できました。

ところが、そこに想定を超える巨大津波が襲いかかりました。その結果、福島第二原発も一時、窮地に立たされます。

■ 津波の2時間後に圧力上昇で警報が鳴った

津波が集中的に遡上した福島第二原発1、2号機では、非常用電源の「高圧電源盤（M/C、通称メタクラ）」や「低圧動力用電源盤（P/C、パワーセンター）」が一部使用不能となりました。また、非常用電源そのものが被水したほか、その発電機を冷却するためのポンプが海側の低い土地にあったために起動できなくなり、結局6台すべての非常用電源が使用不能になりました。

それらに加え、循環水ポンプが停止したことにより、蒸気を凝縮して水に戻すための復水器が使えなくなったため、事故対応のマニュアル通りに「主蒸気隔離弁（MSIV）」を閉じたうえで、「逃がし安全弁（SRV）」を開いて原子炉で発生した蒸気を圧力抑制プール（S/C）に逃がし、原子炉の圧力を低下させました。

格納容器とつながっている圧力抑制プールに蒸気が流れ込んだ結果、格納容器上部にあたる「ドライウェル（D/W）」内の圧力が上昇。1号機では、津波襲来から2時間後の3月11日17時35分に警報が発せられました。

■ まったく別のラインを使って緊急冷却

これをうけて、非常用炉心冷却系（ECCS）ポンプの自動起動信号が発せられましたが、その肝心のポンプが使用できなかったため、別の方策をとることを余儀なくされました。

格納容器には、可燃性のガスである水素による爆発を防止するため、水素と酸素を再結合させて容器内の水素の濃度を下げる「可燃性ガス濃度制御系（FCS）」というシステムがあります。この冷却水排水ラインを使って、冷却水を圧力抑制プールに注水するとともに、ドライウェルなどの冷却を実施しました。

こうした作業と並行して、応急の仮設ケーブルを敷設し、外部電源から受電されている電気を使って、停止した炉心から発生する残留熱を除去する機器の冷却系（RHR）や非常用ディーゼル発電機の冷却系などを復旧。3月14日未明には、残留熱冷却系の起動を開始し、冷温停止状態に移行しました。

■ 1号機とほぼ同時に進行した2号機への対処

2号機でも、格納容器上部のドライウェル内の圧力が上昇し、津波襲来から3時間半後の3月11日18時50分に、1号機と同様の警報が発せられました。左ページのクロノロジーを比較すれば、その後の対応は、1号機とほぼ同時か数時間遅れで、同様に実施されたことがわかります。

このように、福島第二原発1、2号機のケースでは、非常用発電機が津波ですべて使用不能になっても、外部電源が1回線でもあれば、いくつかの冷却システムを活用して、何とか原子炉の冷却ができることを証明したとも言えます。

【福島第二 3号機、4号機クロノロジー解説】
3号機は被災翌日に速やかに冷温停止を実現
冷却源の有無が明暗を分けた

3号機／発生した事象

3/11
- 14:46 **地震の発生（震度6強）**
  地震発生前は運転中
- 14:48 **原子炉自動停止**
  全制御棒挿入
  500kV1回線の外部電源確保
- 15:05 **原子炉未臨界確認**
- 15:22 **津波の襲来**
- 15:35 非常用ディーゼル発電機3台自動起動 ➡ 津波により1台停止
- 15:46 逃がし安全弁による原子炉減圧開始
- 16:06 原子炉隔離時冷却系（RCIC）手動起動（原子炉への注水）
- 19:46 **「ドライウェル（D/W）圧力高」警報発生**
  ➡ **非常用炉心冷却系（ECCS）ポンプの自動起動信号発信**
- 20:12 D/W冷却系手動起動
- 22:53 復水補給水系（MUWC）による原子炉への注水操作開始

3/12
- 00:06 残留熱除去系（RHR）原子炉停止時冷却系（SHC）モード構成準備開始
- 01:23 RHR手動停止（SHCモード準備のため）
- 02:39 RHR手動起動（SHC冷却モード開始）
- 02:41 RHR圧力抑制プール（S/C）スプレイモード開始
- 07:59 RHR手動停止（S/C冷却モードおよびスプレイモード停止）
- 09:37 RHR手動起動（SHCモード運転開始）
- 12:13 格納容器（PCV）耐圧ベントライン構成完了
- 12:15 **原子炉が冷温停止状態に移行**

4号機／発生した事象

3/11
- 14:46 **地震の発生（震度6強）**
  地震発生前は運転中
- 14:48 **原子炉自動停止**
  全制御棒挿入
  500kV1回線の外部電源確保
- 15:05 **原子炉未臨界確認**
- 15:22 **津波の襲来**
- 15:34頃 非常用ディーゼル発電機3台自動起動 ➡ 津波により2台停止
- 15:46 逃がし安全弁による原子炉減圧開始
- 15:54 原子炉隔離時冷却系（RCIC）手動起動（原子炉への注水）
- 19:02 **「ドライウェル（D/W）圧力高」警報発生**
  ➡ **非常用炉心冷却系（ECCS）ポンプの自動起動信号発信**
- 19:14 D/W冷却系手動起動

3/12
- 00:16 復水補給水系（MUWC）による原子炉への注水操作開始
- 07:23 可燃性ガス濃度制御系（FCS）ラインを利用したMUWCによる圧力抑制プール（S/C）冷却
- 11:17 原子炉注水をMUWCから高圧炉心スプレイ系（HPCS）に切り替え
- 11:52 格納容器（PCV）耐圧ベントライン構成完了
- 13:48 HPCSによる原子炉注水停止（以降、適宜実施）

3/14
- 11:00 D/G設備冷却系（EECW）手動起動（電源車による受電）
- 13:07 残留熱除去海水系ポンプ手動起動（仮設ケーブルによる受電）
- 14:56 残留熱除去冷却系ポンプ手動起動（仮設ケーブルによる受電）
- 15:42 残留熱除去系（RHR）手動起動（S/C冷却モード開始）
- 16:02 RHRにてS/Cスプレイモード開始
- 18:58 RHRにて原子炉への注水実施

3/15
- 07:15 **原子炉が冷温停止状態に移行**

続いては、福島第二原発の3号機と4号機のケースを見ていきます。

まず、3、4号機においても地震後の原子炉の緊急停止（スクラム）は無事に行なわれました。また、外部電源で唯一生き残った「富岡線1号」1回線を経由して、常用電源・非常用電源への給電が維持できました。

福島第二原発1、2号機との大きな違いは、津波による被災後、1、2号機では6台の非常用ディーゼル発電機が使用不能になったのに対して、3号機では2台、4号機では1台が機能したということでした。

これは、第1章の写真解説で見たように、1、2号機が1号機南側の通路を津波が集中的に遡上したことによる被害が大きかったのに対して、通路から比較的離れた3、4号機は海水や瓦礫の被害が小さかったことによるものです。

しかし、3号機と4号機を比較すると、冷温停止までにかかった時間に差があります。その差を検証してみましょう。

■ 発電機を冷やすポンプが1系統だけ存続

3、4号機ともに非常用発電機の本体は、すべて使用可能な状態にありましたが、3号機は3台の発電機のうち1台が、発電機を冷却するためのポンプが起動できず、発電機能を喪失してしまいました。

3号機では、原子炉内の減圧のため、1、2号機と同様に「主蒸気隔離弁（MSIV）」を閉じたうえで、「逃がし安全弁（SRV）」を開いて蒸気を圧力抑制プール（S/C）に逃がす作業を続けました。その後、やはり格納容器上部にあたる「ドライウェル（D/W）」内の圧力が上昇し、津波襲来から約4時間半後の3月11日19時46分に警報が発せられました。このため、残留熱を除去する冷却系が起動し、圧力抑制プールの冷却と、圧力容器内への注水とを切り替えるなどして対処しました。その結果、被災翌日の12日の昼12時15分には、いち早く冷温停止状態に移行しています。

3号機の例から、外部電源1回線に加えて、残留熱を除去する低圧冷却系が使えれば、いかに早く事故対応ができるかがわかります。

■ 電源車や3号機の電源に頼った4号機

では、4号機はどうだったのでしょうか？

結果的に、4号機も冷温停止に移行できましたが、1、2号機よりも遅い3月15日朝までかかりました。なぜ、4号機での対処が遅れたのでしょうか。

4号機では、津波によって、海に熱を逃がすための海水ポンプ用モーターが起動できず、止まったままでした。

そのため、12日未明までは3号機と同様の対処をしていましたが、それと並行して、使用不能となった冷却系の電源復旧を図るため、3号機の非常用電源から仮設ケーブルを引っ張ってきたり、柏崎刈羽原発から代替モーターを陸送して、熱交換器建屋に搬入するために、壊れて開かなくなった扉を破壊して設置するなどの応急作業が続けられました。

14日になって、ようやくそれらの準備が整い、本格的な注水・冷却を実施して15日朝に冷温停止に至りました。

このように、4号機を見れば、外部電源や非常用発電機が生き残っていたとしても、それらを冷やすための冷却源を確保できていなければ、1、2号機と同じか、それ以上に冷温停止まで時間がかかってしまうことがわかると思います。

一時は変電所からの送電がほとんど停止
「女川」「東海第二」は外部電源が早期に復旧した

東北電力・女川原発の送電系統

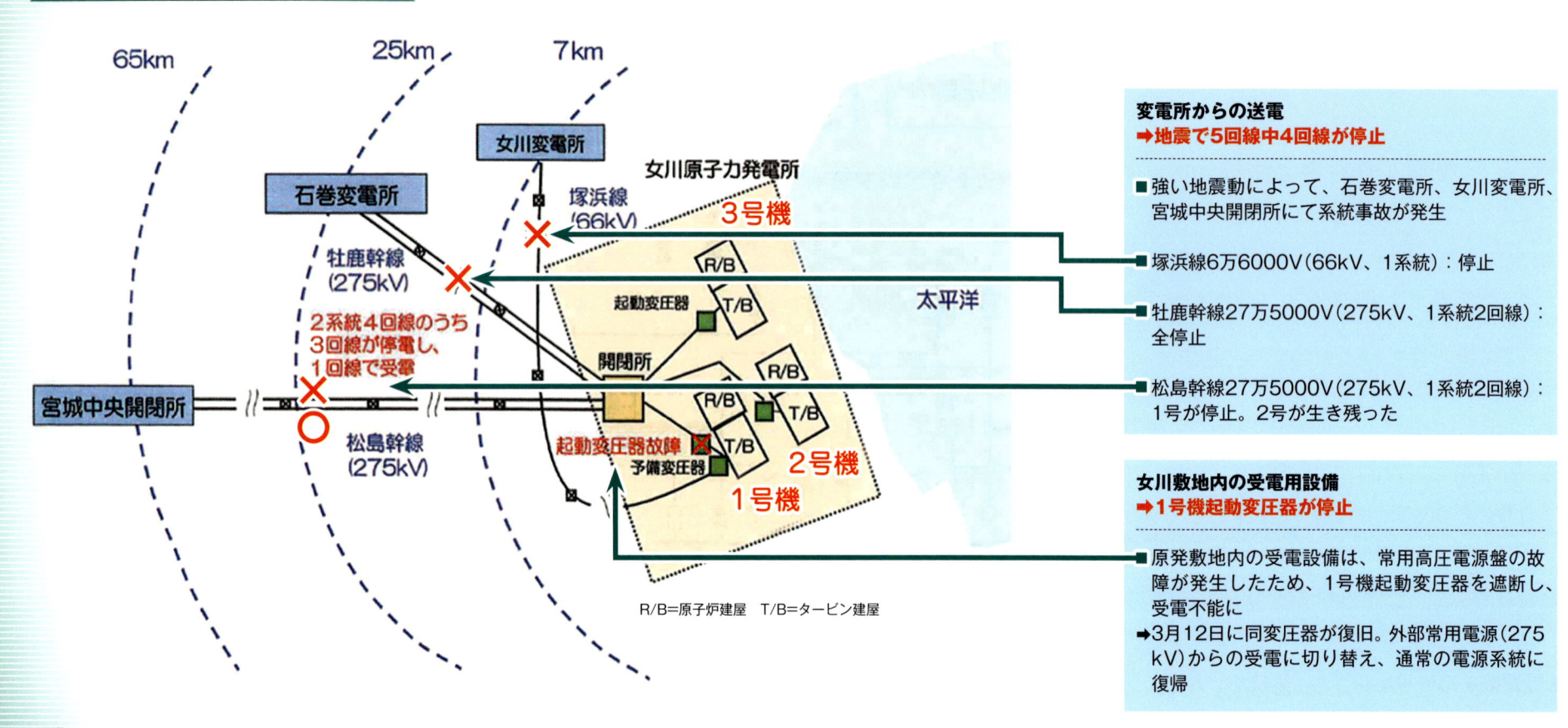

```
         65km        25km      7km
                            ┌─────────┐
                            │ 女川変電所 │
              ┌─────────┐   └────┬────┘
              │ 石巻変電所 │        │         女川原子力発電所
              └────┬────┘        │塚浜線
                   │             │(66kV)        3号機
                  牡鹿幹線         ✕
                  (275kV)  ✕──────────┐   ┌────┐
                                      │   │R/B │
                            起動変圧器  │   ├────┤
     2系統4回線のうち                    │   │T/B │   太平洋
     3回線が停電し、        開閉所       │   └────┘
     1回線で受電                        │   ┌────┐
  ┌─────────┐                         │   │R/B │
  │宮城中央開閉所│═══✕══════════════════┤   ├────┤
  └─────────┘    ○                    │   │T/B │
                  松島幹線              │   └────┘
                  (275kV)    起動変圧器故障✕  2号機
                             予備変圧器
                                       1号機

                        R/B=原子炉建屋  T/B=タービン建屋
```

変電所からの送電
➡ **地震で5回線中4回線が停止**

■ 強い地震動によって、石巻変電所、女川変電所、宮城中央開閉所にて系統事故が発生

■ 塚浜線6万6000V (66kV、1系統)：停止

■ 牡鹿幹線27万5000V (275kV、1系統2回線)：全停止

■ 松島幹線27万5000V (275kV、1系統2回線)：1号が停止。2号が生き残った

女川敷地内の受電用設備
➡ **1号機起動変圧器が停止**

■ 原発敷地内の受電設備は、常用高圧電源盤の故障が発生したため、1号機起動変圧器を遮断し、受電不能に

➡ 3月12日に同変圧器が復旧。外部常用電源(275kV)からの受電に切り替え、通常の電源系統に復帰

出典：
東北電力 概要 主要設備（東北電力HP）
http://www.tohoku-epco.co.jp/comp/gaiyo/gaiyo_data/setubi.html
地震発生による原子力発電所の状況について（第1報）（平成23年3月11日 東北電力女川発電所）
http://www.tohoku-epco.co.jp/emergency/8/1182594_1800.html

日本原電・東海第二原発の送電系統

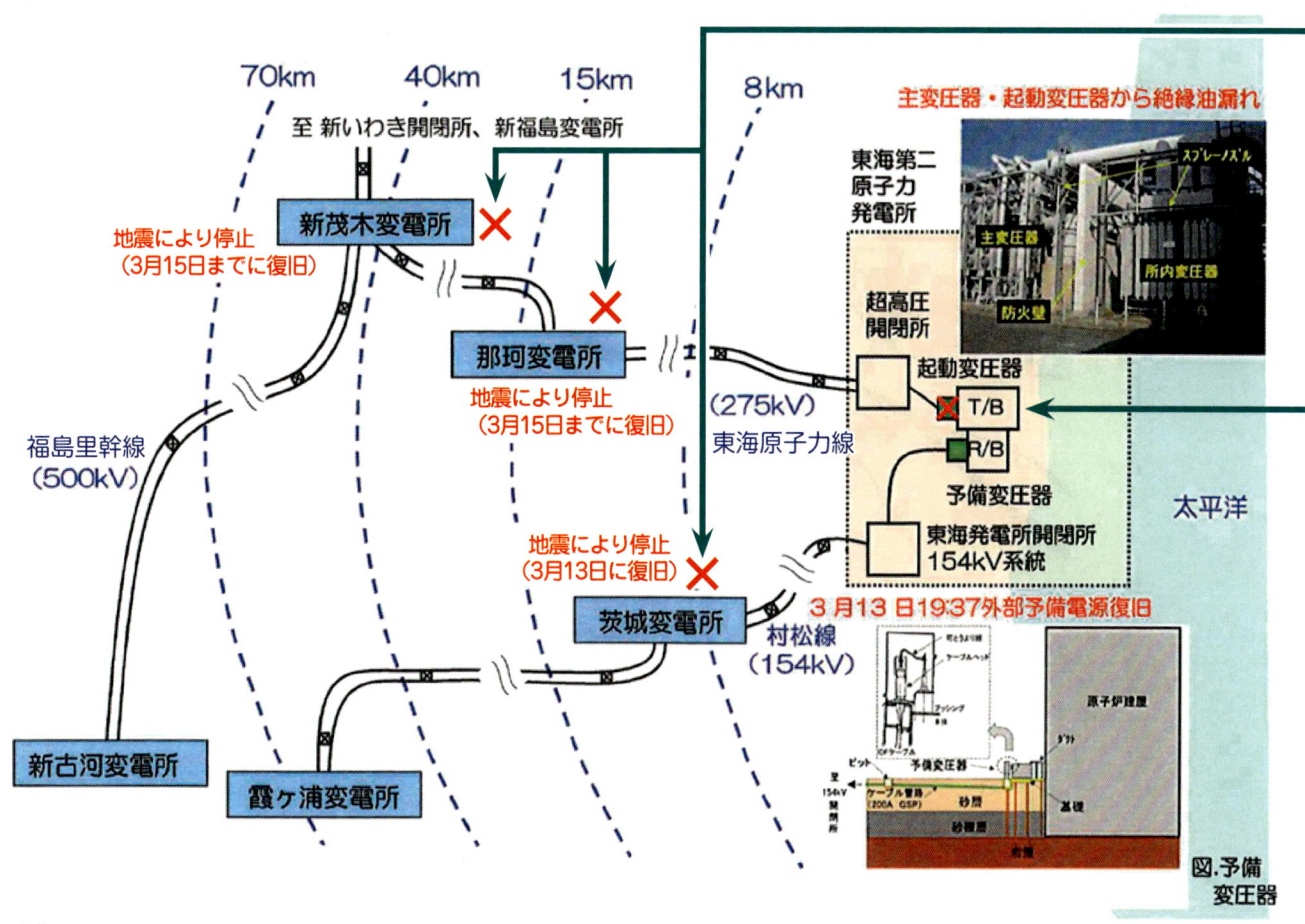

変電所からの送電
➡ **地震ですべて停止**

- 強い地震動によって、那珂変電所、茨城変電所が停止し、全回線の送電が停止

敷地内の受電設備
➡ **絶縁油漏れが発生**

- 受電設備のうち、主変圧器、起動変圧器から絶縁油漏れが発生
➡ 3月13日に外部予備電源15万4000V（154kV）1系統1回線が復旧
➡ 3月18日に外部常用電源27万5000V（275kV）1系統への切り替えがなされ、通常の電源系統に復帰

図中記載：
- 70km / 40km / 15km / 8km
- 至 新いわき開閉所、新福島変電所
- 新茂木変電所（地震により停止（3月15日までに復旧））
- 那珂変電所（地震により停止（3月15日までに復旧））
- 茨城変電所（地震により停止（3月13日に復旧））
- 新古河変電所
- 霞ヶ浦変電所
- 福島里幹線（500kV）
- 東海原子力線（275kV）
- 村松線（154kV）
- 主変圧器・起動変圧器から絶縁油漏れ
- 東海第二原子力発電所
- 超高圧開閉所／起動変圧器／予備変圧器／東海発電所開閉所154kV系統
- 3月13日19:37外部予備電源復旧
- 図．予備変圧器
- 太平洋

R/B=原子炉建屋　T/B=タービン建屋

出典：
東海第二原子力発電所　設置許可申請書
原子力安全委員会「原子力発電所の地震時の火災防護に関する現地調査における事業者説明資料」
http://www.nsc.go.jp/senmon/shidai/kasai/kasai002/ssiryo2-3.pdf

第2章　福島第一原発はどのようにして過酷事故に至ったか

原発再稼働「最後の条件」

外部電源の復旧により冷温停止へ
【女川・東海第二　クロノロジー解説】
非常用ディーゼル発電機はすべて使用不可に

女川1号機／発生した事象

原子炉の停止

3/11
- **14:46** 地震の発生（震度6弱）
  地震発生前は運転中
  原子炉自動停止
- 14:47 全制御棒挿入確認
  非常用ディーゼル発電機自動起動
  循環水ポンプ、復水ポンプ、原子炉給水ポンプなど自動停止
- 14:55 起動用変圧器停止
  タービン補機冷却海水ポンプなど自動停止（電源喪失）

地震により外部電源盤火災発生・外部電源喪失

- 14:57 火報発報
- 14:59 原子炉隔離時冷却系（RCIC）手動起動
- 15:00～01 残留熱除去系（RHR）ポンプ手動起動 ➡ 圧力抑制プール冷却運転開始
- 15:05 原子炉未臨界確認
- **15:29** 津波の襲来
  冷却用海水系ポンプには異常なし

原子炉冷温停止への移行

- **17:10頃** 逃がし安全弁による原子炉減圧操作開始
- 18:29 原子炉隔離時冷却系（RCIC）ポンプ自動停止
- 19:30頃 燃料プール冷却浄化系（FPC）ポンプA手動起動（燃料プール冷却）
- 20:20 制御棒駆動機構（CRD）ポンプA手動起動（原子炉への給水）
- 21:56 RHRポンプA手動停止（原子炉停止時冷却系（SHC）準備のため）
- 23:46 RHRポンプA手動起動（SHCモード）

3/12
- **00:58 原子炉が冷温停止状態に移行**

女川2号機／発生した事象

原子炉の停止

3/11
- 14:00 制御棒引き抜き開始（定期検査中で地震発生直前に起動）
- **14:46** 地震の発生（震度6弱）
  原子炉自動停止
- 14:47 全制御棒挿入確認
  非常用ディーゼル発電機3台自動起動
  燃料プール冷却浄化系（FPC）ポンプ自動停止
- 14:49 原子炉モードスイッチ「起動」➡「停止」（原子炉冷温停止状態）
- **15:29** 津波の襲来

津波の影響で冷却用海水系ポンプが2系統停止など

- 15:34 原子炉補機冷却系（RCW）ポンプ自動停止（ポンプ浸水による）
- 15:35 非常用ディーゼル発電機1台自動停止（RCWポンプ停止による）
- 15:41 高圧炉心スプレイ補機冷却水系（HPCW）ポンプ自動停止（ポンプ浸水による）
- 15:35 別の非常用ディーゼル発電機1台自動停止（HPCWポンプ停止による）
- 20:29 FPCポンプ手動起動（燃料プール冷却）

1系統の海水系ポンプなどにより原子炉の冷温停止を維持

3/12
- 12:12 残留熱除去系（RHR）ポンプ手動起動 ➡ 冷温停止維持

第2章 福島第一原発はどのようにして過酷事故に至ったか

原発再稼働「最後の条件」

女川3号機／発生した事象

原子炉の停止
3/11
14:46 ― 地震の発生（震度6弱）
　　　　　地震発生前は運転中

　　　　原子炉自動停止
14:47　全制御棒挿入
14:57　原子炉未臨界確認
15:22　タービン補機冷却海水系ポンプ自動停止（ポンプ浸水による）
15:23　循環水ポンプ自動停止
15:26　原子炉隔離時冷却系（RCIC）手動起動（原子炉への給水）
15:28　原子炉補機冷却海水系（RSW）ポンプ手動起動
　　　　➡ 圧力抑制プール冷却運転

津波によりタービン系での冷却不能、RCICポンプによる冷却開始

15:29 ― 津波の襲来
15:30　原子炉補機冷却系（RCW）ポンプ手動起動 ➡ 圧力抑制プール冷却運転

16:40頃 ― 逃がし安全弁による原子炉減圧操作開始
　　　　RCIC自動停止
16:57　RCIC手動起動（原子炉への給水）
21:45　RCIC手動停止
21:54　復水補給水系（MUWC）による原子炉注水
23:51　残留熱除去系（RHR）ポンプ手動起動（原子炉停止時冷却系モード）

原子炉減圧操作による冷温停止状態への移行

3/12
01:17 ― 原子炉が冷温停止状態に移行

東海第二／発生した事象

原子炉の停止
3/11
14:46 ― 地震の発生（震度6弱）
　　　　　地震発生前は運転中

14:48　原子炉自動停止
　　　　全外部電源の喪失 ➡ 非常用ディーゼル発電機の自動起動
　　　　原子炉隔離時冷却系（RCIC）、高圧炉心スプレイ系（HPCS）自動起動
15:01　残留熱除去系（RHR）ポンプ手動起動 ➡ 圧力抑制プール冷却
15:10　原子炉未臨界確認

津波により1系統非常用電源喪失

15:32頃 ― 津波の襲来
15:36　RCICによる水位調整を開始
19:01　非常用ディーゼル発電機海水ポンプ1系統自動停止
19:21　RHRポンプ1台手動停止
19:25　非常用ディーゼル発電機1台停止

21:52 ― 逃がし安全弁による原子炉減圧操作開始

3/12 13:11　RCICポンプ手動停止 ➡ HPCSによる原子炉水位調整に移行
3/13 19:37　予備（154kV系）の外部電源復旧
3/14 03:50　RHRポンプ起動 ➡ 圧力抑制プール冷却運転開始
　　　　23:43　RHRポンプで原子炉冷却運転開始

原子炉減圧操作による冷温停止状態への移行

3/15
00:40 ― 原子炉が冷温停止状態に移行

常用外部電源の復旧
3/17 15:47　常用（275kV系）の外部電源復旧 ➡ 18日に予備から常用への電源切り替え

福島第二、女川や東海第二も一歩間違えば大事故になっていた

▌女川原発のクロノロジー解説（74ページおよび76〜77ページを参照）

　福島第一原発から北へ100km以上離れた宮城県の女川原発は、強い地震動によって、福島原発に並ぶ甚大な被害を受けました。変電所および開閉所（中継基地）の系統事故のため、5回線あった外部電源のうち4回線が停止し、さらに女川原発敷地内でも1号機に通じる起動変圧器が停止しました。福島第一だけでなく、女川原発1号機でも外部電源をすべて喪失する深刻な事態に陥っていたのです。

　それでも、他の原子炉と同様に、緊急停止（スクラム）は無事に行なわれ、非常用ディーゼル発電機が自動起動しました。その後に常用の電源盤で火災が発生する事態になりましたが、非常用電源は維持され、すぐに事故対応マニュアルに沿って原子炉隔離時冷却系（RCIC）を手動起動し、原子炉への給水が確保され、手動で「主蒸気隔離弁（MSIV）」を閉鎖しています。15時5分には原子炉が未臨界であることも確認されました。

　15時29分には津波も襲来しましたが、海水による冷却用ポンプに異常はなく、冷却を続ける一方、「逃がし安全弁（SRV）」を開いて、原子炉内の蒸気を圧力抑制プールに逃がす減圧作業を続けました。その結果、日付が変わった12日未明に冷温停止状態への移行に成功しました。

　女川原発2号機は、定期検査中で、地震発生直前の3月11日14時に制御棒を引き抜いたばかりというタイミングでした。起動直後で未臨界であり、水温も100℃以下だったため、原子炉のモードスイッチを停止させることで冷温停止状態になりました。津波により冷却用のポンプが一部停止しましたが、1系統が残り、冷温停止を維持できたのです。女川原発3号機は、同1号機とほぼ同様の経過をたどって冷温停止に移行しました。

▌東海第二原発のクロノロジー解説（75ページおよび77ページを参照）

　日本原電の東海第二原発は、福島第一原発から南へ100km以上離れた茨城県の海沿いにあります。

　ここでも、強い地震動によって、電気を供給していた変電所が相次いで停止し、一時は外部電源がすべて停止してしまいました。1系統は、2日後の3月13日に復旧しましたが、全外部電源の喪失という非常事態がここでも起きていたのです。

　そこに津波の被害が重なります。東海第二では津波の高さは約6.3m。2007年のスマトラ沖地震による津波評価をうけて、非常用ディーゼル発電機の冷却用海水ポンプを防護する新設の堰の高さを約1m引き上げて7mとしていたため、津波が堰を越えることはありませんでしたが、補強工事で一部掘削中だった地下のケーブルピット内に浸水し、非常用発電機3台のうち1台は冷却用ポンプが水没して使えなくなってしまいました。もし、このポンプ3台がすべて水没していれば、福島第一原発と同じく、全交流電源喪失に至る恐れもあったのです。たとえ工事や修理があっても、浸水させないための二重三重の方策が必要なことがわかります。

　以上のように、今回の震災で被災した原発を時系列に沿って検証してみると、メルトダウンや水素爆発にまで至った福島第一原発1〜4号機と、そこまで至らなかった他の各原発との差は、意外に小さいことがわかります。電源や冷却源が失われていく中で、非常用発電機1台や外部電源1回線など、いわば〝首の皮一枚〟で救われたのです。

事故調査・検証編

第3章

〈徹底比較〉「福島第一」とそれ以外の差異はどこにあったのか？

メルトダウンした原子炉と生き残った原子炉の分かれ道

第3章では、前章で見た時系列（クロノロジー）をもとに、
「福島第一」「福島第二」「女川」「東海第二」をいくつかの側面から比較して、
「メルトダウンに至るか否か」の分岐点は何だったのかを検証します。
具体的には、「揺れの大きさ」「電源の有無」「冷却源の有無」などを、
個別のプラントごとに比較しました。すると、興味深いことが浮かび上がってきました。
すなわち、外部電源や非常用発電機本体の被害だけでなく、
発電機の冷却源や電源盤などの被害がダメ押しになったということです。
逆に言うと、福島第一原発以外でも、それらが使えなければ、
同様の過酷事故に発展した可能性があった、ということなのです。

観測された最大加速度は「607ガル」
福島第一原発より女川原発のほうが地震による衝撃は大きかった

東日本大震災およびその余震の規模

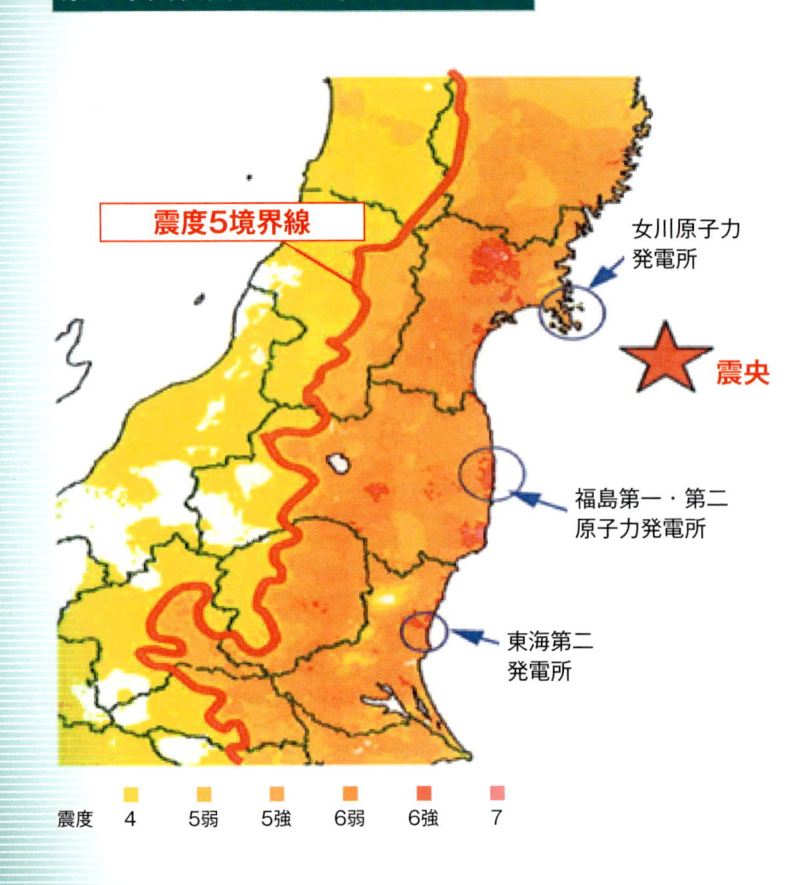

震度5境界線

女川原子力発電所

震央

福島第一・第二原子力発電所

東海第二発電所

震度 4　5弱　5強　6弱　6強　7

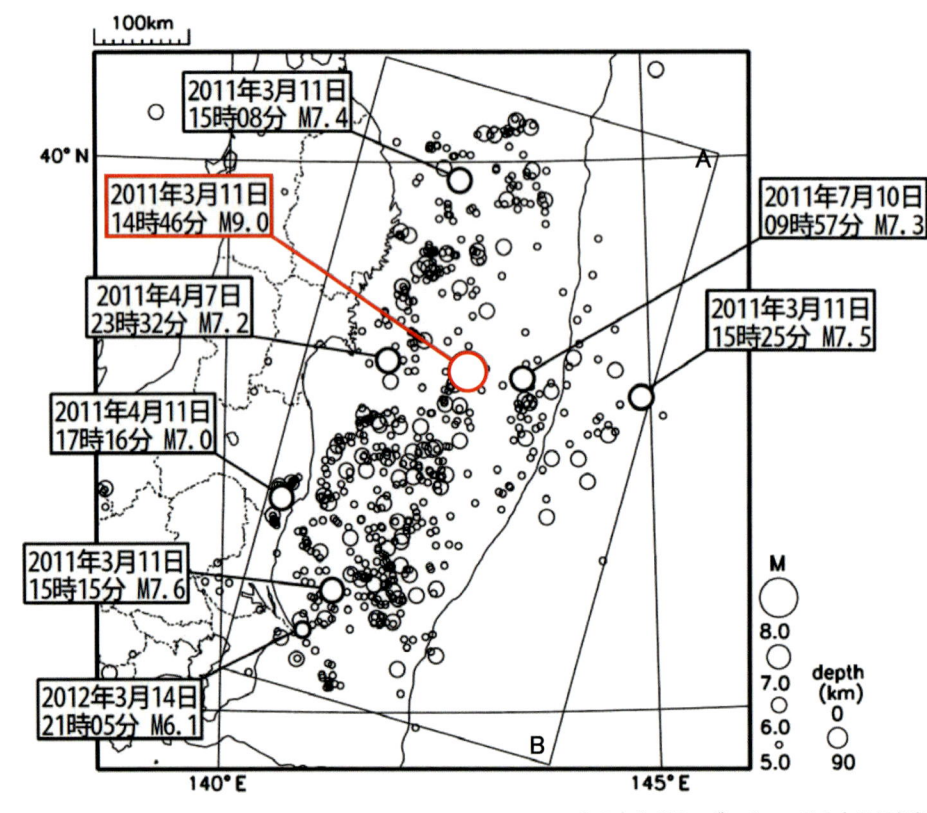

震央分布図　2011年3月11日12時00分～2012年3月14日21時10分、深さ90km以浅、M≧5.0

2011年3月11日 15時08分 M7.4
2011年3月11日 14時46分 M9.0
2011年7月10日 09時57分 M7.3
2011年4月7日 23時32分 M7.2
2011年3月11日 15時25分 M7.5
2011年4月11日 17時16分 M7.0
2011年3月11日 15時15分 M7.6
2012年3月14日 21時05分 M6.1

M 8.0 7.0 6.0 5.0
depth (km) 0 90

丸の大きさはマグニチュードの大きさを表わす

出典:気象庁「平成23年3月11日14時46分頃の三陸沖の地震について(第1報)」、「『平成23年(2011年)東北地方太平洋沖地震』について(第64報)」

各原発を襲った地震の規模

	福島第一原発	福島第二原発	女川原発	東海第二原発
震度 （観測市町村）	6強 （大熊町、双葉町）	6強 （楢葉町、富岡町）	6弱 （女川町）	6弱 （東海村）
観測記録最大加速度 （基礎版上）	550ガル （2号機東西方向）	305ガル （1号機上下方向）	607ガル （2号機南北方向）	225ガル （東西方向）
基準地震動（Ss）との対比	一部の周期帯で Ssを上回る	Ss以下	一部の周期帯で Ssを上回る （3/11本震、4/7余震）	一部の周期帯で Ssを上回る

　まず、太平洋側にある原子力発電所の中でも特に地震による影響の大きかった福島第一、福島第二、女川、東海第二の各原発を襲った揺れの大きさから見ていきましょう。

　80ページの図のように、震央からの距離を見ると、震源に最も近いのは事故が起こった福島第一原発ではなく女川原発であったことがわかります。福島第一原発は2番目で、次いで福島第二原発、東海第二原発の順となっています。

　各原発における震度や加速度を比較したのが、上の表です。

　震度で見ると、福島第一原発と福島第二原発では6強、女川原発と東海第二原発では6弱を記録しています（それぞれ市町村で観測）。

　加速度は、人間や建物にかかる瞬間的な力のことで、1ガルは、1秒に1cmの割合で速度が増すことを示しています。加速度が大きければ大きいほど、建物などへの衝撃は大きくなります。最大加速度が最も大きかったのは女川原発の607ガルで、こちらも550ガルを記録した福島第一原発を上回っています。

女川は二度、「想定以上」の地震に見舞われた

　続いて、各原発の基準地震動（Ss）と実際の揺れを比較してみましょう。

　Ssとは原発の設計の前提となる地震の揺れのことで、いわばその場所で想定していた最大限の地震ということです。原発はSsクラスの地震が起こっても安全を保つよう設計されることになっていますが、福島第一原発と女川原発、さらに東海第二原発では一部の周期帯でこのSsを上回りました。当初の設計で想定した以上の地震が起こったということになります。特に女川では、3月11日の本震に加え、4月7日の余震でも、Ssを上回る揺れを記録しました。

　このように、地震の規模を見る限り、福島第一原発だけが大きな地震に襲われたというわけではなく、女川原発も非常に危ない状況に置かれていたことがわかります。それなのに、なぜ女川原発は生き残り、福島第一原発だけが深刻な事故を起こしてしまったのでしょうか。次ページから具体的に検証していきます。

特に福島第一原発の非常用発電機が弱かった
【電源の比較検証①】
「1つでも残ったか否か」が分岐点

各原発の電源の状況（概要）

	福島第一原発 1号機	福島第一原発 2号機	福島第一原発 3号機	福島第一原発 4号機	福島第一原発 5号機、6号機	福島第二原発 1～4号機	女川原発 1～3号機	東海第二原発
外部交流電源	✕ 全6回線が地震で喪失					△ 4回線中1回線のみ健全	△ 5回線中1回線のみ健全	✕ 全3回線が地震で喪失
非常用ディーゼル発電機	✕ 津波によってすべて喪失				△ 5台中1台のみ健全（融通）	△ ・1、2号機は全滅 ・3号機は3台中2台、4号機は3台中1台が健全	〇 ・1、3号機はすべて健全 ・2号機は3台中1台が健全	〇 3台中2台が健全
直流電源(※)（バッテリー）	✕ 津波によってすべて喪失		〇 全2機が健全（のちに枯渇）	✕ 津波によってすべて喪失	〇 全4機が健全	〇 全8機が健全	〇 全6機が健全	〇 全2機が健全
電源車	✕ ・2号機 ➡ 唯一あった電源車の接続を試みたが、1号機の爆発で損壊し、接続できず ・1、3、4号機 ➡ 使用可能電源盤の調査、ケーブル敷設に時間を要したため対応が遅延				〇 海水系ポンプの復旧に使用	〇 一部電源車を使用	ー 外部電源、非常用発電機が健全だったため、必要としなかった	ー 非常用発電機が健全だったため、必要としなかった
外部電源の復旧	✕ 水素爆発までに復旧せず				✕ 冷温停止までに復旧せず	ー 当初から1系統の外部電源が生きていた	ー 当初から1系統の外部電源が生きていた	〇 3月13日19:37に予備系統が復旧

※直流電源はA系、B系のみ記載

設計の想定以上の長期電源喪失が発生
過酷事故への進展

電源車の手配

高圧電源車
3月11日22:00頃　第一陣1台が到着
3月11日23:30頃　1台が到着(累計2台)
3月12日 1:20頃　3台が到着(累計5台)
3月12日 3:00頃　7台が到着(累計12台)
3月12日10:15頃　1台が到着(累計13台)

低圧電源車
3月11日23:30頃　自衛隊によって1台到着
3月12日 3:00頃　7台が到着(累計8台)
3月12日 7:00頃　3台が到着(累計11台)

↓

接続は難航

- 3月12日の早朝までにある程度の電源車が集まっていたが、接続先の電源盤が水没したため、活用できるもの自体が少なかったこと、その特定に時間がかかったことなどが重層し、接続に難航した
- また、瓦礫、余震、通信の混乱、重機不足なども重なり、電源車を接続するためのラインの構成・準備に時間を要した
- 福島第一原発2号機は、1号機の水素爆発によって、準備していた接続作業が振り出しに戻った

このページからは各原発の「電源」の状況について、比較していきます。

今回は、福島第一原発に限らず、外部電源が地震に極めて弱いことが浮き彫りになりました。左ページの表にある「外部交流電源」欄を見るとわかるように、福島第二原発、女川原発の各1回線を残し、他のすべての外部電源系統を地震で喪失しています。これは重大な課題の一つです。

非常用発電機の有無が明暗を分けた

外部交流電源を喪失した際に、バックアップの役割を果たすのが非常用ディーゼル発電機(交流)です。ところが、福島第一原発では、6号機の1台を除き、すべての非常用発電機が津波によって同時に失われました。第2章でも見たように、たった1つ生き残った6号機の非常用発電機は、海抜13.2mに設置されていた空冷式の装置でした。たまたま高所に置かれていたことと、空冷式だったことが幸いし、津波の被害を免れたのです。この非常用発電機が設計通りに自動起動して5号機にも電気を融通し、5号機と6号機は最終的に原子炉を冷温停止に移行することに成功しました。

他の原発はどうだったのでしょうか。福島第二、女川、東海第二の各原発は、外部交流電源、非常用発電機のいずれか1台(1系統)が生き残って機能したため、冷温停止に移行することができました。このように、外部交流電源、または非常用発電機のうち、1つでも残ったかどうかが、過酷事故と冷温停止の〝分岐点〟になったと言えます。

電源車があるのにつながらなかった

交流電源(外部電源、非常用発電機)を喪失した場合に、次に〝命綱〟となるのが、直流電源(バッテリー)です。福島第一原発1、2、4号機は、津波によって直流電源もすべて喪失しましたが、3号機には全2機が残っていました。しかし、この3号機の直流電源も、交流電源が復旧する前に枯渇してしまいました。

また、交流電源喪失の際、直流電源と同様に頼りになるはずの電源車は、地震翌日の12日朝までに計24台が到着していたものの、接続先の電源盤の大半が津波で水没していたため、接続は難航を極めました。

不運はさらに続きます。前述の通り、2号機で水没せずに残っていた電源盤と電源車を接続する作業の最中、1号機の水素爆発によって電源車などが損壊し、使用できなくなってしまいました。いかなる非常事態に見舞われても復旧できるよう設計されるべき非常用電源がすべて失われたのはなぜか——それが次の検証テーマになります。

爆発・損傷に至らなかった原発との際だった違い

【電源の比較検証②】
福島第一原発の1〜4号機は「電源盤」もほぼ全滅

各原発の電源と電源盤の状況(詳細)

福島第一原発

		1号機 電源盤	使用可否	2号機 電源盤	使用可否	3号機 電源盤	使用可否	4号機 電源盤	使用可否	5号機 電源盤	使用可否	6号機 電源盤	使用可否
非常用ディーゼル発電機(D/G)		1A	×	2A	×	3A	×	4A	×	5A	×	6A	×
		1B	×	2B(空冷)	×	3B	×	4B(空冷)	×	5B	×	6B(空冷)	○
												HPCS	×
高圧電源盤(M/C)	非常用	1C	×	2C	×	3C	×	4C	×	5C	×	6C	○
		1D	×	2D	×	3D	×	4D	×	5D	×	6D	○
				2E	×			4E	×			HPCS	○
	常用	1A	×	2A	×	3A	×	4A	×	5A	×	6A-1	×
												6A-2	×
		1B	×	2B	×	3B	×	4B	×	5B	×	6B-1	×
												6B-2	×
				2SA	×	3SA	×			5SA-1	×		
		1S	×							5SA-2	×		
				2SB	×	3SB	×			5SB-1	×		
										5SB-2	×		
低圧動力用電源盤(P/C)	非常用	1C	×	2C	○	3C	×	4C	—	5C	×	6C	○
		1D	×	2D	○	3D	×	4D	○	5D	×	6D	○
				2E	×			4E	×			6E	○
	常用	1A	×	2A	○	3A	×	4A	—	5A	×	6A-1	×
		1B	×	2A-1	×					5A-1	○	6A-2	×
				2B	○	3B	×	4B	○	5B	×	6B-1	×
										5B-1	○	6B-2	×
		1S	×			3SA	×			5SA	×		
										5SA-1	×		
				2SB	×	3SB	×			5SB	×		
直流電源(バッテリー)		1A	×	2A	×	3A	×	4A	×	5A	×	6A	○
		1B	×	2B	×	3B	○	4B	×	5B	×	6B	○
外部電源		× 全6回線が地震で喪失											

全滅!

福島第二原発

		1号機 電源盤	使用可否	2号機 電源盤	使用可否	3号機 電源盤	使用可否	4号機 電源盤	使用可否
		1A	×	2A	×	3A	×	4A	×
		1B	×	2B	×	3B	○	4B	×
		1H	×	2H	×	3H	○	4H	○
		1C	○	2C	○	3C	○	4C	○
		1D	○	2D	○	3D	○	4D	○
		1H	×	2H	○	3H	○	4H	○
		1A-1	○	2A-1	○	3A-1	○	4A-1	○
		1A-2	○	2A-2	○	3A-2	○	4A-2	○
		1B-1	○	2B-1	○	3B-1	○	4B-1	○
		1B-2	○	2B-2	○	3B-2	○	4B-2	○
		1SA-1	○			3SA-1			
		1SA-2	○						
		1SB-1	○			3SB-1			
		1SB-2	○			3SB-2			
		1C-1	×	2C-1	○	3C-1	○	4C-1	○
		1C-2	×	2C-2	×	3C-2	×	4C-2	×
		1D-1	○	2D-1	○	3D-1	○	4D-1	○
		1D-2	○	2D-2	○	3D-2	○	4D-2	○
		1A-1	○	2A-1	○	3A-1	○	4A-1	○
		1A-2	○	2A-2	○	3A-2	○	4A-2	○
		1B-1	○	2B-1	○	3B-1	○	4B-1	○
		1B-2	○	2B-2	○	3B-2	○	4B-2	○
		1SA	○			3SA			
		1SB	○			3SB			
		A	○	A	○	A	○	A	○
		B	○	B	○	B	○	B	○
		△ 4回線中3回線が地震で喪失(富岡線1号のみ健全)							

※直流電源のH系については、記載を割愛した。
女川原発のM/C、P/C電源盤、東海第二原発のP/C電源盤の機能喪失については、推定による

凡例:
- ---- 機能喪失
- ---- 給電元が喪失のため受電不可
- ---- 電源盤・冷却系の喪失のために起動不可

		女川原発						東海第二原発	
		1号機		2号機		3号機			
		電源盤	使用可否	電源盤	使用可否	電源盤	使用可否	電源盤	使用可否
非常用ディーゼル発電機(D/G)		A	○	A	○	A	○	2C	×
		B	○	B	×	B	○	2D	○
				HPCS	×	HPCS	○	2H	○
高圧電源盤(M/C)	非常用	6-1C	○	6-2C	○	6-3C	○	2C	×
		6-1D	○	6-2D	○	6-3D	○	2D	○
				6-2H	○	6-3H	○	HPCS	○
	常用	6-1A	×	6-2A	○	6-3A	○	2A-1	×
		6-1B	×	6-2B	○	6-3B	○	2A-2	×
		6-1S	×	6-2SA-1	○	6-3SA-1	○	2B-1	×
		6-E	×	6-2SB-1	○	6-3SB-1	○	2B-2	×
				6-2SA-2	○	6-3SA-2	○	2E	×
				6-2SB-2	○	6-3SB-2	○		
低圧動力用電源盤(P/C)	非常用	4-1C	○	4-2C	○	4-3C-1	○	2C	×
		4-1D	○	4-2D	○	4-3C-2	○	2D	○
						4-3D-1	○	2A	×
	常用	4-1A	×	4-2A	○	4-3D-2	○	2B	×
		4-1B	×	4-2B	○	4-3A-1	○	2S	×
		4-1S	×	4-2SA	○	4-3A-2	○		
				4-2SB	○	4-3B-1	○		
						4-3B-2	○		
						4-3SA-1	○		
						4-3SB-1	○		
						4-3SA-2	○		
						4-3SB-2	○		
直流電源(バッテリー)		1A	○	2A	○	3A	○	2A	○
		1B	○	2B	○	3B	○	2B	○
外部電源		△ 5回線中4回線が地震で喪失(松島幹線2号のみ健全)						× 全3回線が地震で喪失	

ここでは、もう少し詳細に電源の状況を見てみます。左の表は、複雑に見えますが、各原発での電源と電源盤が使えたかどうかを印で示したものです。一目見て、福島第一原発に「×」が多いことがわかると思います。

前述した外部電源や非常用発電機のほかに、注目すべきは、電源車などから電気を受けるための「電源盤」の状況です。

原発で使用する動力用の交流電源盤には「高圧電源盤（M/C＝メタクラ）」と「低圧動力用電源盤（P/C＝パワーセンター）」の2つがありますが、福島第一原発の1～4号機では、どちらの電源盤もほとんど水没し、機能を喪失しました。特に1、3号機では全滅するという深刻な状況になりました（表の赤色の枠内）。

2号機には水没を免れた電源盤（P/C）が複数ありました。ところが、電源車に接続するために作業していた時に、隣の1号機の水素爆発によって2号機の電源車やケーブルが破損し、使用不可能になってしまったのはこれまで指摘してきた通りです。女川原発1号機と東海第二原発では、機能を喪失した電源盤の多さが目立ちますが、非常用ディーゼル発電機（D/G）と直流電源（バッテリー）、それに一部の電源盤が生き残っていたために、なんとか冷温停止に持ち込めました。

実は「発電機の冷却源喪失」が重大問題だった

【電源の比較検証③】
ディーゼル発電機が動かなかった「2つの理由」

各プラントの非常用ディーゼル発電機の使用可否

	福島第一原発													福島第二原発									女川原発						東海第二原発	
	1号機		2号機		3号機		4号機		5号機		6号機		1号機		2号機		3号機		4号機		1号機		2号機		3号機			
	電源	使用可否	電源	使用可否	電源	使用可否	電源	使用可否	電源	使用可否	電源	使用可否	電源	使用可否	電源	使用可否	電源	使用可否	電源	使用可否	電源	使用可否	電源	使用可否	電源	使用可否	電源	使用可否
非常用ディーゼル発電機(D/G)	1A	×	2A	×	3A	×	4A	×	5A	×	6A	×	1A	×	2A	×	3A	×	4A	×	A	○	A	○	A	○	2C	×
	1B	×	2B(空冷)	×	3B	×	4B(空冷)	×	5B	×	6B(空冷)	○	1B	×	2B	×	3B	○	4B	×	B	○	B	×	B	○	2D	
											HPCS	×	1H	×	2H	×	3H	○	4H	○			HPCS	×	HPCS	○	2H	○

冷却方式の違い

福島第一原発

海水冷却式非常用ディーゼル発電機(10台)
1号機A・B、2号機A、3号機A・B、
4号機A、5号機A・B、6号機A・H

→ 津波ですべて機能喪失

空冷式非常用ディーゼル発電機(3台)
2号機B、4号機B、6号機B

→ 6号機の1台のみ健全

福島第二原発

海水冷却式非常用ディーゼル発電機(12台)
1〜4号機A・B・H

→ 12台中、3台のみ健全

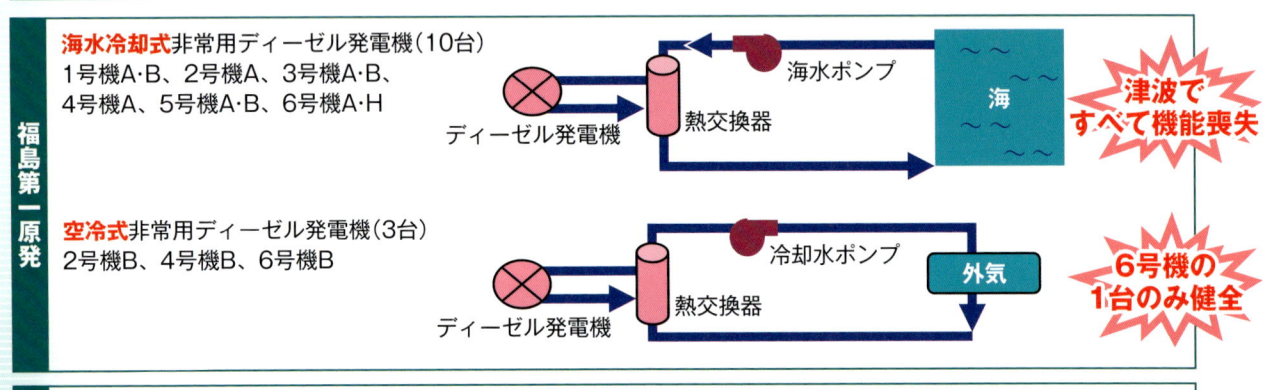

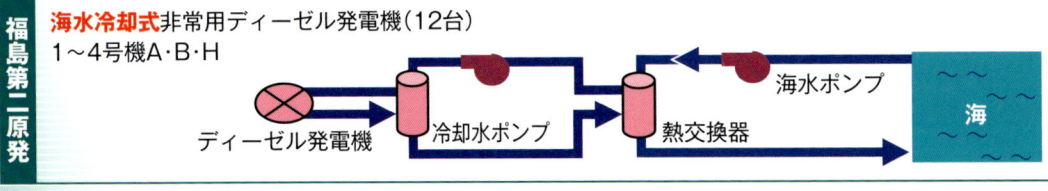

発電機が機能喪失した原因

- ピンク…発電機または電源盤の水没　11件
- 黄…発電機を冷却する機能などの喪失　13件

●発電機自体は健全であっても、その冷却機能を海側に設置している場合、津波に対してかなり脆弱である(逆に、福島第一原発で唯一生き残った6号機の1台は、空冷式であり、海側に冷却装置がなかった)

　地震で全外部電源を喪失した福島第一原発1〜6号機には、バックアップ用の電源である非常用ディーゼル発電機(D/G)が計13台あり、地震後もこれら発電機により電源供給が続いていました。しかし、津波により、6号機の1台を除く12台すべてが機能を喪失してしまいました。さらに、福島第二原発でも、12台中9台が機能を

［参考］地震などによる設備の損傷

	主な設備の損傷	その他
福島第一原発	●1号機で空調ダクトが損傷 ●2号機でボイラーから蒸気漏れ（非放射性） ●5号機で湿分分離器サポートの外れ、湿分分離まわりの小口径配管が破損 ●6号機で低圧タービンローターに摺動痕 ●変圧器防災配管、純水タンク接続配管などからの水漏れ ●津波により屋外設備ではポンプ・電源盤などの損傷あり	●補強工事を実施済みのアクセス道路は異常なし ●津波により重油タンクやクレーンなどが流され、通行を阻害
福島第二原発	●地震による主排気塔耐震工事で**タワークレーン運転者の死亡事故** ●スロッシング（液体の揺動）などによる水漏れ4件（1号機2件、2号機2件） ●3号機でサージタンクの水漏れ ●4号機タービン建屋内での水漏れ ●変圧器からの油漏れほか	●アクセス道路は異常なし
女川原発※1	●津波により重油タンク倒壊、**1号機で常用高圧電源盤の火災**など4件 ●その他、主要設備への軽微な被害61件 ●原子炉の安全性に影響を及ぼさない、主要設備以外での軽微な被害570件 　（使用済み燃料プールへの異物落下や放射性雑固体廃棄物のドラム缶転倒など）	●大域的にはアクセス道路が3本あるが、 　1か所、ボトルネックとなる場所があり、そこで**ガケ崩れが発生** ●発電所内の重機で**4日間かけて復旧** ●4日間は**食料不足のため、ヘリで空輸**
東海第二原発※2	●ディーゼル発電機海水冷却系の自動停止、125V蓄電池室における溢水 ●その他、139件の軽微な被害（**使用済み燃料プールのスロッシングなど**）	●アクセス道路は異常なし

※1　2011年12月時点の情報　※2　2011年9月2日時点の情報

喪失しています。非常用ディーゼル発電機の大半はなぜ使えなくなったのでしょうか？「発電機そのものの水没」という理由もさることながら、それ以上に影響が大きかったのが、非常用ディーゼル発電機の「冷却源の喪失」でした。

非常用ディーゼル発電機は大量の熱を発するため、それを冷やさなければ動かすことができません。ところが、海水により冷やすタイプの発電機は、仮に本体が浸水しなかったとしても、それを冷却する系統にある海水ポンプなどの機材が海側に置かれており、それが津波で損傷して、使えなくなってしまったのです。生き残った福島第一原発6号機の1台は、空冷式で海側にポンプが設置されていなかったほか、たまたま高い場所に設置されていたため、水を被らずに済んだのです。

特に、建屋設置エリアへの浸水が比較的軽微だった福島第一原発5、6号機と福島第二原発の発電機の状況を見ると（左ページの赤枠内）、「発電機が浸水した」というより、「海側のポンプなど冷却系統の機能が喪失して使えなくなった」ケースのほうが多いことがわかります（なお、福島第一原発1～4号機では、建屋設置エリアへの浸水が激しかったため、発電機本体や電源盤が浸水して使えなくなっています）。

海側に非常用発電機のポンプを並べていると、いざ津波が来た時に、常用のラインと一緒に、非常用の機器までダメージを受けてしまうことになります。上の表では、地震による各設備の損傷をまとめましたが、これらへの対応とともに、非常用発電機の機能を守る対策が必須でしょう。

原子炉で発生した崩壊熱を放出できず…
【冷却源の比較検証】 福島第一原発の1号機は津波後2〜3時間で炉心損傷開始

		福島第一原発1号機	福島第一原発2号機	福島第一原発3号機	福島第一原発4号機	福島第一原発5、6号機	福島第二原発	女川原発	東海第二原発
高圧冷却系	高圧注水系(HPCI)・高圧炉心スプレイ系(HPCS)	✗	✗	✗ バッテリー枯渇直前まで動作（手動停止）	— 冷温停止中		1、2号機 ✗ 3、4号機 ○	2号機 ✗ 1、3号機 ○	○
	非常用復水器(IC)・原子炉隔離時冷却系(RCIC)	動作後、機能喪失（2号機は3日後）		✗ 動作後、機能喪失	— 冷温停止中		○	○	○
	ホウ酸水注入系(SLC)	✗ 電源喪失による			✗ 電源喪失による	5号機 ✗ 6号機 ○	○	○	○
	制御棒駆動水圧系(CRD)	✗ 電源喪失による			✗ 電源喪失による	5号機 ✗ 6号機 ○	○	○	○
低圧代替冷却系	消火系ライン(FP)	✗ 動作後、機能喪失			○ (3、4号機共用)	○ (5、6号機共用)	○	○	○
	復水補給水系(MUWC)・純水補給水系(MUWP)	✗ 電源・モーターの浸水			✗ 電源・モーターの浸水	△ 一時電源喪失、その後復旧	○	○	○
低圧冷却海水ポンプ系	格納容器冷却海水系(CCSW)・原子炉補機冷却海水系(RSW)・残留熱除去海水系(RHRS)など	✗ 海水系電源・モーターの浸水			✗ 海水系電源・モーターの浸水	△ 一部機能維持、その後復旧	△ 3号機以外全滅（電源・モーター喪失）	○ 一部浸水	○
炉心損傷の開始(解析)		3/11 18:46	3/14 19:46	3/13 08:46	停止中 4号機は水素爆発（3号機からの逆流か）		稼働中 ➡ 冷温停止へ		
		水素爆発（または損傷）							

冷却機能が低下し、燃料棒の露出から数時間で炉心損傷へ

各原発の地震後の冷却機能（まとめ）

	福島第一原発	福島第二原発	女川原発	東海第二原発
炉心への注水	1～4号機のすべての交流電源が喪失したが、3号機は直流電源（バッテリー）の確保により高圧冷却系（RCIC、HPCI）による冷却を持続（2号機は直流電源を喪失したが、RCICは運転を継続）。しかしバッテリーの枯渇で、逃がし安全弁による減圧が失敗。低圧冷却系による注水も失敗	原子炉隔離時冷却系（RCIC）や高圧スプレイ系などが作動。この間に低圧冷却系のライン構成が完了できたことにより、原子炉の水位などを確保できた		
崩壊熱の除去	すべての交流電源停止および津波により補機冷却系が停止したため、原子炉で発生した熱を海に放出できなかった	残留熱除去系（RHR）の一部が作動し、崩壊熱を海に放出し、炉心などを冷却できた		
冷却水源	淡水タンク（所内）＋海水	淡水タンク（所内）など		
水補給のため配備した資機材	消防車、仮設ホース（接続までに時間を要した）	交流電源および炉心などを冷却する機能が生き残ったため、水補給用のポンプなどが必要にならなかった		

続いて、「冷却源（冷却系統）」に焦点を絞り、各原発を比較します。前述したように、運転中の原子炉が非常事態に見舞われたら、まず「高圧冷却系」で冷やしつつ、「低圧冷却系」の準備をして、圧力を下げてから後者に切り替えるという手順で冷温停止へ持ち込みます。

左ページの表を見るとわかるように、福島第一原発の1～3号機では、これらがことごとく使用できなくなってしまいました（青い枠内）。第2章でも詳述しましたが、バッテリーが唯一生き残った3号機では、原子炉隔離時冷却系（RCIC）、高圧注水系（HPCI）が動いていましたが、それも順次、機能しなくなってしまっています。

圧力容器内の減圧をした後に、水を原子炉に送り込める復水補給水系（MUWC）などの冷却系統も、モーターの浸水などにより使えませんでした。これらの機能喪失により、圧力容器の中に冷却水を入れることができなくなり、炉心損傷、水素爆発などへと至ってしまったのです。

■生き残った原発では冷却機能が正常に作動

一方、交流電源、直流電源が部分的にでも機能した他の原発では、炉心注水をはじめとした冷却機能が正常に作動しました。福島第二原発の1、2号機や女川原発2号機では、福島第一原発の2～3号機と同様に、高圧で冷却水を圧力容器に注入する高圧炉心スプレイ系（HPCS）の機能を喪失しましたが、その他の冷却系が機能したことにより、原子炉の水位を確保することができたのです。

また、炉心への注水だけではなく、そこで発生した熱を、熱交換器を通して海に放出するための最終ヒートシンク（熱の逃がし場）が機能したこともポイントとなりました。

1号機では「5階部分」に主に蓄積した

【水素爆発の比較検証①】
爆発後の写真でわかる──「水素」はどこに溜まったのか

福島第一原発1号機の爆発後の様子

北壁 / 東壁 / 西壁 / 南壁

1号機では5階部分のみ大きな損傷が発生している

　福島第一原発では1、3、4号機で水素爆発が発生しました。では、その水素はどこからどのように漏れ、どこに滞留して爆発に至ったのでしょうか。

　左の写真は1号機の爆発後の様子です。原子炉建屋の東壁、西壁、南壁、北壁のいずれも最上階の5階部分のみに大きな損傷が発生しています。4階以下は吹き飛ばされずに残っています。したがって、原子炉で発生した水素は、主として5階に蓄積したと考えられます。

　1号機は、震災当日の3月11日に一気に炉心損傷が始まったと見られています。地震発生の約3時間後の17時46分頃から燃料が露出し、その約1時間後（地震発生から約4時間後）の18時46分頃から炉心の損傷が始まったと解析されています。そして燃料棒の被覆管（ジルコニウム）が酸化し、大量の水素が発生しました。注水開始時の翌12日5時46分頃にはすでに圧力容器が破損し、水素が建屋に漏れていたと推測されています。水素は軽いので上に溜まり、同日15時36分、水素爆発に至りました。

福島第一原発3号機の爆発後の様子

北壁　東壁

西壁　南壁

3号機では、5階部分と4階北西側で大きな損傷が発生している

　続いて、3月14日に水素爆発を起こした福島第一原発3号機の爆発後の様子を見てみましょう。5階部分だけが壊れた1号機よりも、原子炉建屋の壁が激しく損傷しているのがわかります。

　よく見ると、北壁と西壁では4階にも大きな損傷を受けています。崩れた大量の瓦礫は周囲に散乱し、事故直後は建屋に容易に近づけない状況になりました。東壁は青い外壁パネルこそ吹き飛んでいますが、格子状の枠は残っていることからしても、水素は主として5階部分に大量に蓄積し、一部は4階北西側にも滞留していた可能性があると考えてよいでしょう。

　前述した通り、3号機は津波後もバックアップ用の直流電源（バッテリー）がしばらく生き残り、高圧冷却系などに電気供給ができました。その間に代替電源と低圧冷却系の準備ができれば救うことができたのですが、結局間に合わず、14日11時1分に水素爆発が発生しました。なお、この爆発で東京電力社員、関係会社の作業員、自衛隊員など、11人が負傷しました。

福島第一原発4号機の爆発後の様子

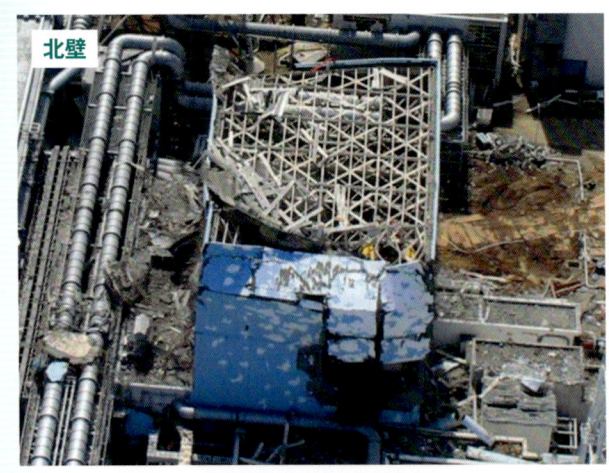

北壁

東壁

西壁

南壁

4号機では、5階部分と4階西側・東側で大きな損傷が発生している

　定期検査で運転停止中だった福島第一原発4号機でも水素爆発が起きました。4号機の爆発後の様子をとらえたのが左の写真です。

　4号機では、3号機爆発の翌日、3月15日6時14分頃に爆発が発生しました。写真からは、5階部分と4階西側・東側で大きな損傷が発生していることが見てとれます。このことから、水素は主に5階と4階の一部に滞留していたと推定できます。

　1、3号機は炉心損傷によって水素が大量発生し、原子炉建屋に漏洩して水素爆発を起こしましたが、4号機の原子炉には燃料が入っていなかったので、圧力容器内部で水素が発生することはあり得ません。

　また、使用済み燃料プールに保管されていた燃料棒には酸化や損傷は見られませんでした。

　それなのに、なぜ4号機が爆発してしまったかについては95ページで詳しく説明しますが、「運転中でない原子炉でも水素爆発が起きる可能性がある」ということは、事故の教訓として記憶しておくべきでしょう。

なぜ水素爆発は起こったのか

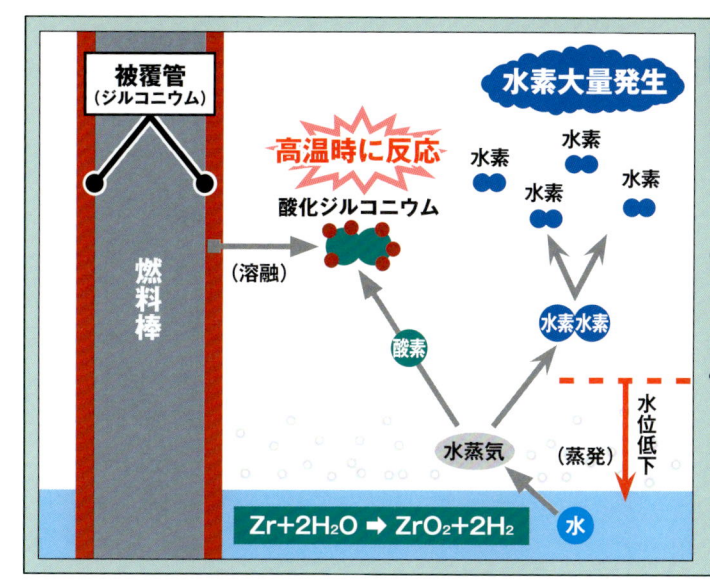

水素大量発生のメカニズム

- 電源喪失によって冷却機能が停止し、崩壊熱の影響により高温になった炉内では、水位が下がり、燃料棒が露出
- 原子炉内の温度上昇に伴い、燃料棒の外側の被覆管（ジルコニウム合金）が約900℃で酸化を始め、さらに温度上昇し溶融する
- ジルコニウムは圧力容器内の水（水蒸気）の酸素と化学反応し、水素が大量発生した

図中：被覆管（ジルコニウム）／燃料棒／高温時に反応／酸化ジルコニウム（溶融）／酸素／水蒸気（蒸発）／水素／水位低下／水／$Zr + 2H_2O \rightarrow ZrO_2 + 2H_2$／水素大量発生

3つの原子炉建屋を破壊し、その後の対応の遅れにもつながった水素爆発。では、建屋を吹き飛ばすほどの威力を持つ「水素」はどのようにして発生したのでしょうか。

ジルコニウムが水蒸気と化学反応を起こす

燃料となるウラン235が核分裂すると、多くの核分裂生成物と呼ばれる物質ができます。そのほとんどが不安定な放射性物質であり、安定な状態になるまで、ベータ線などの放射線を出しながら「崩壊」を繰り返し、熱を出し続けます。これが「崩壊熱」です。地震や津波によって電源が失われ、冷却機能が停止すると、この崩壊熱によって原子炉内の水はどんどん蒸発して水位が低下し、やがて燃料棒が露出します。

燃料棒は被覆管というジルコニウム（Zr）合金でできた層で覆われています。原子炉の温度が上昇すれば、被覆管を構成するジルコニウムも高温になり、溶け出します。

周囲に酸素があれば、約900℃に達した時点でジルコニウムは酸化を始めます。圧力容器内の水が蒸発して発生した水蒸気（H_2O）と化学反応を起こすのです。その結果、大量の水素が溜まっていくことになります。このメカニズムを化学式で示すと、左の図の通り、「$Zr + 2H_2O \rightarrow ZrO_2 + 2H_2$」となります。

発生した水素が原子炉建屋に充満

水素は空気中の濃度が一定の割合を超えると、酸素と反応して燃焼します。その濃度は4％程度[※]です。この時、周囲に酸素がなければ、水素爆発は起こりません。2011年9月、1号機につながる配管内で水素濃度がほぼ100％になっていることが判明しましたが、爆発が起きなかったのはそのためです。

今後は、水素が発生して、ある程度以上の濃度になったら検知して警告を発するシステムや、天井から気体を逃すシステムにし、水素濃度が高くならないようにする工夫が必要でしょう。水素爆発が起きれば、多くの放射性物質の拡散を招くことになります。今後はそれを絶対に阻止することが必要です。

※水素濃度が約4％以上で燃焼、10数％以上で爆轟（音速以上の速度での爆発）しやすくなるとされる

格納容器の"弱点"である電気ペネトレーションから漏洩？
【水素爆発の比較検証②】
どのようにして水素が漏れたのか

1、3号機の水素漏洩のシナリオ　格納容器貫通部などから漏れた

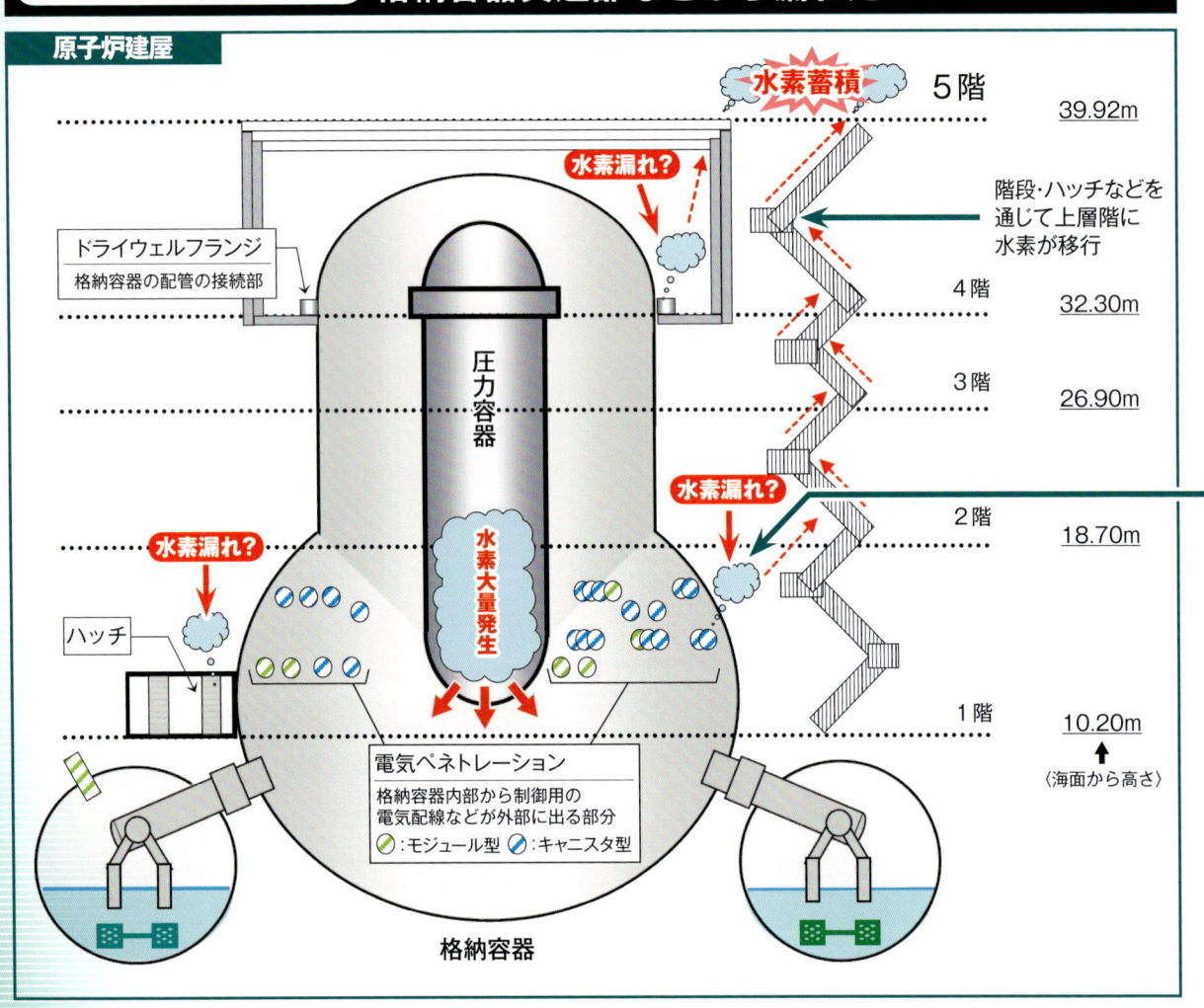

原子炉建屋

- 水素蓄積　5階　39.92m
- 水素漏れ？
- ドライウェルフランジ：格納容器の配管の接続部
- 階段・ハッチなどを通じて上層階に水素が移行
- 4階　32.30m
- 圧力容器
- 3階　26.90m
- 水素大量発生
- 水素漏れ？
- 2階　18.70m
- 水素漏れ？
- ハッチ
- 1階　10.20m　〈海面から高さ〉
- 電気ペネトレーション：格納容器内部から制御用の電気配線などが外部に出る部分　◎：モジュール型　◎：キャニスタ型
- 格納容器

格納容器から電気系統のケーブルなどが貫通している「電気ペネトレーション」にはゴムなどが使われており、高温・高圧によって損傷して水素が漏れ、5階などに蓄積した可能性がある

※推定漏洩経路は、構成の違いにより、1号機と3号機で若干異なる可能性がある

　ここでは、格納容器内で発生した水素が、どのようにして格納容器の外部の建屋へ漏れたのかを検証します。

　左の図で示したように、1号機と3号機では、格納容器内部から外部へ電気系統（配線）などが出る「電気ペネトレーション」という貫通部などから水素が漏れたと推定されます。格納容器は、厚さ約3cmの鋼鉄の周りを厚さ約2mのコンクリートが覆っていますが、この貫通部にはゴムなどの素材が使われており、"弱点"となっています。これが高温・高圧になったことで溶けてしまい、格納容器から建屋へと水素が漏れる原因となったと考えられます。

4号機の水素漏洩のシナリオ　3号機からの流入か

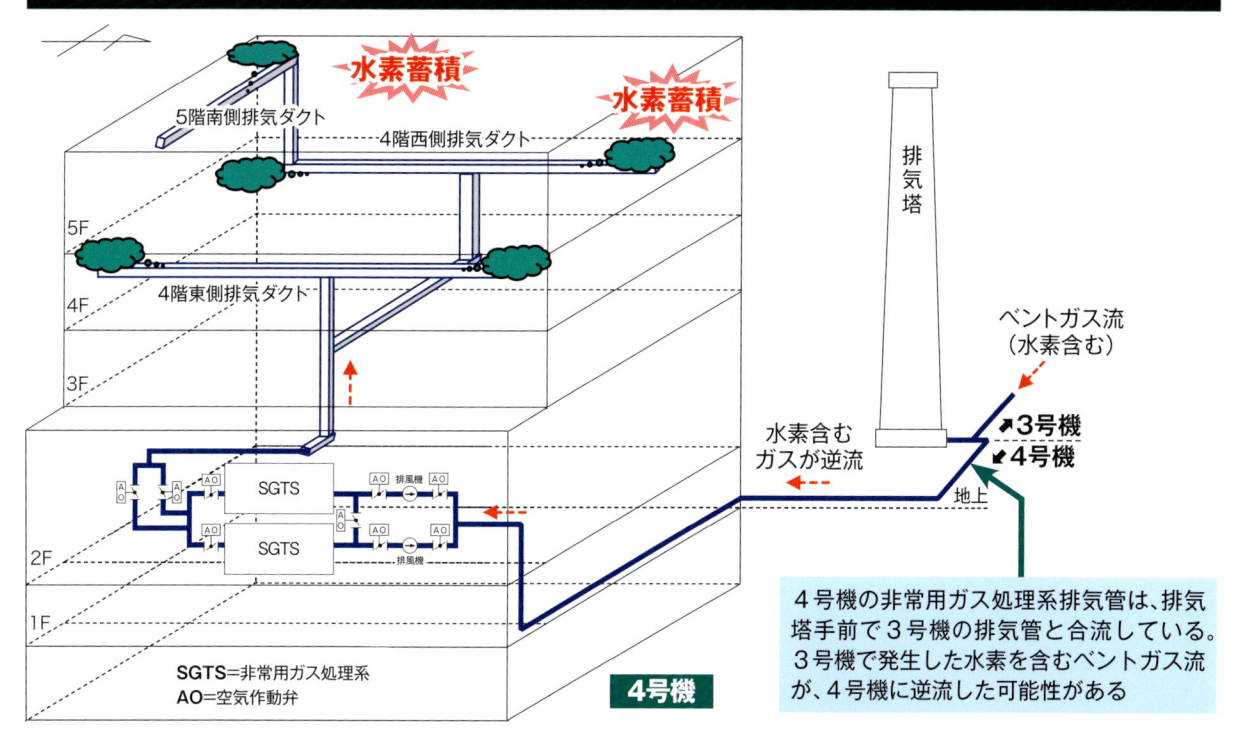

図内ラベル:
- 水素蓄積
- 5階南側排気ダクト
- 4階西側排気ダクト
- 4階東側排気ダクト
- 5F / 4F / 3F / 2F / 1F
- SGTS
- 排風機
- AO
- 排気塔
- ベントガス流（水素含む）
- ↗3号機
- ↙4号機
- 地上
- 水素含むガスが逆流
- SGTS=非常用ガス処理系
- AO=空気作動弁
- 4号機

4号機の非常用ガス処理系排気管は、排気塔手前で3号機の排気管と合流している。3号機で発生した水素を含むベントガス流が、4号機に逆流した可能性がある

3号機から4号機へ水素を含んだガスが逆流したと考えられる排気管

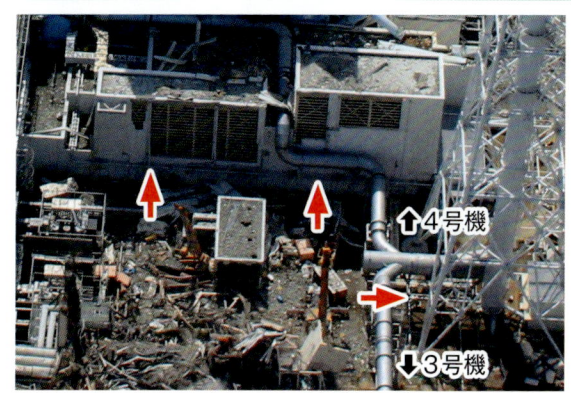

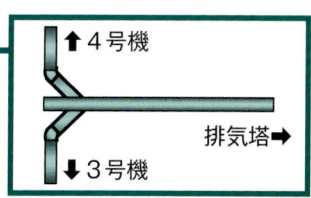

- ↑4号機
- ↓3号機
- 非常用ガス処理系（SGTS）排気管合流部（細い配管）
- ↑4号機
- ↓3号機
- 排気塔➡

第3章　メルトダウンした原子炉と生き残った原子炉の分かれ道

定期検査で運転停止中だったにもかかわらず、水素爆発が発生した福島第一原発4号機。1、3号機はそれぞれの格納容器から水素が漏洩して水素爆発に至りましたが、4号機の場合、使用済み燃料プールに貯蔵してあった燃料棒には酸化や損傷は見られなかったため、燃料プールから水素が発生したとは考えられません。では、4号機に蓄積した大量の水素はどこから流れてきたのでしょうか？

実は、3号機で発生した水素が、3、4号機で共有している非常用ガス処理系（SGTS）の排気管を通じて4号機に逆流したと推測されています。

左の図と写真を見るとわかるように、4号機の非常用ガス処理系排気管は、排気塔の手前で3号機の排気管と合流しています。3号機で発生した水素を含むガス流が、この合流部から4号機に逆流した可能性があるのです。

それを裏づけるかのように、この配管の放射線量を測定した結果、3号機に近いほうが高く、4号機に近づくにしたがってだんだん低くなっていました。これは、3号機から何らかの気体が流れたことの証左です。

4号機に流れ込んだ水素は、複数の弁（バルブ）を通過し、建屋の中のダクトに入り、上層階へ移動し、蓄積したと考えられます。

各原発の重要機器の設置位置を比較——福島第一原発では水没した地下にあった

	福島第一原発1号機	福島第一原発2号機	福島第一原発3号機	福島第原発一4号機	福島第一原発5、6号機	福島第二原発	女川原発	東海第二原発
浸水の高さ（主要建屋設置エリア）	O.P.約15.5m				O.P.約14.5m	O.P.約14.5m	O.P.約13m	H.P.約6.3m
敷地の海抜（主要建屋）	O.P.10m				O.P.13m	O.P.12m	O.P.13.8m	H.P.約8.9m
非常用発電機の設置高さ	A系 O.P.4.9m / B系 O.P.2m 両方とも浸水により喪失 ✕	A系 O.P.1.9m 浸水により喪失 / B系 O.P.10.2m（空冷）電源盤浸水により喪失 ✕	A系・B系 O.P.1.9m 浸水により喪失 ✕	A系 O.P.1.9m 浸水により喪失 / B系 O.P.10.2m（空冷）電源盤浸水により喪失 ✕	5号機 A系・B系 O.P.4.9m / 6号機 A系・H系 O.P.5.8m / 6号機 B系 O.P.13.2m 空冷。この1台だけ使用可	1〜4号機 A系・B系・H系 O.P.0m 3号機で2台、4号機で1台使用可	1号機 A系・B系 O.P.0.5m / 2,3号機 A系・B系・H系 O.P.14m 1、3号機で全台、2号機で1台使用可	A系・B系・H系 H.P.1.6m 2台使用可 ◯
直流主母線盤の設置高さ(A)、(B)系	コントロール建屋 B1F O.P.4.9m ✕	コントロール建屋 B1F O.P.1.9m ✕	タービン建屋MB1F O.P.6.5m ◯	コントロール建屋 B1F O.P.1.9m ✕	タービン建屋MB1F O.P.9.5m ◯	コントロール建屋 2F(1、2号機) O.P.18m / コントロール建屋 1F(3、4号機) O.P.12.2m ◯	制御建屋B1F(1号機) O.P.9.5m / 制御建屋B1F(2号機) O.P.7m / アウターB1F(3号機) O.P.5m ◯	複合建屋1F H.P.9.1m ◯

※女川原発は、地震による地殻変動(-1m)を考慮している。MB1Fは1階と地下1階の間にあるフロア　　O.P.=小名浜港工事基準面（福島第一原発、福島第二原発の場合）、女川基準面（女川原発の場合）　H.P.=日立港工事基準面

　本章で見てきたように、「電源」と「冷却源」の喪失が福島第一原発1〜4号機の致命傷となりました。ここでは、特に電源について、機能喪失した重要機器があった場所を比較してみましょう。

　上の表のピンク色に塗った部分が、機能喪失した重要機器です。1〜4号機の非常用発電機は、主に海抜約2mの場所に置かれ、ことごとく浸水して使えなくなりました。2号機と4号機では、2つある本体のうち1つが海抜10.2mの場所にあったものの、電源盤が浸水してしまい、機能を喪失しました。福島第二原発の非常用発電機は海抜0mにありましたが、建屋設置エリアが海抜12mにあり、そこへの浸水そのものが少なかったことから、一部が生き残りました。

　「直流主母線盤」とは、直流電源（バッテリー）を使う際に必要な機器（配電盤のようなもの）で、1、2、4号機では海抜1.9mまたは4.9mという低い場所に設置されており、やはり水没。一方、3号機では6.5mの場所にあったため浸水を免れ、バッテリーを使用することができました。

　また、福島第一原発の6号機で生き残った空冷式の発電機が海抜13.2mの高所にあったことは前述の通りです。重要機器を高い場所に設置することの重要性があらためてわかります。

教訓・対策編 第4章

〈未来への提言〉発生事象と問題点から改善策を抽出する

福島第一事故からどんな「教訓」が得られるか?

第4章から第6章では、「教訓・対策編」として、
これまで見てきた事故の経過や起きた事象から、
今後、原発にどんな改善策を施していくべきかを見ていきます。
まず本章では、福島第一原発1～4号機での「教訓」を網羅的に抽出し、
そのうえで、原子炉を冷温停止させるために必須の電源や冷却源を守るために、
どのような対策を取るべきかをまとめました。
こうした分析からわかってきたのは、
これまでの政府の「安全指針」が
いかに安全からかけ離れていたか、ということでした。

免震重要棟の津波対策も必要だ

【①「地震」「津波」に関連する問題点と教訓】
搬入口からの浸水など「意外な弱点」があった

起こった事象・問題点	対策と教訓
■津波想定の低さ 土木学会による2002年度評価時の津波高さの想定は福島第一原発が5.7m、福島第二原発が5.2m。福島第一原発は2009年に6.1mに見直されたが、それよりも高い津波が襲来した	■学会の評価だけでよいか、検証が必要 ■自主的、定期的に津波に対する評価を見直す仕組みを検討
■アクセス道路の破壊 地震による液状化と津波による瓦礫の散乱で、設備へのアクセスが悪化。復旧作業が難航した	■基幹道路について液状化防止を強化 ■複数のアクセス道路などの確保
■高さを主眼とする津波のリスク評価 津波の凄まじいエネルギーにより、発電所の構築物・設備が破壊された。重油タンクなども流されて道路を遮断、復旧作業の妨げとなった。津波についてはこれまで、高さばかりが議論の対象になっており、津波の持つ破壊力の大きさは評価されてこなかった	■津波の破壊力・エネルギーなど、リスク評価体系の見直し ■重油タンクの固定など ■瓦礫撤去用の重機配備、運転者の確保
■ディーゼル発電機（D/G）の誤起動 原子炉の緊急停止後、外部電源が喪失していないプラントでも、ディーゼル発電機が誤起動した	■誤作動の原因究明 ■地震による緊急停止時の起動方法を要検討
■福島第一・第二原発での海水系ポンプ破壊 福島第一・第二原発では、想定された津波の高さより高い場所に設備を設置していたが、海側にあった海水系ポンプなどは津波に対して脆弱で、多くが機能喪失に至った。特に福島第一原発では、ほとんどの海水系ポンプが機能喪失した。ポンプ自体の損傷は少なかったが、モーターの絶縁不良による損傷が多発した	■可搬式の電源、海水冷却系ポンプの常備 ■モーター洗浄設備の設置、予備品の準備

　今回の事故では、第2章で見た時系列（クロノロジー）分析で浮かび上がった事象のほかにも、さまざまな問題が発生しました。それらの出来事を精査し、今後の教訓にしなければなりません。これから〝問題点と教訓〟をいくつかのカテゴリーに分けて見ていきますが、まずこのページでは、「地震」「津波」に直接的に関連する問題点から見ていきましょう。

　津波の「高さ」について、想定が甘かったことについては繰り返し触れてきましたが、加えて注目しておきたいのは、津波の巨大な「エネルギー」です。

　第1章で紹介した写真でも明らかなように、津波によって、巨大な重油タンクが流されて道路を遮断し、復旧作業の妨げとなりました。また、発電所内にあったクレーンや車、コンテナなども押し流したほか、海水ポンプなどの機器も損傷させるほどの力を持っていました。これまで津波は、「高さ」でしか論じられてきませんでしたが、その莫大な「エネルギー」にも焦点を当てて、リス

起こった事象・問題点	対策と教訓
■タービン建屋と付属棟の大量浸水 タービン建屋や原子炉建屋付属棟には、海水が大量流入し、地階や1階の設備が使用不能となった。特に非常用ディーゼル発電機、電源盤の浸水などにより、冷却機能に甚大な影響を及ぼした	■ディーゼル発電機や電源盤の設置場所の見直し ■移動電源車の常時確保
■開放していた搬入口からの浸水 定期検査中のタービン建屋の大物搬入口は、資材運搬のために常時開け閉めをしている。地震発生時も作業のために搬入口は開放しており、海水が大量流入する原因になった	■大物搬入口など、水密性の弱い部分の運用の見直し ■災害発生時の作業手順の整備および訓練の実施
■免震重要棟の電源喪失 福島第二原発の緊急時対策室(免震重要棟)は、津波により非常用電源設備が一時、機能喪失した。復旧の遅延につながる可能性があった	■免震重要棟の津波対策と、非常用電源の確保
■女川・東海第二原発での海水流入 女川・東海第二原発の津波は、土木学会による評価とほぼ同じ高さであったにもかかわらず、シール性が不完全な箇所から海水が流入し、非常用海水系ポンプが動作不能となり、ディーゼル発電機が停止した	■海水系ポンプ設置場所の水密性・耐圧性の強化

ク評価をすべきだと考えられます。

今回の事故で、津波に対する脆弱性が露呈した設備の1つが、海側エリアにある海水冷却系ポンプです。福島第一・第二原発では、ほぼすべての海水系ポンプが冠水し、モーターの絶縁不良などが原因で停止。浸水被害が比較的軽微だった女川原発、東海第二原発においても、やはり非常用海水系ポンプが動作不能となり、ディーゼル発電機が停止しました。

海水系ポンプの損傷は、原子炉の冷温停止に必要な最終ヒートシンク(熱の逃がし場)を失うことにつながります。また、水冷式の非常用ディーゼル発電機が使えなくなることに直結します。ポンプ自体の浸水防止策(水密性の強化など)はもちろんのこと、モーターの予備や、可搬式の海水系ポンプを常備するなど、海水系ポンプが津波でダメージを受けてもカバーできるような対策を講じるべきです。

■作業のために開けていた搬入口から水が

あまり知られていませんが、建屋に大量の水が入り込んだ原因の1つとして、資材運搬や作業のために、搬入口が開放されていたものがあったことを指摘しておかなくてはなりません。開いていた搬入口から、津波が一気に入り込んでしまったのです。

また、福島第一原発4号機は、定期検査中だったため、多くの作業員が建屋の中で作業にあたっていました。3月11日当日は、強い揺れが発生し、それが落ち着いた後で、津波から迅速に大勢が避難しなければなりませんでした。扉を開けて作業員が避難したところに、津波が襲ってきて、水が流れ込みました。

福島第一原発のタービン建屋やコントロール建屋では、非常用ディーゼル発電機や電源盤が地階や1階に設置されていたために、浸水して使用不能になりました。海水に弱い電気関係の設備は標高の高い場所に配置する、搬入口や吸気口などの開口部には浸水防止策を講じるなど、津波の浸入経路を想定したうえで、建屋全体の津波対策を考えなくてはいけません。

海水ポンプの機能停止によるディーゼル発電機機能喪失の対策を

【②「電源」に関する問題点と教訓】
中央制御室の〝暗闇化〟は作業員に恐怖を与える

起こった事象・問題点	対策と教訓
直流電源を一瞬で全喪失 直流電源（バッテリーなど）は、高圧冷却機器や中央制御室の計測器などを駆動する非常時の最重要電源である。福島第一原発では、直流電源設備がタービン建屋地下にあったため、水没により一瞬にして全直流電源が喪失した。その結果、高圧冷却機器が使用できなくなった	■電源設備の水密性、耐圧性の強化 ■代替直流電源の確保。多様性を持った電源確保が重要 ■バッテリーの大容量化 ■充電手段の確保
外部電源を全喪失 地震により、福島第一・東海第二原発は全外部電源が喪失した。外部電源や非常用電源の喪失を免れたプラントは、燃料損傷を起こすことなく冷温停止ができている。外部電源確保が、事故進展の防止に直結する。なお、東通原発では3月11日に続き4月7日の余震でも外部電源が喪失、女川原発でも4月7日の余震で外部電源が1系統を残し使えなくなるなど、外部電源の送電系統の脆弱さが目立った	■外部電源の耐震性の強化 （特に変電設備など） ■外部電源供給ルート（送電網）の多重化 ■外部電源の各プラントとの連携・融通機能強化による多重化・多様化
海水を非常用ディーゼル発電機の冷却源にした弊害 福島第一原発では、6号機のみ非常用ディーゼル発電機（D/G）が使用できた。その理由は、6号機の設置場所が、1〜4号機よりも高い海抜13.2mだったことによる。また、6号機の発電機は空冷式であり、海水系ポンプを冷却源としなかったことも一因である	■非常用ディーゼル発電機の設置場所の見直し ■多様な種類の駆動方式・冷却方式の非常用電源の確保
非常用ディーゼル発電機の突然の停止 津波により、非常用ディーゼル発電機（D/G）本体、もしくは発電機を冷やす海水冷却系ポンプの浸水などによって、起動していた発電機が一瞬にして突然停止する事象が、福島第一、第二、女川、東海第二の各原発において発生している	■非常用ディーゼル発電機室への海水流入ルートの特定と対策の実施 ■冷却ポンプの浸水防止、水密性強化 ■非常用ディーゼル発電機の代替品の確保

次に、「電源喪失」に関連して発生した事象について取り上げます。

一部の項目では、違う原因で起きた出来事から浮かび上がる対策や教訓が重複したり、ほかのページで紹介するさまざまな設備の機能喪失と因果の関係となっているものもありますが、それぞれ重要なので、網羅的に触れておきます。

原発では、送電線を通じて発電所の外から供給される外部電源があり、非常用の内部電源として、直流電源（バッテリーなど）と非常用ディーゼル発電機が複数台備えられていることは、これまでにも紹介してきました。

福島第一原発では、地震ですべての外部電源を喪失後、すぐに非常用電源が正常に作動。ところが津波によって、1、2、4号機の直流電源を喪失。非常用ディーゼル発電機も、6号機の1台を除き、すべて使用不能に陥りました。福島第二原発でも、1号機と2号機の非常用ディーゼル発電機は、軒並み津波によって浸水するか、または電源盤や発電機を冷やすための海水を汲み上げるポンプが損

起こった事象・問題点	対策と教訓
▍**電源融通の重要性** 福島第一原発6号機の非常用ディーゼル発電機が使用できたことから、5号機への電源融通が可能となり、電源車の活用も含めて5、6号機は冷温停止することができた。しかし、5、6号機から1〜4号機への電源融通ラインはなかった	■サイト内の電源融通経路の強化
▍**アクシデント・マネジメントの不備** アクシデント・マネジメント（事故対応＝AM。5章で詳述）では、全交流電源が喪失しても、短期に復旧することを想定していた。AM手順書でも同様だった。しかし今回の事故では、数日間経過しても復旧していない	■全交流電源の長期喪失を想定したAM手順書に見直し
▍**想定していなかった交流・直流同時喪失** アクシデント・マネジメントでは、全交流電源と全直流電源の同時喪失は想定していない。直流電源（バッテリーなど）は8時間確保できるよう設計されていた。直流電源が生き残った福島第一原発の3号機は、最重要機器以外を切り離すことでバッテリーが1日以上も維持されたが、その間に低圧冷却系への切り替えが間に合わず、バッテリー枯渇後は中央制御室での計器監視も不能となった	■代替交流電源の確保 ■代替直流電源の確保 ■上記の速やかな設置手順の策定
▍**電源車からの給電遅延** 浸水後も、電源車などから接続すれば電源が使用可能なプラントがあったにもかかわらず、使用可能な電源盤の調査に時間を要したことから接続が遅れたケースがあった。特に福島第一原発では、事前に電源、ケーブル、工具、仮設照明などがあれば、現場の作業がスムーズに進んだ可能性があった	■電源車の多重化、多様化と常設の検討（直流、交流、直・交流混載など） ■バッテリー、仮設照明、小型発電機、燃料、ケーブルなどの確保 ■電源車の利用手順の策定と訓練

傷するなどして、使えなくなりました。

この事実から得られる最大の教訓は、「多様性と多重性を持った電源確保」の重要性です。

同じ仕様や同じ原理で動くものを複数用意する（多重化）だけでは、今回のように、すべて一緒に津波にやられてしまう可能性があります。

そのため、原理や方法の異なるものや手段を複数用意すること（多様性）が重要なのです。

▍**新しい設計思想のもとで訓練を**

もう1つ指摘しておきたいのは、アクシデント・マネジメント（AM）の不備です。詳しくは第5章で述べますが、アクシデント・マネジメントとは、過酷事故に至る恐れがある事態が発生してもそれを食い止めるための〝事故対応〟のことです。

原発の事故対応ではこれまで、全交流電源の長期喪失や、全交流電源と全直流電源の同時喪失といった事態は、まったく想定されていませんでした。しかし、福島第一原発では、その想定外の事態が現実に起こりました。「可能性が限りなく低いのだから想定しなくてよい」のではなく、「どんな事態が起こっても過酷事故は起こさない」という新しい設計思想・指針に基づくアクシデント・マネジメントを策定し、それが実行できるよう、訓練を重ねるべきです。

②「電源」に関する問題点と教訓（つづき）

起こった事象・問題点	対策と教訓
電源盤の機能喪失 福島第一・第二原発では、浸水によって高圧電源盤（M/C）、低圧動力用電源盤（P/C）などが機能喪失した。その他のプラントでは、部分浸水によってM/C、P/Cの一部の機能が停止した。いずれも、冷却、ベント機能などの重要な対応を難航または遅延させるリスクを高めた	■電源盤の高台設置を検討 ■電源車、ケーブルなどと電源盤の接続端子の確認 ■接続ルートの準備および訓練強化
中央制御室の〝暗闇化〟 全電源の喪失により、制御室は暗闇に。運転員にとってパラメーターを監視できないのは一番の恐怖であり、絶望感にさいなまれる。過酷な状況の中、訓練で培った知識・技能を冷静に駆使するためには、計器や操作スイッチの監視機能が不可欠	■代替バッテリーの多重化、多様化
劣悪環境下での復旧遅延 全交流・直流電源および非常用海水系ポンプ機能が浸水により一瞬にして喪失した福島第一原発では、その劣悪な環境が作業を遅延させた。それにより高圧冷却系の維持、低圧冷却系への移行準備が難航したことが、水素爆発につながった主因の1つである	■最悪の事態を想定した訓練強化 （目標復旧時間の設定、継続的な反復など）

　今回の事故で、電源確保をいっそう困難に陥れたのが、「電源盤の機能喪失」です。電源盤とは、遮断器や変圧器など配電用機器が入った金属製の筐体のことで、発電機やバッテリーなどから受電した電気を、原子炉の冷却装置など原発内の設備に配電するために不可欠なものです。原子力発電所内には、「高圧電源盤（M/C＝メタクラ）」、「低圧動力用電源盤（P/C＝パワーセンター）」という電源盤などが複数、設置されています。

　津波の後、福島第一原発の「高圧電源盤」は、6号機の一部を残して全滅。「低圧動力用電源盤」は、1号機と3号機で全滅しました。電源盤の機能喪失によって、せっかく電源車が来ても、受電・配電が不能となり、電源確保の道を絶たれてしまったのです。今後の対策として、電源盤を高台に設置するのはもちろん、電源喪失時に電源経路を復旧・確保するための具体的な手順の策定や訓練強化などが必要です。

　さらに、電源喪失が事故対応の現場にもたらした大きな問題が、中央制御室の〝暗闇化〟です。非常用のバッテリーを喪失した福島第一原発の1、2、4号機では、原子炉の温度、圧力、水位などを示す計測機器がすべて機能を喪失。原子炉の状態監視や、緊急停止後の原子炉の制御に必要なバルブの操作もできなくなってしまいました。

　運転員にとって原子炉の状態を示すパラメーターの監視ができないことは恐怖であり、絶望感にさいなまれます。訓練で培った知識や技能を過酷な状況下でも冷静に駆使し、プラントを確実に冷温停止させるには、大前提として、中央制御室の監視機能が正常に働くことと、そのための電源確保が不可欠です。したがって、何が起きても中央制御室の機能を確保できるよう、直流電源を多重化・多様化して、何重もの備えをしておくべきです。

　地震と津波による被害に加え、電源喪失という事態は、作業員たちを極めて劣悪な作業環境に追い込みました。それが復旧作業を遅延させ、福島第一原発1～4号機を炉心損傷・水素爆発に至らしめたと言えます。今後は、最悪の事態を想定した訓練の強化が必要でしょう。電源がなく、夜間で暗く、瓦礫が散乱した中でも、目標時間内に決まった作業ができるようなシミュレーション、訓練を重ねることが重要です。

5、6号機ではラインの再構成に成功した

【③「海水冷却系」に関連する問題点と教訓】
「海水で冷やせない」は非常用発電機停止に直結

第4章 福島第一事故からどんな「教訓」が得られるか？

起こった事象・問題点	対策と教訓
海水冷却系喪失でディーゼル発電機も使用不能に 福島第一原発では、津波により1～6号機の全海水ポンプが停止し、海水冷却系を使うことができなくなり、最終ヒートシンク（熱の逃がし場）を喪失した。非常用ディーゼル発電機（D/G）は、本体が水を被ったことにより機能喪失したものが多いが、仮に本体が浸水しなくても、冷却機能（海水ポンプ、モーターなど）が喪失すると、D/Gは機能しなくなる（D/Gは、発電する際に大きな熱を発する。その熱を海水冷却系で逃がさなければ、使えなくなる）。そしてD/Gの停止は、非常用炉心冷却系ポンプの起動不能へと連鎖する	■海水冷却系の水中ポンプ、駆動電源、燃料などの予備の確保 ■海水に頼らない、空冷冷却ラインの準備 ■耐水性の強いモーターの導入など
5、6号機では海水冷却系機能の再構成に成功 福島第一原発6号機では、空冷式の非常用ディーゼル発電機が浸水を免れたため、5号機への電源融通を行ない、残留熱除去系（RHR）ポンプに給電した。海水冷却系ポンプは津波で壊れ、最終ヒートシンクを一時喪失したが、上記の作業と並行して仮設海水ポンプ、電源車を使って海水冷却系を再構成し、5、6号機の冷温停止を実現した	■非常用ディーゼル発電機、電源融通機能の重要性の再認識 ■仮設ポンプ、電源車などの接続ルートをマニュアルで定義し、訓練を定期的に実施

　前項の「電源喪失」の原因ともなった「海水冷却系」機能の喪失に関する問題点を検証します。

　非常用ディーゼル発電機（D/G）は運転中に大量の熱を発するため、常に冷却・除熱を行なわなければなりません。福島第一原発では、水冷式10台、空冷式3台の非常用発電機が備えられていましたが、津波によって1～6号機の全海水ポンプが浸水のため停止し、海水冷却系を喪失。海水を汲み上げて冷却水に用いる水冷式の非常用発電機は、すべて使用不能になりました。

　海水冷却系は通常運転時、原子炉で発生した熱を逃がす最終ヒートシンク（熱の逃がし場）としても機能しているので、海水ポンプの停止は、炉心冷却の重要な手段を失うことをも意味します。

　福島第一原発では、計13基あった非常用発電機のうち、生き残った6号機の空冷式非常用発電機1基の電力を5号機にも送りました（電力融通）。そのことによって、原子炉停止後の残留熱を除去する残留熱除去系（RHR）というポンプへ給電でき、津波で壊れた海水冷却系ポンプの代わりとなる最終ヒートシンクが確保され、5号機、6号機ともに、冷温停止を実現できたのです。

　この事実から学ぶべき教訓は、前述の電源の多重性・多様性に加えて、「電源融通機能」の重要性です。電力を融通できれば、海水ポンプの機能を失った原子炉にも、それに代わる海水冷却機能を復旧できるチャンスが生まれます。

　また、仮設ポンプや電源車などの接続ルートをマニュアルで決めておき、訓練を定期的に行なうことや、海水に頼らない空冷冷却ラインの準備、海水冷却系の津波対策の強化などが、今後の対策として必要でしょう。

2号機、3号機では時間的猶予があったにもかかわらず……

【④「高圧冷却系」に関する問題点と教訓】
電源に頼らないバルブ開放の仕組みを検討すべき

起こった事象・問題点	対策と教訓
パラメーターの把握不能がつまずきに 102ページで触れた通り、直流電源（バッテリーなど）が喪失したため、計測機器が使えず、炉心水位などの重要パラメーターがほとんど把握できなかった。結果的に、高圧冷却系の対処を開始する入り口段階でつまずいた	■中央制御室の電源喪失対策 ■直流電源の浸水防止 　（設置場所の再検討、水密性・耐水性強化） ■予備バッテリーの確保 　（直流電源車も含む）
福島第一原発1号機の非常用復水器停止、高圧注水系の機能不全 同じく全交流・直流電源が喪失したため、高圧冷却系である非常用復水器（IC）を使うためのバルブ開閉がほとんど操作できず、停止した。また、高圧注水系（HPCI）のバルブ開閉、注水もできなかった。結果的に、高圧系冷却が実行できず、注水も減圧もできなかったと推察される	■2時間以内を目安とした、交流・直流電源の復旧 ■バルブ操作を直流・交流の両方で対応可能にする ■電源に頼らないバルブ開放の仕組みの検討 　（手動／自動化）
福島第一原発2号機の原子炉隔離時冷却系の動き 2号機は原子炉隔離時冷却系（RCIC）が運転継続したため、津波発生から3月15日の格納容器の損傷までに、4日間近い時間的猶予が発生した	■高圧冷却系機能維持の有効性・重要性の再認識 ■高圧冷却系が機能している間に、低圧冷却機能を準備するための手順・訓練が重要

電源とともに重要なのは、もしもの時に原子炉に水を送り込んで冷やす、注水システムです。これには、「高圧冷却系」と「低圧冷却系」がありますが、まずここでは「高圧冷却系」から検証していきます。

福島第一原発2号機のケースを見てみましょう。2号機では、高圧冷却系の1つである「原子炉隔離時冷却系（RCIC）」が動きました。そのために、3月15日に格納容器が損傷してしまうまで、4日近い時間的猶予が生まれたのです。それまでに低圧冷却機能を準備し、電源を復旧させられれば2号機を救える可能性があっただけに、残念です。高圧冷却系を使った〝時間稼ぎ〟がいかに重要か、よくわかると思います。

手動でのバルブ操作ができるようにすべき

左の表にある通り、1号機には、原子炉内の蒸気を水に戻して冷却する「非常用復水器（IC）」や、非常時に原子炉内へ注水する「高圧注水系（HPCI）」という高圧冷却系装置がついていたものの、電源

起こった事象・問題点	対策と教訓
■福島第一原発1号機の水素爆発が2号機に影響 原子炉隔離時冷却系（RCIC）の停止に備え、原子炉への代替注水を行なうべく、使用可能な低圧動力用電源盤（P/C）に電源車を接続完了したが、3月12日の1号機の水素爆発によってケーブルと電源車が破損し、それまでの準備作業が無に帰してしまった **■福島第一原発3号機の水素爆発が2号機に影響** 上記と同様に、RCICの停止に備えて原子炉を冷却するために、消防車とホースを使って海水注入ラインを設置していたが、3月14日の3号機の水素爆発によって消防車とホースが破壊され、準備したラインは使用不能となった	■複数プラントが稼働していることのリスクの再確認 ■水素爆発の絶対的防止
■福島第一原発3号機で生き残った直流電源 3号機では直流電源（バッテリーなど）が生き残り、それを利用して原子炉隔離時冷却系（RCIC）と高圧注水系（HPCI）の2つの高圧冷却系が起動している。しかし、その後の追加電源が確保できず、水素爆発へと至った **■福島第一原発3号機で判明したHPCIの効果** 3月12日11時36分にRCICが停止後、同日12時35分にHPCIが起動した。その後、炉心の圧力は一時的に低下した。低圧系による注水へ切り替えるため13日2時42分にHPCIを停止したが、逃がし安全弁による減圧に失敗し、圧力は再度急上昇した	■バッテリー、RCIC機能の重要性の再認識 ■追加電源などの多重化、多様化と訓練実施
■アクシデント・マネジメントの不備が3号機の電源枯渇に 3号機は、1～4号機の中で唯一、直流電源（バッテリーなど）が生き残ったが、クロノロジーを見る限り、前述の通り、枯渇するまでの間に、追加電源が確保できなかった（HPCIの停止後に、社員乗用車のバッテリーなどを使用）。高圧冷却系の電源回復については、「バッテリーが機能している8時間の間に、交流電源を復旧する。復旧した交流電源からバッテリーへ充電する」という1つの手段しかアクシデント・マネジメント（AM）で定義されていない	■直流電源の予備確保と多重化、多様化（全バッテリーが水没すると交流電源が復旧しても充電できない） ■直流電源の瞬時全喪失、水没による充電不能状態を想定したAM設計と訓練

喪失によってこれらを動かすバルブの開閉操作が不能になりました。今後はバルブの開閉操作を電源だけに頼らず、手動でバルブの操作が行なえるような見直しが必要です。

また、第7章で詳述しますが、非常用復水器には、直流電源で動くバルブと、交流電源で動くバルブがそれぞれ別にありました。しかし、そうした仕組みでは、もし交流電源だけを喪失した場合でも（つまり直流電源は生き残っていても）、冷却できなくなってしまいます。冷却システムを作動させるために必要なバルブなどは、直流・交流のどちらでも動かすことができるように、仕組みを変えるべきでしょう。

高圧冷却系を動かす電源を確保するための、事故対応（アクシデント・マネジメント）の手順をきちんと定めておくことも重要です。

現在は、「バッテリーが機能している8時間の間に、交流電源を復旧する。復旧した交流電源からバッテリーへ充電する」という1つの手段しか定義されていません。そのため今回、電源枯渇後は、社員の自家用車からバッテリーを外してきて使用するという〝工夫〟をしたわけですが、今後は、直流電源が水没した場合を想定して、どのような手順で予備の直流電源を準備・接続するかを決めて、日頃から訓練を繰り返しておくべきです。

ディーゼル駆動消火ポンプも故障

【⑤「低圧冷却系」に関する問題点と教訓】
「消防車での注水遅延」はこうして防げる

起こった事象・問題点

■福島第一原発1号機での低圧注水の遅延

1号機では、3月11日17時12分という早い段階から、低圧冷却の代替注水として使われる消火系ラインと、消防車による注水検討を指示していた。しかし、ディーゼル駆動消火ポンプの故障が確認され（12日1時48分）、消防車から消火系ライン送水口へ直接注水する方針へ変更した。前述の消防車からの注水ラインのセットアップ（消防車の融通、建屋への移動、消火系ラインへのつなぎ込み）に時間を要したため、注水開始が12日5時46分まで遅れた

【低圧注水が遅延した主な理由】
- ■ディーゼル駆動消火ポンプの故障
- ■地震や津波による消火栓の破損など
- ■代替水源探しの難航
  （現場確認の結果、防火水槽が使用可能と判明）
- ■消防車の不足
  （3台中1台は津波で故障、1台は5、6号機側にあって移動不可能だった）
- ■劣悪環境により、消防車の移動の難航
  （漂流した重油タンクが道路を封鎖、本部ゲートは停電で遮断。2～3号機間ゲート鍵を破壊してルートを確保した）
- ■消防車の注入能力の不足
  （1回1000ℓ）

↓

3月12日5時46分の注水開始から14時53分の注入完了（累計8万ℓ）までの間、当初は1回1000ℓずつ注水していた（消防車が何度も水源と建屋の間を往復していた）。途中からは連続注水が可能となった

対策と教訓

- ■予備水源の強化・増設
  （大型防火水槽の設置）
- ■消防車やホースの増強
- ■消防車設置場所の見直し
- ■消防車移動ルートの事前確保
- ■予備電源やポンプの確保、消防車の能力強化など
- ■ディーゼル駆動消火ポンプの故障原因の究明と対策

■設備の損壊で注水効率が悪化

次に、「低圧冷却系」に関する問題点を取り上げます。

緊急時の操作手順では、原子炉が緊急停止した後に全交流電源を喪失した場合、炉心の水位や圧力を制御しながら高圧で注水・冷却を行ない、高圧冷却系が作動している間（直流電源が枯渇する前）に非常用ディーゼル発電機または外部電源を復旧させ、「低圧冷却系」への移行準備をすることになっています。

電源が復旧した場合は、「炉心スプレイ系（CS）」などの低圧冷却系設備を用いて注水を行ない、電源が復旧しない場合は、代替策として「消火系配管」という火災発生時用の注水ラインを使って、ディーゼル駆動消火ポンプを用いて注水します。ディーゼル駆動消火ポンプも使用できない場合は、消防車を使って原子炉への注水を行ないます（これを代替低圧冷却と言います）。

左の表にまとめた通り、1号機では、全交流電源と直流電源を喪失した直後から、消火系ラインを用いた注水と、消防車による原子炉への代替注水を準備していましたが、作業は難航。注水が開始されたのは、地震翌朝の3月12日5時46分でした。その後、懸命の注水作業が続けられましたが、すでに炉心損傷が進んでいた1号機では、水素爆発へと至ってしまったのです。

1号機の低圧注水が遅れた理由として、まず、地震と津波により施設や設備が破壊されたことが挙げられます。右ページの写真が示す通り、津波で流された重油タンクが道路を塞いだり、大量の

起こった事象・問題点	対策と教訓
■防火水槽の形状による注水の非効率 水源を確保するために、3号機の防火水槽から1号機の防火水槽へ淡水輸送を繰り返したが、防火水槽はホースが1つしか入らない形状のため、淡水補給のたびに1号機につながる注水ホースを取り出し、補給用ホースを挿入しなければならず、注水中断を余儀なくされた	■防火水槽ホース接続形状の見直し
■ホウ酸水注入系の準備遅延 1号機では、消防車による注水と並行して、電源車による電源復旧を行ない、ホウ酸水注入系（SLC）ポンプの復旧を進めた。3月12日15時36分、ホウ酸水注入準備が完了した。しかし、その直後（同15時36分）に1号機で水素爆発が発生し、SLCポンプ用ケーブル・高圧電源車が破壊され、使用不能となった ↓ 爆発後の12日19時4分に消火系ラインから消防車による海水注入が開始された。その後、20時45分にホウ酸を海水に混ぜて注入開始した	■予備電源（高圧電源車）の確保 ■ケーブル、消防車などの多重化、多様化 ■水素爆発の阻止

津波で流された重油タンク。作業の妨げとなった

原子炉に注水するための仮設電動ポンプ。津波後、冷却系統を構成するまでにはさまざまな困難があった

瓦礫が散乱したりして、消防車の移動や注水ラインの構築に大きな障害となりました。しかし、そうした過酷な状況下でも、どうすればスムーズに低圧冷却系による原子炉の冷却が実行できたか、という視点で振り返ると、数多くの反省点や教訓が得られます。

まず対策が必要なのは、消防車やホースの増強、消防車の設置場所や移動ルートの見直し、予備電源やポンプの確保などです。ポンプの故障により、ディーゼル駆動消火ポンプを用いた注水ができなかったことも、大いに悔やまれる点です。ディーゼル駆動消火ポンプの故障原因の究明と、消火系ラインを用いた代替注水が非常時にきちんと機能するよう、対策の強化が求められます。

低圧注水に使う水源の強化も、今後の重要課題です。今回、低圧注水が遅れた理由の1つは、水源探しが難航したことです。敷地内に瓦礫などが散乱する中で、炉心冷却に使える大量の淡水をどこから調達できるか、現場は確認作業に追われました。

また、実際の注水作業では、消防車の注水能力の不足や、注水効率の悪さが問題になりました。「1回1000ℓ」で、空っぽになるたびに何度も水源まで水を補給しに行っている間にも、炉心損傷は進んでしまったのです（なお、途中からは連続注水が可能になりました）。

効率の悪さについて、もう1点指摘しておかなければならないことがあります。現場では、水源を確保するため、3号機の防火水槽から1号機の防火水槽へ淡水の輸送を繰り返しました。が、水槽にはホースが1本しか入らない形状のため、淡水補給のたびに1号機につながるホースを外し、注水が中断されたのです。水槽への水の補給と消防車への給水が並行して行なえるよう、防火水槽のホース接続形状の見直しが必要でしょう。

作業用ボンベの「空気圧不足」も
【⑥「ベント機能」に関する問題点と教訓】
減圧作業が次々に失敗した理由を考える

Ⅰ 炉心（圧力容器内）の圧力を下げるためのベントに関して

起こった事象・問題点	対策と教訓
福島第一原発1、2号機の逃がし安全弁の機能喪失 全電源が喪失したため、逃がし安全弁（SRV）が使えなくなった。このため、圧力容器内の減圧ができなくなった。1号機では非常用復水器（IC）による冷却を試みたが、ほとんど機能しなかった（詳細は第7章参照）	■予備バッテリー、バッテリー車、交流電源車からの充電機能などの確保 ■バッテリーの耐水性強化 ■予備バッテリーの設置時間の迅速化、そのための訓練 ■バッテリーに頼らない逃がし安全弁の仕組みの検討
福島第一原発3号機の逃がし安全弁の操作遅延 3号機では直流電源（バッテリーなど）が生き残り、高圧注水系（HPCI）が停止するまでの約35時間使用できた。HPCI停止後、消防車による低圧注水をするため、逃がし安全弁（SRV）を操作して原子炉を減圧しようと試みたが、バッテリー枯渇により操作できなかった。その後、社員の乗用車からバッテリーを取り外して集め、炉心を減圧したものの、実施タイミングが遅延した（HPCI停止の約6時間半後）。そのため水素爆発を避けられなかった	■同上 ■バッテリーの持続時間の延長 ■消防車などによる代替低圧注水ライン構築時間の短縮
福島第二原発2号機は逃がし安全弁による減圧成功 福島第二原発の2号機は、外部電源や電源盤と直流電源（バッテリーなど）が機能していた。したがって、原子炉隔離時冷却系（RCIC）で原子炉の水位を維持し、復水補給水系（MUWC）による低圧冷却ライン構成の時間を稼いだ。MUWCの準備完了後、逃がし安全弁の開閉操作を行なって圧力容器を減圧し、MUWCによる低圧冷却系注水を実行し、冷温停止を達成している	■外部電源および直流電源の重要性、有効性の再確認 ■上記を前提とする、原子炉隔離時冷却系（RCIC）および低圧冷却系機能の重要性、有効性の再確認

　福島第一原発の事故直後に、毎日のようにテレビや新聞などで「ベント」という言葉が報じられました。ベントは、容器内部の気体を抜いて圧力を下げることを指します。一般的にベントと言った場合には「格納容器からのベント」を意味しますが、ここでは、炉心（圧力容器内）の圧力を下げるための作業についても、併せて見ていきましょう。

　これまで述べてきたように、緊急時の対応の中で、高圧冷却系から低圧冷却系へ移行する際には、圧力容器内の圧力を下げる操作が必要不可欠です。

　この圧力容器の減圧に用いられる装置が、「逃がし安全弁（SRV）」です。逃がし安全弁は、圧力容器内の蒸気を格納容器の圧力抑制室（S/C）に逃がす弁です。逃がし安全弁を開くと、圧力容器の蒸気が流出して急速に水位が低下するため、炉心に水が十分に残っていることを確認したうえで、低圧注水をすぐに実施できる態勢を整えてから操作することになっています。

　ところが、福島第一原発1、2号機では、全電

起こった事象・問題点	対策と教訓
減圧実施が遅延するリスク 福島第一原発1～3号機は、高圧冷却系の機能が停止してしまってから、ようやく逃がし安全弁などによる減圧操作を実施しており、本来やるべき「高圧冷却機能を維持しながら、低圧冷却系への切り替え準備」が実施できなかった。津波による多くの瓦礫など、過去に経験したことのない、劣悪な環境が作業を妨げた	■アクシデント・マネジメント（AM）を以下のように見直し ①今回判明した想定外の事象の反映 ②通常の冷温停止手順を不可能と判断する基準の設定と、低圧冷却系準備の目標時間の設定など ③通常の手順が不可能な際の、2次的な行動指針の設定（100点を目指さず、最悪の事態を防ぐ。水素爆発防止、建屋ベント、海水注入、急速減圧など） ■定期的な訓練、対応能力の強化

II 格納容器内の圧力を下げるためのベントに関して

起こった事象・問題点	対策と教訓
福島第一原発1号機の格納容器ベントの遅延 3月12日の0時6分に格納容器（ドライウェル）の圧力が極めて高い（600kPa abs超）という可能性を把握した時点で、ベント準備が指示されている。同日9時4分に作業に着手したが、最終的にベントが実施されたのは、14時30分だった。着手してから約5時間半を要している 【ベントが遅延した主な理由】 ■全電源喪失によりバルブ開閉操作が不可能になった ■全電源喪失により照明がなくなり暗闇になった ■炉心損傷に伴う建屋内の放射線量上昇（特に地下1階） ■余震の頻発による現場操作の禁止指示 ■ベントする前に近隣住民の避難を完了させなければならなかったが、その状況把握の通信手段の不足 ■ベントの現場従業員と中央制御室の通信手段の欠如 ■作業に必要なコンプレッサーの空気圧の不足によるベント操作失敗など ベントはできて格納容器の減圧は確認されたものの、約1時間後には建屋で水素爆発が発生した	■電源の確保 ■照明の確保 （建屋のほか、現場作業携帯用など） ■緊急通信手段の確保 ■予備コンプレッサーなど、作業に必要な機器の確保 ■全電源喪失時においても確実にベントできるようにシステムを変更 （現場に行くことなく、予備駆動力で開放できるようにする）

源を喪失したため、逃がし安全弁が使えなくなってしまいました。よって、圧力容器内の減圧ができなくなってしまったのです。

直流電源が生き残った3号機では、低圧注水をするために、逃がし安全弁を操作して原子炉の減圧を試みましたが、バッテリーが枯渇。社員の自家用車からバッテリーを集めて使うという苦肉の策を取りましたが、そうする間にも時間は過ぎ、逃がし安全弁の操作が約6時間半も遅延。水素爆発を避けることができませんでした。

一方、福島第二原発2号機では、逃がし安全弁による圧力容器の減圧に成功しています。外部電源からの電源供給が可能だったことや、電源盤や直流電流が機能していたことが幸いしたのです。そして、冷温停止に持ち込むことができました。

これらのことからわかるのは、ベントのために電源の多重性・多様性を確保することはもちろん、いざとなったら電源に頼らずに、手動などで逃がし安全弁を操作できるような仕組みが必要だということです。

バルブを開ける空気ボンベの圧力が足りない！

次に、格納容器内の圧力を下げるためのベントに関する問題点と、そこから得られる教訓を見ていきます。

II 格納容器内の圧力を下げるためのベントに関して（つづき）

起こった事象・問題点	対策と教訓
福島第一原発2号機のベント失敗① 2号機では、まず圧力抑制室（S/C）にあるベントラインの使用を試みた。3号機の爆発の影響などによりベントラインの構築は遅延したが、3月14日の21時頃には、準備を完了した。あとはラプチャーディスク（R/D。一定以上の内圧になった際に、自動的に破れて圧力を瞬時に逃がす装置）が作動すればベントできた。 しかし、格納容器上部のドライウェル（D/W）の圧力は極めて高かったにもかかわらず、格納容器下部であるS/Cの圧力がR/Dが破れる圧力より低いため、ベント失敗と判断。以下に指摘するD/Wのベントへ切り替えることになった **福島第一原発2号機のベント失敗②** 前項のベント失敗後、ドライウェル（D/W）にあるベント弁の開放を試みた。3月15日の0時1分に準備完了したが、ベント弁は開かず、失敗した。同日6時14分頃、S/Cの圧力が急にダウンスケール（ゼロ以下を示す状態）となったことから、格納容器で何らかの損傷が発生し、圧力が下がったものと推定される	■空気圧を使わないベント構造の検討 ■ラプチャーディスクの作動圧の見直し ■ラプチャーディスクを高い作動圧に設定した理由の確認 ■ラプチャーディスクを撤去し、ベント用バルブを開閉する仕組みへ切り替えることを検討
福島第一原発3号機の作業遅延 3月12日5時23分頃、圧力抑制室（S/C）のベント用の空気作動弁（AO弁）を作動させるためのボンベの空気圧不足を確認した。その後、ボンベ交換によってベントが成功している	■ベント弁駆動用ボンベなどの予備確保 ■ボンベ交換作業の訓練
福島第一原発3号機で開放した弁が閉まった ベント成功後の3月13日11時17分頃、駆動用ボンベの空気が漏れたことによって、圧力抑制室（S/C）のベント用の空気作動弁（A/O弁大弁）が、開放状態を維持できず、閉まってしまった	■駆動用ボンベの強化 　（空気供給ラインの確保、多重化検討）

　格納容器は、上部のドライウェル（D/W）と、下部の圧力抑制室（S/C）のそれぞれにベントライン（格納容器内の圧力を低下させるために気体を外部に出す配管）があります。各ベントラインには空気作動弁（AO弁）がついており、2本のラインが合流したところに電動弁（MO弁）とラプチャーディスク（R/D）があります。

　ラプチャーディスクは、内部が一定以上の圧力になると自動的に破れ、配管内の気体が排気塔を通じて外部に放出される仕組みになっています。

　電動弁は、全電源を喪失しても、弁本体に付属しているハンドルを操作して手動で開閉が可能ですが、空気作動弁やラプチャーディスクは空気圧によって作動します。今回の事故では、空気作動弁やラプチャーディスクの動作不良によって格納容器のベントが難航するケースがありました。

　例えば、福島第一原発2号機では、圧力抑制室（S/C）からのベントラインの構成はできていたにもかかわらず、ラプチャーディスクは作動しませんでした。

　これは、ラプチャーディスクが破れる圧力が、圧力抑制室の圧力よりも高い設定になっていたことが原因と見られています。今後は、ラプチャーディスクの作動圧の見直しなどの検討も必要でしょう。

休日・夜間の事故への対策も必要
【⑦全体を通じて浮上する問題点と教訓】複数プラントを同時に稼働するリスクを忘れるな

起こった事象・問題点	対策と教訓
余震の頻発が作業の妨げに 度重なる余震が、電源や注水ラインのセットアップの作業を中断させ、適切な時間に完了できなかった	■劣悪環境の重層や、同時多発を想定したアクシデント・マネジメント（AM）設計と訓練の必要性
夜間の作業が難航 地震や津波により瓦礫が散乱し、照明もなかった結果、夜間の作業は難航し、対応の遅れにつながった	■夜間・休日の電源喪失などを想定した訓練 ■弁や計器の「見える化（蛍光塗料塗布など）」
水源などを複数の目的で共有するリスク 新潟県中越沖地震では柏崎刈羽原発で変圧器火災が発生し、消火設備の重要性が認識された。今回、女川原発1号機でも、高圧電源盤の火災が発生している。福島第一原発では火災の発生はなかったため、低圧冷却系の注水に消火用の水源と、消火系ラインを活用できた。しかし、もし火災が発生していたら、プラントへの注水と消火対応が重複していた可能性は否定できない	■水源の棲み分けの検討 ■最重要水源の多重化、多様化
複数プラントを稼働するリスク 福島第一原発の対策本部では、1号機の非常用復水器（IC）による高圧冷却を確保できなかったため、途中から1号機対応を優先した。2、3号機はRCICなどによる高圧冷却が機能していたことから、優先順位を下げて対応している。当初の判断としては正しかったかもしれないが、その後の2、3号機の事象進展を見ると、直流電源（バッテリーなど）が枯渇する前に低圧冷却系の準備ができていれば、最悪の事態には至らなかった可能性がある	■事故当時の現場体制の課題の整理 ■複数プラントで過酷事象が同時発生したことによる問題点の整理 ■上記について、アクシデント・マネジメント（AM）マニュアルへの反映と訓練

　3月11日の本震の後にも、東北地方では過去に例がないほど余震が頻発し、復旧作業はたびたび中断を余儀なくされました。さらに瓦礫が散乱し、電源が喪失したため、照明もない暗闇の中、夜間の作業は困難を極めました。こうした劣悪な環境を想定した対策や訓練は明らかに不足しており、今後の事故対応（アクシデント・マネジメント）の設計に盛り込んでいく必要があります。

　2007年に起きた新潟県中越沖地震では、柏崎刈羽原発で変圧器火災が発生しましたが、今回は女川原発の1号機の高圧電源盤で火災が発生しました。たまたま福島第一原発では火災が起きなかったため、消火用の水源を原子炉への注水に利用できましたが、仮に火の手が上がっていれば消火作業と重複し、事態がより悪化していた可能性もあります。万一の際にも水が不足することのないよう、重要な水源は複数確保したり、用途ごとに分けて持つことを検討すべきでしょう。

　また、福島第一原発のように複数の原子炉を持つ原発で事故が発生すると、単独プラントの場合

⑦全体を通じて浮上する問題点と教訓（つづき）

起こった事象・問題点	対策と教訓
外部電源、直流電源喪失の長期化のリスク 外部電源、非常用ディーゼル発電機、海水冷却系設備の機能喪失は、福島第二、女川、東海第二の各原発でも発生している。しかし、全電源喪失まで至ったのは福島第一原発だけ。外部電源、非常用ディーゼル発電機の確保は、高圧冷却系での冷却継続を可能とし、低圧冷却系の海水系ポンプやモーターの復旧なども可能にした。一方、全交流電源の長期喪失は、直流電源をも枯渇させ、プラント復旧の絶望を意味した。そして、海水ポンプの喪失はディーゼル発電機の機能喪失に至った。外部電源の復旧、もしくは海水ポンプの復旧が急務となる	■直流・交流電源の多重化、多様化 ■代替電源の接続機器一式の準備 ■上記の接続などについて、訓練の強化
水素爆発のメカニズムとベント作動圧などとの関係 東京電力では、放射性物質の放出による住民への影響をできるだけ避けるため、格納容器のベント実施圧力の設定を、他電力と比べて高めに設定していた。しかし、この判断が格納容器内での水素の大量蓄積に結びついた可能性がある。また、建屋の水素爆発については、1号機のクロノロジーで監視・予防策を講じた形跡が見当たらないことから、東京電力内では想定外の事象であったと推定される	■水素爆発のメカニズムの解明 　（漏洩経路、蓄積経路、着火要因など） ■水素蓄積の防止 　（水素検出器、建屋の水素を抜くためのベント機能など） ■ベントと水素爆発の関係の検証とその反映
中央制御室の機能不全がもたらした影響 電源喪失による問題点の項目でも触れた通り、全電源喪失は、計器電源を喪失させ、運転員から監視業務を取り上げた。監視不能状態では、次に打つべき方策も適切に判断できない。また、原子炉が高温状態では、仮設電源によって計測器を復旧しても、正確なデータを示しているかどうかは疑問となる	■中央制御室の照明、作業環境、計測機器の作動などの確実な担保 　（電源、照明、作業服、線量計など） ■アクシデント・マネジメントへの反映と訓練の継続・強化 ■遠隔式の計測器の採用
福島第一原発以外にもリスクはあった 福島第二原発、女川原発2号機、東海第二原発では、海水冷却系ポンプが浸水し、一部の非常用ディーゼル発電機が停止した。もし、同時に外部電源が喪失し、全ディーゼル発電機の機能が喪失していたならば、福島第一原発と同様の過酷事故になった可能性は否定できない	■冷温停止に成功したプラントでも、手放しでは喜べない潜在リスクがあったことの再確認と対策・訓練

よりもリスクが高くなることも明らかになりました。過酷な事故が同時多発的に発生すると事態はより複雑化し、状況の見極めや優先順位の判断がその後の命運を分けることになります。

　例えば、福島第一原発では、高圧冷却系の機能が使えなかった1号機の対処を優先しました。その時点では2号機、3号機の高圧冷却系が使えていたため、当初の判断としては正しかったかもしれませんが、一方で、2号機と3号機の対応にも注力していれば、それらの高圧冷却系が生きている間に低圧冷却系を準備することで、炉心溶融は免れていたかもしれません。「もしも」を議論しても仕方のないことですが、今後は、複数プラントで事故が起きた際にどう対応するか、マニュアルを整備し、訓練をすることが必要でしょう。

　また、今回の事故は、水素爆発により瓦礫などが散乱したことが、その後の対応の遅れにつながりました。今後は水素爆発を絶対に起こさないように、水素発生を検知する仕組みや、水素が建屋に滞留した場合に備え、水素を抜くためのベント機能の設置を検討すべきです。そのためには、今回の事故で「どこから水素が漏れたか」「なぜ着火したのか」をあらためて検証し、その知見を今後の事故対応のマニュアルに反映させることが重要でしょう。

数多くの問題点・事象分析から判明した課題
【今後実施すべき安全対策（まとめ）】
「福島の二の舞」を絶対に演じないために

第4章 福島第一事故からどんな「教訓」が得られるか？

① 電源の確保

外部交流電源の確保
- 開閉所の水密性・耐震性の確保、もしくは高所設置
- 外部電源設備の耐震性向上、送電経路の多重化、発電所・プラント間の電力融通を可能とすること
- 電源ケーブルの地下化

非常用ディーゼル発電機（D/G）の機能確保
- D/G室の水密性・耐圧性の確保、もしくは高所設置
- D/Gの電力融通機能の強化
  （すべてのD/Gを、すべての原子炉に共有できるようにする。福島第一原発では、5、6号機は融通できたが、1～4号機には融通できなかった）
- 空冷式D/Gや、ガスタービン発電機などの増設
  （福島第一原発で生き残ったのは海水ポンプが不要な空冷式D/Gだった）
- 重油タンク・軽油タンクの高所設置や漂流防止
- 地震での緊急停止（スクラム）時のD/G自動起動の採用

その他の交流電源の確保
- 交流電源の融通
  （高圧電源盤、低圧動力用電源盤間の融通）
- 電源盤などの常設、増設、設置場所の見直し
- 電源車の種類を増やす
  （直流、交流、直・交流混載、発電機付き、D/G搭載など）
- 電源車・予備電源などの空輸移動の積極活用
  （建屋上や周辺にヘリパッドを設置）
- 電源ケーブル設置などのための工具類の配備
- 電源車から電源盤への接続場所の複数設置、耐水性確保

直流電源（バッテリーなど）の確保
- 水密性・耐圧性の確保、もしくは高所設置
- 直流電源の容量アップ
  （8時間から24時間以上の長時間対応へ）
- 直流電源が使用できなくなった場合のための移動式バッテリー車とケーブルの配備
- 瞬時に接続できる可搬性の高いバッテリーの設置

　ここでは、前ページまでの検証で浮上してきた今回の事故の「教訓と対策」を、カテゴリーごとにまとめました。
　「福島の二の舞」を絶対に演じないために、最優先で見直すべき安全対策は「電源の確保」です。

　原発事故対応の三大原則である「止める」「冷やす」「閉じ込める」を確実に実行するには、電源が不可欠です。今回の事故では、外部電源が地震や津波に対して非常に脆弱であることが明らかになりました。送電鉄塔の耐震性強化や、送電線の中継地点となっている開閉所の水密性・耐震性の確保とともに、送電ルートを多重化し、発電所間で電力融通ができるような体制を整えるべきです。

　外部電源を喪失した際、交流電源を供給する非常用ディーゼル発電機（D/G）の確保も、重要な課題です。すべてのD/Gの電力を全プラントで共有できる多重化をすること、空冷式の発電機やガスタービン発電機など、多様な方式の発電機を各プラントに配置することが有効だと考えます。

　また、電源車や電源盤を通じて外部から非常用交流電源を確保できるよう、対策を強化すべきです。仮に1つの電源盤が浸水しても、別の電源盤が生き残るように、電源盤などの増設や耐水性の強化を図るほか、緊急時には電源車などをヘリコプターで運ぶことも、検討する価値があります。

　全交流電源喪失時に生命線となる直流電源（バッテリーなど）の確保も重要です。バッテリーの容量アップや、直流電源の枯渇に備えた移動式バッテリー車、可搬性の高いバッテリーの配備を検討すべきです。

【今後実施すべき安全対策（まとめ）】(つづき)

②冷却機能の確保

- 貯水槽、貯水池、湖、河川、海など、複数の場所からの給水とその経路・方法の確立
- 消防車の必要台数とホースの確保、および高所設置
- 消防車からの注水接続場所を複数に設置
- 高圧・低圧冷却系設備の水密性・耐圧性の確保、もしくは高所設置
- 海水ポンプを設置する建屋の水密性、耐圧性の確保
- モーターの洗浄装置の設置、予備の準備
- 代替炉心冷却系（独立した水源・電源・注水系統など）を準備
- 可搬式水中ポンプの準備
- ウェットウェル（W/W）ベントによるフィード・アンド・ブリードの実施
  （高圧注水による水の補給＝フィードと、ベントによる排水＝ブリードにより冷温停止移行までのヒートシンクを確保する）
- 使用済み燃料プールの監視（温度・水位監視の徹底）

③制御室機能の確保

- 計器類が監視不能とならないよう予備バッテリーを準備
- 中央制御室環境の維持・向上（非常用電源の配備など）
- 防護服、防護マスク、線量計などの準備

④ベント機能の確保

- ベントの仕組みの再検討（これまでの仕組みは有効性が不明確）、およびラプチャーディスク（R/D）の設計圧などを再検討
- ベントライン操作バルブの設置場所の再検討（操作性を重視する）
- ラプチャーディスクが作動しなかったことに鑑み、バルブ開閉方式への見直し検討
- 原子炉減圧機能について、複数の手段が取れるように検討（逃がし安全弁を、直流電源だけに頼らない仕組みにするなど）
- 電源喪失時でもベントライン構成が迅速にできるよう仮設電源、駆動用ボンベを準備
- 逃がし安全弁の減圧操作を確実に実施するため、中央操作室近くにバッテリーを準備
- ベントをする際に放射線量を下げるフィルターの設置

　冷却機能の確保に関しては、水源に多様性を持たせ、複数の場所から給水可能な方法を確立することが必要です。現状の対策では、もし原子炉の水位減少と火災が同時に起きた場合、消火と原子炉への注水を並行して行なえる余裕がほとんどないからです。消防車の配備台数や、設置場所・注水接続場所を見直し、迅速な作業が行なえるようにすべきです。

　また、今回の事故では、海水冷却系ポンプが津波で機能喪失し、原子炉の冷却作業をいっそう困難に陥れました。海水冷却系ポンプが設置されている建屋の水密性・耐圧性を高めるとともに、もし海水冷却系ポンプが損傷した場合でも対応できるよう、持ち運びができる水中ポンプの導入などの対策を講じる必要があるでしょう。

　もしもの時に、可搬式の水中ポンプを海際のどこに設置するかを決めておくことも重要ですが、それも、第1候補から第3候補くらいまで決めておくべきです。というのも、津波後は、第1候補の場所が瓦礫で埋まって使えなくなっている可能性があるからです。

　制御室機能の確保の重要性も、今回の事故から学んだ大きな教訓の1つです。全電源喪失時でも計器類が監視不能とならないよう、制御室に予備バッテリーを設置し、防護服や防護マスク、線量計なども準備しておけば、現場の作業員たちはより安全な環境で、迅速に事故対応に専念できるはずです。

　ベント機能に関しては、108〜110ページで述べた通り、原子炉の減圧が確実に行なえるよう、ベントの仕組みそのものの見直しが必要です。

　また、ベントをする際に周辺への放射性物質の漏洩を低減するフィルターも設置すべきです。

⑤水素爆発の防止

- 格納容器の気密性の強化
  （電気ペネトレーション、ハッチなどの部材見直し、高温・高圧への耐性強化）
- 万一、水素が大量発生した場合の、建屋の閉鎖空間での滞留防止
- 水素検出器の設置
- ベント時、格納容器内への窒素注入の実施
- 水素ベントを可能にする天蓋の設計
  （リモート駆動、手動駆動など。および核分裂ガスなどの吸着フィルターを設置）

⑥アクシデント・マネジメント（AM）の整備

- 「現場にある電源・水源で、最悪でも何時間もたせるか？」について明確に数値設定し、マニュアルを設計
- 同時に、前項の時間内で、追加の電源・水源・資材などの供給、現場での設置などを、必ず完了するための体制整備と運用マニュアルの設計
- 左記項目が実施可能であることを確認できる定期的な訓練の実施
  （夜間・休日、全号機同時事故など、過酷条件を想定した訓練も必要）

⑦インフラの強化など

- 地震後の発電所への運転員の集合、緊急時対策室要員確保など
  （設定時間内の集合。大規模災害を想定した代替集合場所の選定）
- 発電所までのアクセス確保
  （道路・橋梁の補強など）
- 地震・津波発生後の発電所内のアクセス性向上
  （液状化対策など基幹道路の補強、瓦礫除去用の重機の配備と運転者の確保など）
- 重油タンクなどの固定
- 現場作業員と、緊急時対策室・中央制御室との通信手段の確保

今回の事故で、政府にとっても東京電力にとっても、事実上〝想定外〟だったのは、「水素爆発」が起きたことでしょう。第2章の時系列（クロノロジー）分析から見ると、特に最初に爆発した1号機で、水素爆発に対する対策を取った形跡はありません。

しかし、水素爆発が起きれば、放射能を帯びた瓦礫が散らばり、その後の作業が非常に困難になります。今後は「絶対に水素爆発は起こさない」ための対策を取ることが急務です。

今回の爆発は、第3章で見たように、格納容器の弱点となっている「電気ペネトレーション」という電線などの貫通部が溶け、水素が建屋へ漏れたと考えられます。この部分を含め、格納容器の気密性の強化や、建屋に水素検出器や水素ベント装置を設置するなどの対策をすべきです。

また、水素は軽いので、天井の形を斜めにするなどして工夫すれば、建屋から外へ逃がすことも可能です。いずれにしても閉鎖空間に滞留することを防止し、爆発濃度まで高まることを防がねばなりません。

さらに、アクシデント・マネジメント（AM）の再設計（第5章で詳述）や、地震や津波など大規模災害を想定したインフラの強化も考えていかなくてはいけません。

特にインフラについて言えば、大地震が起きた際には、発電所につながる道路で崖崩れが発生したり、道路が陥没するなどの被害が出ることが考えられます。そうなれば、外部からの支援もままならなくなってしまいます。そうした事態を防ぐために、道路や橋梁などの補強を行なうとともに、発電所内の液状化対策や、瓦礫撤去用の重機の配備、重油タンクの固定、免震重要棟の津波耐性の向上などの対策が求められます。

また、今回の事故では、通信手段が切断され、運転員や作業員と中央制御室などとの連絡がうまくいきませんでした。これは作業の遅れにつながりますから、今後は、災害時の通信手段も強化していくべきでしょう。

「長期の交流電源喪失は考慮する必要はない」?
【最大の反省】
これまでの政府の「安全指針」は間違っていた

原子力安全委員会「発電用軽水型原子炉施設に関する安全設計審査指針」より(抜粋)

指針27 電源喪失に対する設計上の考慮
原子炉施設は、短時間の全交流動力電源喪失に対して、原子炉を安全に停止し、かつ、停止後の冷却を確保できる設計であること。

指針27 解説
- 長期間にわたる全交流動力電源喪失は、送電線の復旧又は非常用交流電源設備の修復が期待できるので考慮する必要はない。
- 非常用交流電源設備の信頼度が、系統構成又は運用(常に稼働状態にしておくことなど)により、十分高い場合においては、設計上全交流動力電源喪失を想定しなくてもよい。

福島第一原発事故での事実

- **送電線（交流）**
  ➡ 水素爆発までに復旧しなかった
- **非常用交流電源設備（ディーゼル発電機）**
  ➡ 津波で機能喪失し、水素爆発までに復旧しなかった
- 上記の交流だけではなく、直流を含む全電源の長期喪失が発生
- それに伴い、中央制御室の機能、冷却・注水機能がほぼ全面的に喪失した

こうした〝安全指針〟は、なぜ、誰の責任で出されたのかを検証し、抜本的に見直す必要がある

　今回の事故のポイントが「電源喪失」であることは、繰り返し指摘してきました。電源があれば、中央制御室の監視機能が維持でき、原子炉の冷却を続けることも可能でした。では、なぜ福島第一原発では電源をことごとく喪失する事態に追い込まれたのでしょうか。また、その責任は電力会社だけにあるのでしょうか。

　調査すると、重大な事実が浮かび上がりました。上は、1990年8月30日付で原子力安全委員会が決定した、「発電用軽水型原子炉施設に関する安全設計審査指針」の抜粋です。そこには、こう書かれています。

　「長期間にわたる全交流動力電源喪失は、送電線の復旧又は非常用交流電源設備の修復が期待できるので考慮する必要はない」

　東京電力は、この指針通りに原発を設置したのでしょう。しかし現実には、送電線も非常用交流電源設備も復旧することなく、全電源が長期間にわたって失われて、悲惨な事故に至ったのです。

　事故の原因は、この政府の安全指針が間違っていたことにあります。「想定外の地震」が原因ではなく、間違った指針がもたらした〝人災〟なのです。この指針がどんな経緯で、誰の責任で定められたのか、明らかにすることが求められます。

> 教訓・対策編 **第5章**

〈事故対応〉政府、自治体、電力会社の果たすべき役割

今後はどんなアクシデント・マネジメント（AM）体制が必要か？

原発の安全設計において、
想定を大幅に超え、燃料が重大な損傷を受けるような事故のことを
「シビアアクシデント（過酷事故）」と呼びます。
アクシデント・マネジメント（AM）とは、
その過酷事故に至る恐れのある事態が発生しても、
それが拡大することを防止したり、影響を緩和する対策のことです。
前章までは技術的な対策について見てきましたが、
第5章では、こうしたヒューマンな面、
あるいは組織的な面から「事故対応」のあるべき姿を見ていきます。

肝心のオフサイトセンターは停電で使えず

福島の事故から判明した アクシデント・マネジメント（事故対応）の課題とは

福島第一原発事故で浮上したアクシデント・マネジメントの問題と対策

疑われる原因	発生事象・問題点	対策・教訓
■普段からの事故対応手順の周知徹底、訓練実施	■所長・当直長以下の現場部隊は、一貫してほぼ事故対応手順（AM）通りの対応を実施した。運転員は手順書のみならず応用操作の訓練も実施している。水素爆発に至るまでの対応過程においては、訓練の効果があったと思われる	■普段からの訓練の重要性の再認識、さらなる強化 ■特に、対策行動のスピードアップ
■情報共有、通信手段の手順・機能不足 ■統合本部の設置	■報道では、当初、東電本店と発電所、国と東電の間のコミュニケーション不足が取り上げられている ■3月15日の国・東電の統合本部設置以降は、こうした点は解消した模様	■情報共有の質・量・速度の強化 ■そのための仕組みを作る ■リアルタイムで情報共有する仕組みの重要性の再確認
■複数プラント同時対応の想定不足や対応遅延	■本店側では、福島第一原発と福島第二原発の合計10プラントの対応が必要だった。しかし、そうした人材配置は想定できていなかった。同時多発事故に対する体制・要員数が不足していた	■複数プラント過酷事故時のプラント別対応者、要員の決定、訓練
■資機材手配の事前準備、訓練の不足 ■自衛隊による機動的な資材供給	■本店・各プラント間において、資機材の送付がスムーズに実行できなかった。また、過酷事故時に要求されるタイミングでの供給は困難だった ■国と東電との統合本部の設置（3月15日）以降、自衛隊による資機材の運搬はスムーズに実施された	■資機材手配時の体制、通信手段、仕様一覧、入・出荷チェックの設計、訓練 ■過酷事故時の、自衛隊などとの連携の手順・体制の確立
■オフサイトセンターの停電、通信障害など	■震災当日、停電によって大熊町のオフサイトセンターが機能しなかった。その後も、テレビ会議システムは使えなかった模様。そのため、最も重要な時期に、十分な情報共有が困難となった	■オフサイトセンターの非常用電源、通信手段の確保

疑われる原因	発生事象・問題点	対策・教訓
■オフサイトセンターの機能定義、関係者間での認識の共通化、訓練などの不足	■復旧後のオフサイトセンターは、情報共有の場として機能したが、意思決定の場としては十分に機能しなかった模様。また、避難対応などが膨大となったため、政府・電力会社・自治体の全関係者が集合・討議することが困難だった	■AM体制と役割全体の再定義、認識の共有 ■関係者全体での実践的訓練の実行。場所の確保
■東電・国・県などのハイレベルでの事故対応の訓練不足	■東電・国・県などが、非常時の対応方法・手段を定め、訓練も実施していた。しかし実際には、時間内に実施できず水素爆発に至った	■実践的な訓練の強化（特にスピードアップなど）
■避難指示・誘導における現地対策本部（国・県・市町村など）の行動設計の不足、事前訓練の不足	■避難指示・誘導において、原子力災害現地対策本部が必ずしも一体となって対応できなかった。また、国・県・市町村の役割分担は設計されていたが、十分に機能しなかった	■現地災害対策の体制・役割分担の再検証 ■習熟するまで訓練の実施、強化
	■原子力立地県・市町村の災害対策本部は、原子力災害のみならず、同時に発生し得るその他の災害対応（火災・震災・水害など）も必要となる。このため、原子力災害に特化した対応策を再検討する必要がある ■原子力災害時には、情報を入手して、その内容を理解し、対応方針を迅速に判断することが必須となる。地元自治体において、原子力の専門職の配置が必要	■地元の複数・重層的な災害発生時の対応計画・体制の再構築 ■実践的な教育、研修、訓練 ■原子力の専門知識を有する人材の配置、活用

　今回の調査で明らかになったのは原発そのものの技術的な問題だけではありません。万一の事故が起こった際にその被害を最小化するための事故対応、いわゆる「アクシデント・マネジメント（AM）」でも、多くの課題が残されました。

　事故当初、最前線にいた当直長や所長ら現場部隊は定められた手順通りの処置を実施できていました。この限りにおいては、ある程度、普段の訓練の効果があったものと思われます。

　しかし、そうした中でも、東電本店や政府、自治体といった組織で高度な意思決定が求められる段階になると、多くの問題点が露呈しました。118～119ページの表は、その問題点・課題を整理したものです。

　例えば、これら関係機関による事故対策の検討や情報収集の拠点となるはずだった緊急事態応急対策拠点施設（オフサイトセンター）も、震災当日は停電で機能せず、情報の共有は困難を極めました。また、復旧後も本来果たすべき意思決定の拠点としての役割が果たせなかったと言えます。さらに、原発の立地県や市町村は、原発事故への対応と同時に、地震そのものによる被害や、津波による被害への対策にも追われました。そうした重層的な災害発生への体制が十分だったとは思えません。

　では、どのような事故対応体制を作っていくべきなのか。以下、それを検討していきます。

クロノロジーから見えてきた現在の体制の「限界」
複数プラントでの同時事故対策は十分ではなかった

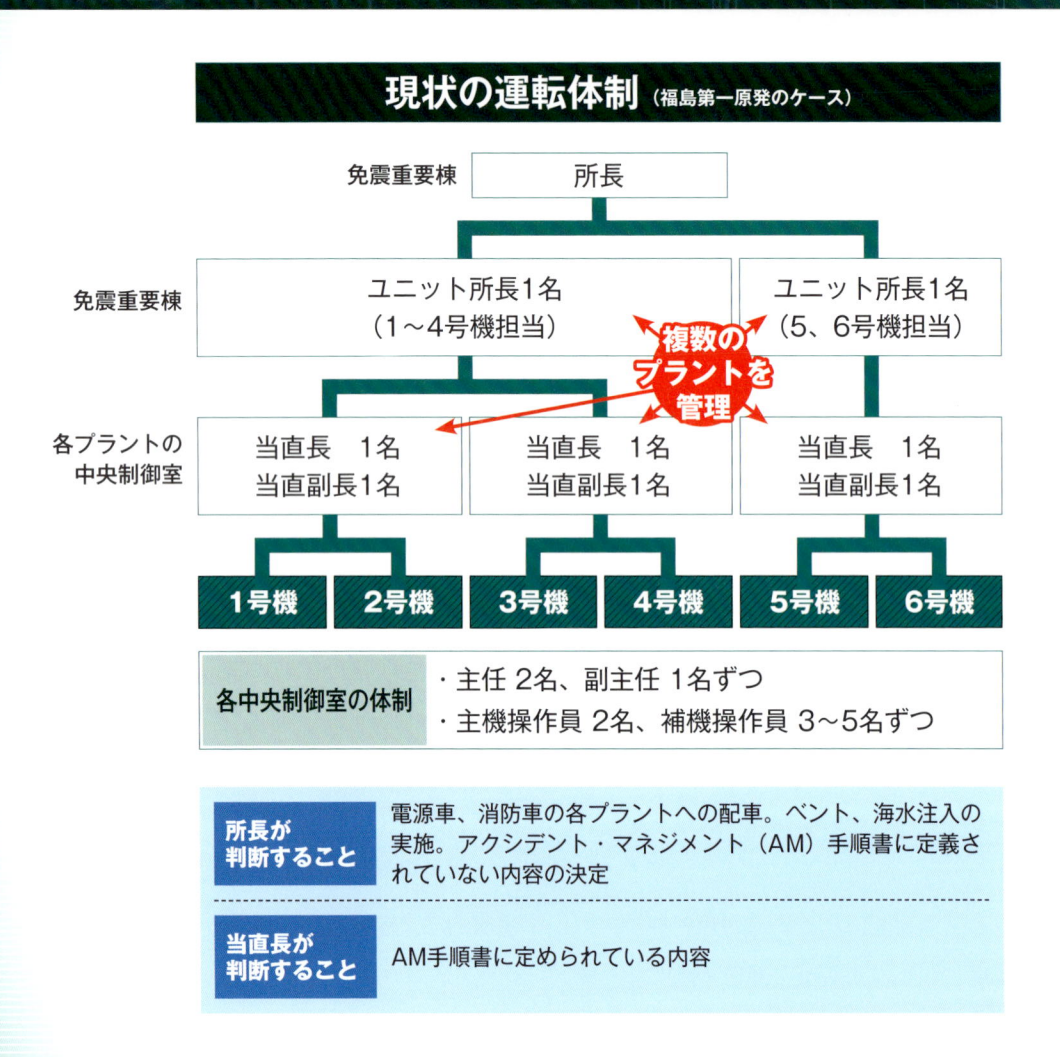

現状の運転体制（福島第一原発のケース）

- 免震重要棟：所長
- 免震重要棟：ユニット所長1名（1～4号機担当）／ユニット所長1名（5、6号機担当）
- 各プラントの中央制御室：当直長 1名・当直副長1名（各プラントごと）
- 1号機／2号機／3号機／4号機／5号機／6号機

複数のプラントを管理

各中央制御室の体制
・主任 2名、副主任 1名ずつ
・主機操作員 2名、補機操作員 3～5名ずつ

所長が判断すること
電源車、消防車の各プラントへの配車。ベント、海水注入の実施。アクシデント・マネジメント（AM）手順書に定義されていない内容の決定

当直長が判断すること
AM手順書に定められている内容

課題
- 単独プラントに比べて、**複数プラントで過酷事故が同時発生した場合は、リスク度合いが飛躍的に増加する**と推定される
- 同時に、**現場マネジメントにかかる負荷、要求される対応能力・速度・精度も飛躍的に高まる**
- クロノロジーを見る限り、今回のような事象が発生した場合の、**複数プラントへの準備が必ずしも十分ではなかった**と推定される

今後のアクシデント・マネジメント（AM）の設計において必要なミッション

安全の最優先	■人命尊重のために、「原子炉の安全確保」と「地元の安全確保」が、すべてに対して優先される仕組み（安全文化の醸成） ■水素爆発と放射性物質漏洩の絶対的な阻止（福島の再発防止）
リアルタイム型 情報共有ネットワーク	■重大事故（またはそのリスクの）発生時には、全関係者がリアルタイムかつ透明に情報共有できるネットワーク ■AMで対応すべき状況になったことがわかり、その後の進展が双方向で共有・協議できる仕組み
地元の参画	■地元自治体が情報を共有し、判断できる仕組み ■地方自治体における原子力の専門家やアドバイザーなどの人材強化 ■教育・研修やトレーニングの推進・強化
透明・迅速な意思決定	■ガバナンスが明確に機能する組織と権限の設計 ・プラントの安全：現場（所長と当直長）が最高意思決定者である ・地元の安全：プラントからの情報がリアルタイムで地元に共有され、最終判断できる （これら意思決定のプロセスが透明であり、外的要因によって遅延したり、ねじ曲げられない）
安全を担保する 研修・訓練	■上述の事項を担保するためのAM手順書・対策などが適切に定義される ■その手順書を実行するために適切な人材が確保され、必要な教育・訓練が実行される ■中立的な観点（または機関）から、これら（手順・人材・訓練）が適切であることが定期的にチェック・評価される

複数の原子炉で同時に深刻な事故が発生した場合、そのリスク度合いは飛躍的に高まります。6基の原子炉があった福島第一原発も、複数のプラントで被害が連鎖したことで、事故対応はより複雑になっていました。

120ページの図のように、2基ごとにある中央制御室でのスタッフは主任以下8〜10名で、ユニット所長や当直長、当直副長は複数のプラントを指揮していました。こうした体制は、事故が同時多発的に進行し、長期戦になった状況下においては、十分でなかったと考えられます。

複数のプラントを持つ原発では、単独プラントの場合よりも手厚いアクシデント・マネジメントを設計する必要があります。そして左の表のように、技術的な側面だけでなく、関係機関においてリアルタイムかつ透明性の高い情報共有と意思決定がなされる仕組みや、万一の際に対策が確実に実行されるための人材確保、教育、訓練といったミッションが求められるのです。

今回の事故について、柏崎刈羽原子力発電所を抱える新潟県の泉田裕彦知事は、「意思決定メカニズムを含めた検証が不可欠」と発言しています。技術的な問題にとどまらず、地元自治体が納得いく形で参画できる仕組みを作ることも必要になるでしょう。

現状は「電話」「ファックス」などでの連絡が中心だった
リアルタイム・双方向の情報共有ネットワークが必須だ

現状の情報共有の仕組み

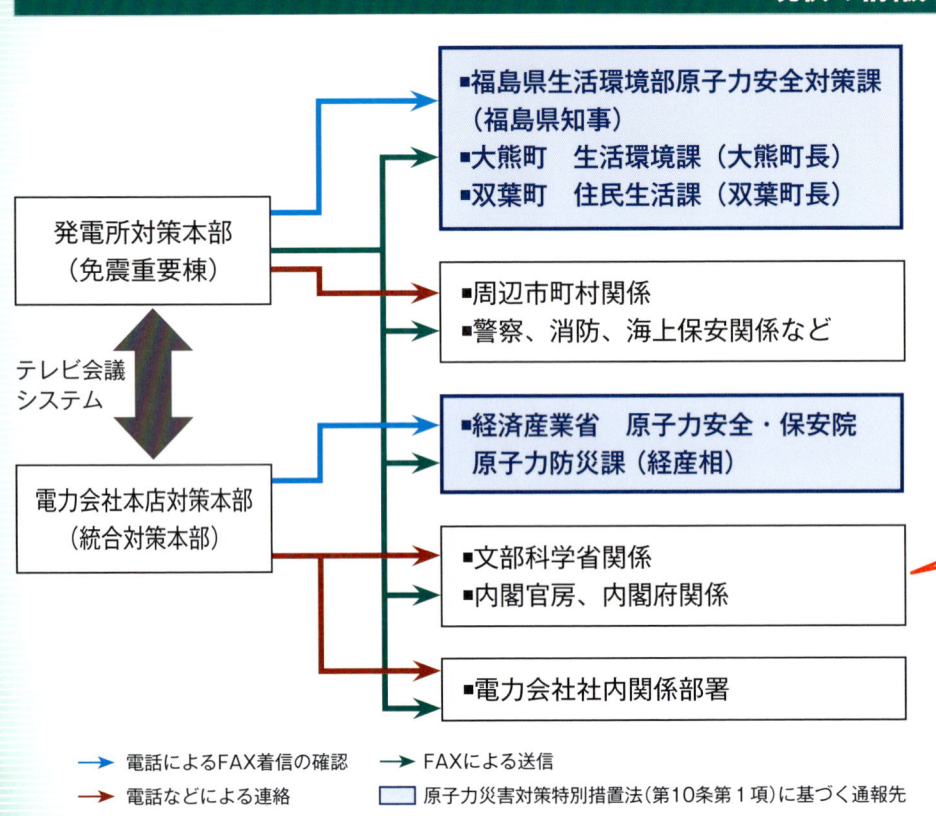

通報先・連絡経路:

- 発電所対策本部（免震重要棟）
- 電力会社本店対策本部（統合対策本部）
- 両者間：テレビ会議システム

連絡先:
- 福島県生活環境部原子力安全対策課（福島県知事）
- 大熊町　生活環境課（大熊町長）
- 双葉町　住民生活課（双葉町長）
- 周辺市町村関係
- 警察、消防、海上保安関係など
- 経済産業省　原子力安全・保安院　原子力防災課（経産相）
- 文部科学省関係
- 内閣官房、内閣府関係
- 電力会社社内関係部署

凡例:
- → 電話によるFAX着信の確認
- → FAXによる送信
- → 電話などによる連絡
- □ 原子力災害対策特別措置法（第10条第1項）に基づく通報先

限定的なリアルタイム性	発電所と本店間にはリアルタイムのテレビ会議機能あり
部分的な双方向性	政府機関・県・市町村などの対外通信は、電話・FAX・メールなどによる一方向での連絡が主流
限定的な情報共有機能	■電源喪失、通信障害などの発生時は、十分なコミュニケーションが困難 ■自治体などからは、原発事故に関する情報提供不足が指摘された（公衆回線であったことも関連）

事故が一定の規模を超えてから本店を通じて対応を協議していては遅い

今後作るべき情報共有の仕組み

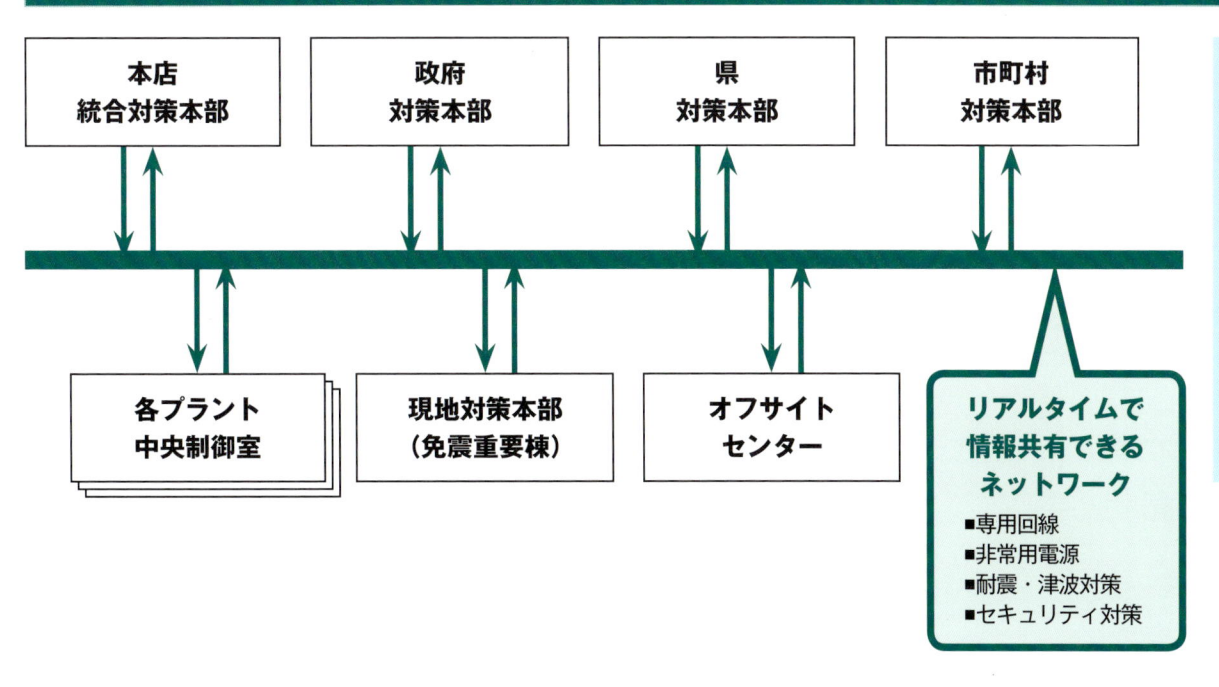

| 本店 統合対策本部 | 政府 対策本部 | 県 対策本部 | 市町村 対策本部 |

| 各プラント 中央制御室 | 現地対策本部 （免震重要棟） | オフサイト センター | リアルタイムで情報共有できるネットワーク ■専用回線 ■非常用電源 ■耐震・津波対策 ■セキュリティ対策 |

アクシデント・マネジメント（AM）モードに入った時点でネットワークがオンになり、必要に応じてプラントと関係者が接続し、リアルタイムで情報共有・会議・意思決定できる仕組み

- ■対象：プラント、電力会社本店、政府、原発の立地県・市町村など
- ■機能：プラントの状況・対策、地元の安全・避難などに関する情報共有、協議、判断
- ■AMモードになったことがわかり、その進展が見える
- ■情報共有と意思決定を透明化・迅速化する
- ■外部への情報漏洩を防ぐ

　事故当時、経済産業相だった海江田万里氏は、国会の事故調査委員会で初動対応について「首相官邸と東電、現場が伝言ゲームをやっているような状況だった」と証言しました。これまで、関係機関では、電話やファックス、メールといった一方的な情報伝達しかなされておらず、これでは迅速な意思決定ができないばかりか、通常の電話回線などライフラインが麻痺すれば使いものになりません。実際、官邸内で必要な情報が分断されたり、政府の避難指示に関する情報が自治体に十分伝わらないといった事態が起こりました。

　関係機関による迅速な情報共有や意思決定がなされるためには、非常用電源と専用回線を備えたネットワークを構築し、アクシデント・マネジメント（AM）モードに入った時点で機能する仕組みが不可欠です。各関係機関が最新情報をリアルタイムに共有し、必要に応じて会議ができるシステムがあってこそ適切なAMが可能になるのです。

所長は航空業界の「管制官」、当直長は「パイロット」に相当する

発電所と本店、政府と地元自治体——今後の「役割分担のあり方」を提案する

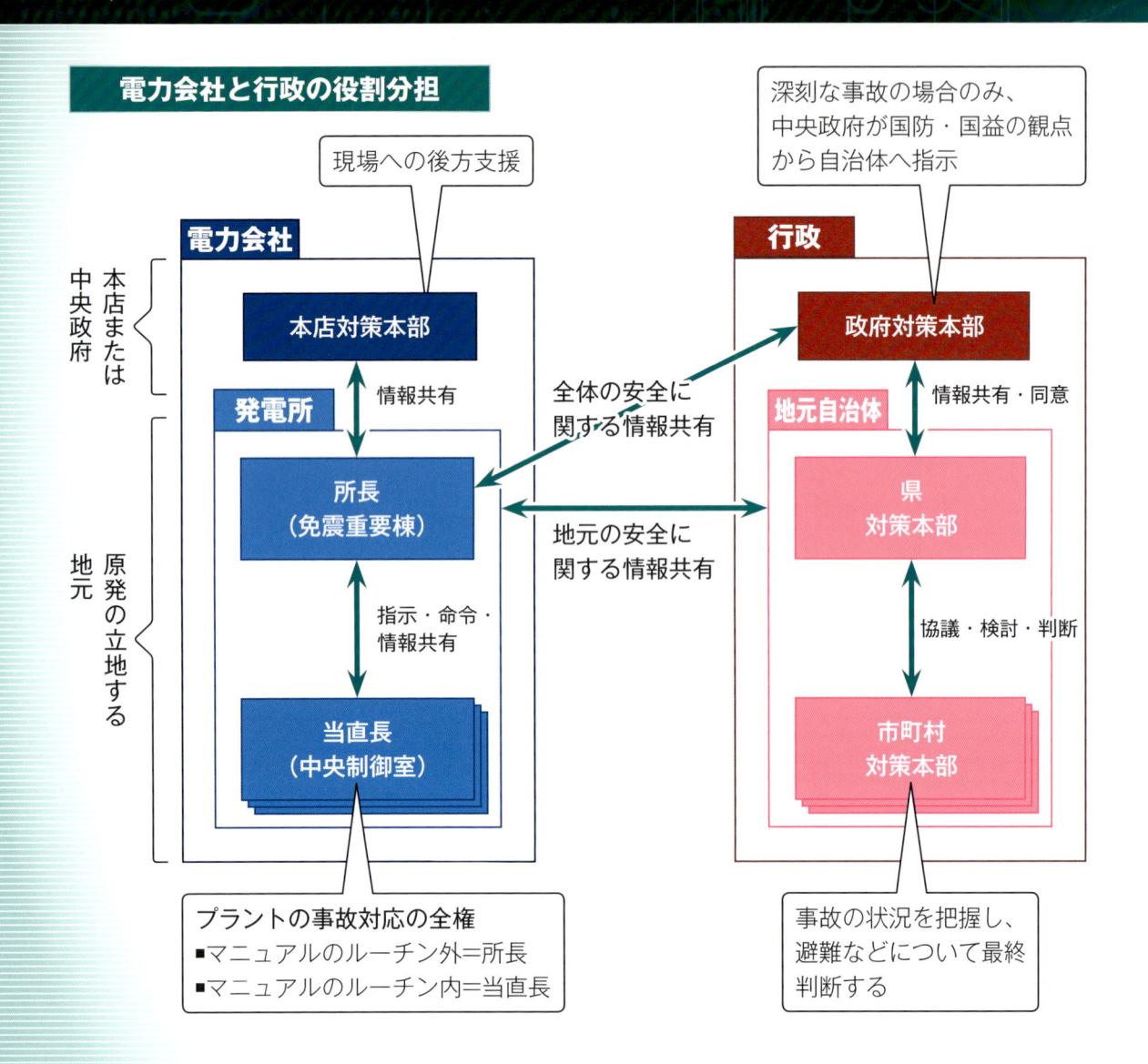

電力会社と行政の役割分担

電力会社
- 本店対策本部 ← 現場への後方支援
- 所長（免震重要棟） ← 情報共有
- 当直長（中央制御室） ← 指示・命令・情報共有

本店または中央政府／原発の立地する地元

全体の安全に関する情報共有／地元の安全に関する情報共有

行政
- 政府対策本部 ← 深刻な事故の場合のみ、中央政府が国防・国益の観点から自治体へ指示
- 地元自治体
  - 県対策本部 ← 情報共有・同意
  - 市町村対策本部 ← 協議・検討・判断

プラントの事故対応の全権
- マニュアルのルーチン外＝所長
- マニュアルのルーチン内＝当直長

事故の状況を把握し、避難などについて最終判断する

電力会社

安全と経営の独立が必要

■発電所
事故防止・安全を最優先に判断・行動する。この点において、経営陣に対して独立

■本店
「プラントの安全」を現場に委ねる。現場が必要とする後方支援を行なう

発電所（所長と当直長）

〝管制官とパイロットの関係〟になるべき

■所長（＝管制官）
・事故手順書（AMマニュアル）に定められた内容以外の事象が発生した際にプラント（当直長）へ指示する
・原子力発電所の全原子炉の安全・重大事故防止に対して全権、全責任を持つ

■当直長（＝パイロット）
・事故手順書に定められた範囲においては、プラントの安全に対して全権を持つ
・AMに入った時点で、情報は関係者と共有する

地元自治体（県・市町村）

アメリカのスリーマイル島原発事故においても、事故後は地元を巻き込んで対応したことが、原子力事業者と自治体の良好な関係を築けた一因となっている

■ **意思決定**
安全・避難などについて、地元首長はすべての情報を把握し所長と相談のうえ、最終判断する

■ **研修**
地元首長は、その判断力を養うための訓練を常時受ける

■ **情報共有とネットワーク**
判断に必要な情報は、中央政府や本店経由ではなく、発電所から直接共有される。そのためのネットワークがある

■ **判断基準**
国と地元自治体との役割・判断などに関する基準が明確に定義される

長期電源喪失については「24時間」を目途とした役割分担の明確化を

時間の経過	交流電源の喪失	24時間
■考え方	いかなる電源喪失の場合も、最低24時間はオンサイト（原発敷地内）の対策にて対処できる準備をする	24時間以上の電源喪失は、オフサイト（原発敷地外）からの対策・支援にて対処する
■対策の実行主体	電力会社	電力会社＋行政など
■電源の耐久時間	最低でも24時間以上は、オンサイトにて電源を確保する	必ず24時間以内に、オフサイトからの支援を現場へ供給する

今回の事故のアクシデント・マネジメント（AM）では、意思決定者や責任の所在がわかりにくかったことも課題として挙げられます。ここでは、関係機関の役割分担のあり方を提案します。

まず、指示を待っていては手遅れになりかねない現場では、自ら判断し安全を最優先して行動すべきです。所長と当直長は管制官とパイロットのような関係とし、〝パイロット〟である当直長は手順書の範囲内で全権を持ち、マニュアル外の事態が発生した場合には〝管制官〟である所長に指示を仰ぐのです。

地元自治体は、住民の安全確保については政府の指示を待つのではなく、当事者となって判断できる仕組みが必要です。今回の事故では自治体は部外者同様の存在に追いやられたために、〝被害者〟の位置づけになってしまいました。

しかし現実的には、こうした専門知識を伴う判断を首長だけで下すのは困難です。したがって、原発を抱える自治体は原子力に関する知識や経験を有する専門のアドバイザーを設置すべきです。例えば、CATO（Chief Atomic Technology Officer）として、中立性を保てる人物を配置し、必要に応じて電力会社や政府、行政機関、災害対策本部との会議や情報交換などに参加し、知事に対して助言を行なうのです。

また、長期電源喪失については、例えば「24時間以内は電力会社が責任を持って、発電所内で対応する」「24時間以上の電源喪失は、行政なども加わり、外部からの支援をする」などと明確な役割分担の指針を決めておくことも重要です。

「極限的事故」に進展したら国が対応を統括

「事故レベル」は3段階で管理し、レベルに応じたアクシデント・マネジメントを

事故レベルと対応責任

事故のレベル	事故の例	情報共有ネットワーク	「プラントの安全」の主体	「地元の安全」の主体	政府側の主体
事故 (Accident)	・炉心スクラム（緊急停止）＋外部電源喪失＋非常用ディーゼル発電機（D/G）起動 福島第一原発6号機、東海第二原発など	オン	・AMルーチン内＝当直長 ・AMルーチン外＝所長	・発電所から自治体へ直接情報共有 ・避難などについて自治体が最終判断 ・国は後方支援をし、同意する	原子力規制委員会※
過酷事故 (Severe Accident)	・炉心スクラム＋全交流電源喪失（非常用ディーゼル発電機起動せず） 福島第一原発5号機のケースなど	オン	・同上	・同上	原子力規制委員会※
極限的事故 (Grave Accident)	・全電源・冷却機能の喪失 ・炉心溶融、放射性物質漏洩リスクの急上昇 福島第一原発1～4号機 ・テロによる災害など	オン	・同上 ・国は必要な支援を行なう（自衛隊の出動など）	・国が意思決定権を持つ ・国は、自治体と協議のうえ、国防・国益の観点から総合判断する	首相官邸

※同委員会が設置された場合

福島第一原発1～3号機のクロノロジーを見る限り、電源喪失＋高圧系冷却機能が喪失した場合は、すべてメルトダウンと放射性物質漏洩へ至った（1、3号機は水素爆発を伴う） → 左の機能喪失が予期された時点で、極限的事故レベルに入る可能性が極めて高い

事象が極限的段階に進展した場合、国防・国益の観点から、国が事故対応を統括する

政府の「事故レベル評価」は正しかったのか？

国際原子力事象評価尺度（INES）に基づく政府の発表内容

レベル4（3月12日） → レベル5（3月18日） → **レベル7**（4月12日）

レベル評価に関する事実・参考情報と今後の課題・教訓

事実・参考情報	今後の課題・教訓
1989年のINESの制定以来、今回が世界初のレベル5以上の重大原発事故だった。したがって、事象進展中の公表としては、前例がなかった（79年のスリーマイル島、86年のチェルノブイリは、事故から数年後に事後評価がされた）	■ そもそも事象進展中に、3度も公表する必要があったのか疑問 ➡ 今後、福島の教訓を踏まえ、事象進展中の公表のガイドラインが必要
3月12日15:36に1号機で水素爆発が発生しており、その時点でレベル5（炉心や放射線防護壁の重大な損傷など）の基準を満たしていたと推定される	■ 結果論で言うと、3月12日23時の「レベル4」判断は、テクニカルミスに近いとの疑問が残る ■ 「レベル7」の発表が、1〜4号機の爆発などの後ではなく、なぜ1か月後の4月12日まで遅れたのか？
INESが制定された目的は、原子力事故がもたらす「安全への影響」の説明と理解を促すことにある	■ 今回は、事象進展中であり、「レベル」の発表だけでなく、「安全への影響」に関する、わかりやすく正確な説明に重きを置くべきだったのではないか？
レベル6と7の「所外への影響」の基準は、解釈の余地が大きい ・レベル7＝数万テラベクレル以上 　➡ 広域（例/1国以上）への甚大な健康被害、長期環境汚染の可能性、屋内待機・避難などをもたらすため ・レベル6＝数千〜数万テラベクレル 　➡ 待機・避難の必要性をもたらすため 福島第一原発は、チェルノブイリの放射性物質放出量と比べると、1割程度 ・チェルノブイリ　＝520万テラベクレル ・福島第一原発　　＝48万テラベクレル（保安院推計）、57万テラベクレル（安全委推計）、90万テラベクレル（東電推計）	■ 今回は、線量はレベル7に該当しても、本来の目的である「人と環境への影響」は、チェルノブイリよりも小規模であり、むしろレベル6（または6と7の中間）が妥当との疑問が残る ➡ 今後、INESの基準自体について、福島第一原発の教訓を反映し、よりふさわしいものへ修正していく議論も必要。特に、レベル6と7の判断基準の見直し、または細分化

※各機関による放射性物質放出量の推計値は、これまで複数回見直されている

第5章 今後はどんなアクシデント・マネジメント（AM）体制が必要か？

ここからは政府のアクシデント・マネジメント（AM）について検討していきます。

左ページの図の通り、原発事故はその深刻度に応じて3段階に分け、各段階に応じたAM体制を構築する必要があります。炉心溶融や放射性物質の漏洩リスクが急上昇する極限的事故の段階に達した場合、国益の観点から政府が事故対応を総括していく必要があります。福島第一原発では3月11日に1号機で炉心損傷が始まっており、この時点で極限的事故の段階に入っています。

さらに12日には1号機で水素爆発が発生し国際原子力事象評価尺度（INES）でレベル5の基準を満たしたと考えられます。ところが政府はこの時点でレベル4と判定・公表しており、事象を適切に評価できていなかったと推測できます。さらに、18日にレベル5、4月12日にレベル7へと評価を引き上げましたが、事象の進展中に三度もレベルを公表するより、安全への影響をよりわかりやすく説明することに重点を置くべきだったのではないでしょうか。レベルの判断に加え、その発表のタイミングや、そもそもの判定のあり方についても、多くの課題を残したと言えるでしょう。

1号機、水素爆発直後の会見から

【枝野官房長官の「国民へのメッセージ」を検証①】
水素爆発は本当に想定されていた?

官房長官の記者会見(3月12日18:00〜3月13日11:00)

日時	内容	課題、教訓、問題点
3月12日 18:00 (1号機 15:36に 爆発後)	記者:原子炉について、破損はないということか? それ自体が確認されていないのか? 枝野:今回の原因などについての最終的な事実確認と分析を含めて…まとまった段階でしっかりとお示ししたい 記者:政府としては(水素爆発と放射能漏れは)想定の範囲内か? 枝野:常に最悪のことを想定しながら対応をしてきている。**この事象は、起こる段階で想定していた範囲の中に含まれている**	■いつ発表されるのか不明 ■水素爆発は想定されていたのか疑問
3月13日 08:00	枝野:(1号機について)炉の部分については海水で満たされて、少なくとも燃料の部分のところは水で覆われている状態になっていることが合理的に判断される状況になっている (3号機について)この空気を抜くという作業と、ポンプによって給水をするということが行なわれれば、**原子炉の安全性というのを確保した状態で管理できる** 記者:1号機の海水注入はいつ終わるのか? 枝野:圧力容器、炉の部分の注入が終わりましても、その外側の格納容器の中まで海水を満たすということにしたい	■ベントと注水、冷却手段に関し、具体的な計画と実行確度について裏づけがあったのか? ■圧力容器が損傷しており、格納容器の中まで水が漏れることを予見していたのではないか?
3月13日 11:00	記者:1号機の燃料棒の露出はどうなっているか? 枝野:注水を行なって、露出せずに埋まっていると思われている 記者:1号機の炉心の溶融は起きたという認識か? 枝野:当然、炉の中だから確認ができないが、可能性があるということで対応している 記者:1号機はベントの作業後に爆発しているが、3号機は? 枝野:**今回はそういう可能性の起こる前に注水がしっかりとできた。ベントの段取りもうまく取れた** 記者:1号機について、海水注入できなくなった場合も想定しているのか? 枝野:1号機の爆発の対応についても、ギリギリのところだったかもしれないが、きちっと大きな被害の拡大する以前の段階で海水の注入ができたと思っているし、今後も1号機に限らず、そういった準備を常に前倒しで進めていきたい	■この時点で、3号機のバッテリーが枯渇した後の電源確保、冷却機能供給について対策がなされていたのか? ■3号機の水素爆発の防止について、本当に検証されていたのか?

3号機について「水素を抜く作業は進んでいる」としたが……

官房長官の記者会見（3月13日15:30）

日時	内容	課題、教訓、問題点
3月13日 15：30	枝野：3号機は今朝、水位が低下したため、炉内の圧力を下げ、真水の注入を開始しました。 これにより、炉内の水位が上昇し、炉心を冷却できる状況となりました。 その後、真水給水ポンプにトラブルが生じ、原子炉の水位が大きく低下をしました。 海水注入に切り替え、再びしっかりと水位が上昇を始めました。 …3号機においても、1号機で生じたような水素爆発の可能性が生じたため、 速やかにご報告申し上げる次第です。 …万が一これが、昨日のような爆発を生じた場合であっても、原子炉本体、圧力容器と 格納容器については問題が生じないという状態、その外側でしか爆発は生じませんし、 耐えられる構造になっています 記者：3号機で溜まっている水素を除去する方法はないのか？ 枝野：昨日と違うのは、ベントがもう機能していて基本的には外に気体を排出するプロセスの中で起こっている。 **可能性としては、既に排出されている可能性も十分にある** 記者：3号機はメルトダウンが起こっているのか？ 枝野：言葉の使い方を丁寧にやらないと、**炉心の一部が、若干、炉の中で変形をする可能性は否定できない。** 水没していない時間があったことは間違いない。 しかしながら、全体が一般的にメルトダウンの状況に至るような長時間にわたって 水没していない状況が続いていたという状況ではない。水位はすでに上昇を始めている 記者：水位はどの程度まで下がったのか？ 枝野：かなりの程度はいったん露出した。ただし、すでに水位が上昇を始めている。その時間は一定の限られた時間だ 記者：建屋から水素を抜く作業は進んでいるのか？ 枝野：基本的には外に抜くためのプロセスはもともと進行している状況	■ この時点では、3号機の冷却系統である原子炉隔離時冷却系（RCIC）、高圧注水系（HPCI）が停止していたことはわかっていたはずではないか？ 参考・RCIC＝3月12日11:36に停止 ・HPCI＝3月13日2:42に停止 ■ 同日朝に「逃がし安全弁」で格納容器の減圧は実施していた。しかし実際には、格納容器から建屋へと水素が漏れていたため、その「外に抜くためのプロセス」が水素爆発防止には効果が薄いことは、わかっていたのではないか？

3号機について「大きな切迫という状況ではない」

【枝野官房長官の「国民へのメッセージ」を検証②】
安心感を抱かせようとして逆効果に

官房長官の記者会見（3月13日20:00～3月14日10:55）

日時	内容	課題、教訓、問題点
3月13日 20:00	枝野：（3号機について）海水注入を始めて一定の上昇をしたが、その後、圧力容器内の水位計が上昇の数値を示していない。しかし、水は供給し続けている状況です。今回は3号機の弁に不具合が生じている可能性が高い。不具合を解消して内部の空気圧をしっかり下げるための努力をしている 記者：1号機と同様に（3号機の）爆発の可能性はあるのか？ 枝野：**その点については昨日の状況よりはよい状態ではないか。**というのは、ある時まで外に抜けている状況があるので… 記者：3号機の水位が上がらないと言うが、燃料棒の露出については大丈夫か？ 枝野：当然露出している可能性も想定しながら分析し、できるだけ早くその弁の不具合の対応をとるべく全力を挙げている 記者：圧力が高まっていることで、ほかの事態に発展する可能性は？ 枝野：**現時点では大きな切迫という状況ではない。**ただ、この状態を長い時間放置することはできないと思っている	■ 大変繊細なテーマではあるが、結果的に過度に安心感を抱かせるコメントとなり、逆効果となったのではないか？（特に、地元と海外メディアや外国政府の避難判断に対して）
3月14日 10:55	記者：3号機について、弁の調子が悪いということだったが、今後の修理の状況は変わっていないのか？ 枝野：現時点では圧力が下がっているという状況のために、新たに無理をして弁を開ける作業などにチャレンジするよりも、圧力が下がっているもとで注水を続けて、冷却を進めることのほうが望ましい… ――――― **ここで3号機が水素爆発** ――――― …今、メモが入ったが、11時5分、3号機から煙が出ているという可能性があって、爆発が起こった、あるいは恐れがあるということで確認中 記者：1号機については、炉心溶融が続いているのか？　状況が悪化しているのか、よくなっているのか？ 枝野：現時点では、圧力が大きくなっていないということは、水にしっかりと浸されていて、炉心溶融が進んでいないという状況。これで圧力が高まるようだと、その可能性が出てくる	**会見中に3号機が水素爆発**

「格納容器は健全」と信じすぎていなかったか?

官房長官の記者会見(3月14日11:40～3月14日12:40)

日時	内容	課題、教訓、問題点
3月14日 11:40	枝野：3号機で先ほど、11時01分、爆発が発生した。爆発の状況から見て、1号機で発生した水素爆発と同種のものと推定されている。現地の所長と直接連絡を取り確認したが、現地の所長の認識としては**格納容器は健全であるという認識** 記者：格納容器に影響がないというのは、どういう理由で? 枝野：その根拠は、東京に届いているデータからは、注水が継続されている、あるいは、その圧力の数値が若干低下はしているが、一定の数値の範囲になると。現地の所長と直接確認をした報告に基づくもの	■ 格納容器の健全性に固執しすぎていないか?
3月14日 12:40	枝野：（3号機の）格納容器の圧力は11時13分に380キロパスカル、11時55分に360キロパスカルで、内部圧力が安定している。健全性がある程度裏づけられたものと思う 記者：建屋の上層部に水素が溜まっている原発はほかにあるのか? 枝野：**ほかのところには、こうしたリスクは現時点では生じていない。**そういった事象が生じないようコントロールに努力している 記者：爆発の時に圧力が低下したとおっしゃったが、爆発とは関係がないのか? 枝野：圧力が一定程度維持されているということで、所長から報告があった健全性を裏づけるデータが出ている、そういう現時点での状況だ 記者：屋内に溜まった水素を逃がす有効な手段はできていないのか? 枝野：いろいろな検討はしているという報告はうかがったが、逆にそこに手を加えると、そのことが爆発の誘引になる可能性もある	■ 対策本部において、翌日に起きる2号機の圧力抑制室（S/C）損傷と4号機の水素爆発のリスクは、どの程度検証されていたのか? ■ また、結果論として、対外的に不安を増幅することになっていないか?

「ちぐはぐな説明」が繰り返された理由

【枝野官房長官の「国民へのメッセージ」を検証③】
4月19日になっても「燃料の溶融」を否定

官房長官の記者会見（3月24日〜4月19日）

日時	内容	課題、教訓、問題点
3月24日 11：00	記者：1号機について、炉心の損傷と、圧力容器そのものの損傷、あるいはこれから損傷する危険性についての認識は？ 枝野：**現時点で圧力容器に損傷が出ているということではない、というふうに報告を受けている**	
3月28日 16：00	記者：安全委員会が福島第一原発の水漏れの原因について、格納容器損傷の可能性に言及。一方で東京電力は圧力容器の損傷を指摘。事実関係は？ 枝野：格納容器から水が漏れるような状況になっているという報告だ。**圧力容器そのものがどうなっているかについて、具体的な報告は現時点で頂いていない** 記者：溶けた燃料に触れた水が格納容器の外に出るなら、圧力容器から漏れていると考えるのが自然ではないか？ 枝野：原子炉の構造の専門的な知識をもとにご説明いただいたほうが正確ではないか。当然、燃料棒は圧力容器の中にあるから、そこに触れた水が外に出ているということで、何らかの形で水の移動があるということはわかる話だ	■「メルトダウン」を認めることによる一般社会・国際社会への影響（または批判）を過度に心配しすぎたため、圧力容器、格納容器の損傷、あるいは、燃料棒の溶融などの重要事象を認めたうえで初めてできる説明が、できなくなってしまったのではないか？ ■その結果、わかりやすく合理的な国民へのメッセージやリスク開示の枠組みを失い、ちぐはぐでわかりにくい説明をせざるを得ない展開となってしまったのではないか？
4月19日	記者：昨日、保安院が燃料棒の溶融を否定していたのを認めた。ただメルトダウンは否定しているが、それを否定する根拠はあるのか？ 枝野：まさに技術的なプロセスで、そこは保安院にお尋ねいただきたい。ただ、従来から燃料の一部が損傷している可能性があるというか、高いというか、そういうことは申し上げてきたところだ。**ただ、それが全体が溶けて、例えば炉に大きな穴が開くというような状態ではないだろう**ということについては、周辺のモニタリングの調査その他で言えるだろう。どの程度で燃料棒が損傷して、ある部分が溶けているのかについては、まさに保安院や安全委員会で専門的に分析をしていただいているところで、その延長線上での報告だと受け止めている	

当初「メルトダウン」を認めなかったことの弊害

政府のアクシデント・マネジメントでは、国民に対して正確で適切なメッセージを発信していくことが重要です。ここでは、事故当時の枝野幸男官房長官の記者会見での発言を検証していきます。

枝野氏が発したメッセージの最大の問題点は、情報の内容が真実ではなく、時間の経過とともにコメント内容と実際に起きていることのギャップが拡大していったことです。

水素爆発は、メルトダウンによって大量の水素が発生して起こるものです。それなのに枝野氏は、1号機と3号機で爆発が確認された段階に至ってもなおメルトダウンを否定し、格納容器の健全性に固執した発言を続けていました。そして事故から2か月も経過してからようやくメルトダウンを認めたことで、地元のみならず国民、そして国際社会の不安をかえって増してしまう結果になったのは周知の通りです。

そもそも、国民に真実を隠しながら、わかりやすく正確な説明などできるはずがありません。メルトダウンを認めることによる批判を心配するあまり、ちぐはぐな説明に終始して、国民や国際社会の信頼を失ったことは今後の大きな教訓としなければならないでしょう。

3号機の水素爆発について説明する原子力安全・保安院の幹部（2011年3月14日）

枝野官房長官の会見内容は適切なものだったのか（2011年3月13日）

■メルトダウンを隠したのは誰か？

ただし、今回の私たちの調査では技術的な面、いわばハード面での事故原因の分析を中心としたため、実際に政府にメルトダウンを隠す意図があったかどうかについては調査の対象外としました。ですから、場合によっては、首相官邸や官房長官には事実が知らされていなかった可能性も否定はできません。仮にそうだったとしても、重大な問題であることに変わりはありません。

現場と東電、原子力安全・保安院、そして首相官邸の間でどのような情報共有がなされていたのか、メルトダウンを2か月にわたって隠蔽したのは誰なのか、どこでどんな情報が妨害されたのかといった流れを明らかにし、適切なメッセージを発信できなかった原因を解明していかなければなりません。国会の事故調査委員会をはじめ、今後の事故検証の過程では、この問題の真実と責任の所在を明らかにするべきだと思います。

今後の教育・研修には「福島の反省」を盛り込むべき

今後の教育・訓練プログラムにおける重要事項（例）

- 福島第一原発1号機のように、最も過酷な環境を想定した実践演習
- 全電源喪失時において、代替電源・冷却機能を（例えば）2時間以内に発電所へ供給する訓練
- 対策行動の訓練は、必ず数値指標を具体的に設定し、習熟度をチェック
- 電力事業者単体ではなく、国・地元・関係機関などと共同で実践的な演習を行なう
- 日本（および世界）の全電力事業者・全発電所に対して、福島第一原発の現場対応で得た教訓について、将来にわたって伝承する仕組みを構築

技術面の対策だけでは、万一の事故の際に被害の拡大を食い止めることはできません。適切なアクシデント・マネジメント（AM）を策定し、それが確実に実行される体制づくりが不可欠です。そして何より、世界の原子力の歴史に深く刻まれる事故を経験した私たちが、そこから得た教訓を伝え、生かしていくことが重要です。

暗闇、余震の中でも水素爆発を阻止

電力事業者や自治体、政府といった関係機関がリアルタイムで情報共有できるネットワークづくりに加え、適切な役割分担、リスク評価の仕組みづくり、国民に対する適切なメッセージの発信といった、この章で提案してきたAMの枠組みは、万一の際に確実に実行されるよう平時から教育や研修、訓練を行なっていくことが必要です。こうした普段の教育や訓練の中でも、福島第一原発で得た反省と教訓が盛り込まれなくてはなりません。

例えば、事故対応の実践演習は、最も早く事故が進んだ1号機のような過酷な環境を想定して行なわれる必要があります。全電源・全冷却機能が喪失し、なおかつ暗闇と余震、高い放射線量といった厳しい状況下でも水素爆発を阻止する対応ができるよう、演習を重ねなければなりません。そして、すべての電源が失われた場合でも、例えば、2時間以内に外部から代替電源と冷却機能をプラントへ供給できるような準備を整えられるようにする訓練も不可欠です。

また、こうした訓練では、具体的な数値目標を設定し、習熟度を確認することが重要になります。

「福島の教訓」を世界へ

加えて、現場や電力事業者だけでなく、政府や自治体など、関係機関、地元住民も一体となって訓練や災害対策を行なっていくことが必要です。本章で提案したリアルタイム情報共有ネットワークをどのように活用するか、迅速な意思決定ができるか、そして避難が必要な場合の行動などについて、一緒に考え訓練していくことで、地元が単なる「被害者」となることなく、主体性を持って安全対策に取り組んでいくことができるのです。

福島第一原発で起きた事故は、世界で誰も経験したことのない未曽有の惨事となりました。その悲劇を二度と繰り返さないためにも、事故の対応で得た教訓を世界のすべての電力事業者や原子力発電所、技術者たちに将来にわたって伝承していくことこそが、私たち日本人に課せられた責務なのです。

教訓・対策編 第**6**章

〈他の原発への応用〉「加圧水型原子炉（PWR）」でも事故の教訓を生かせるか？

再稼働した大飯原発3、4号機の安全対策を検証する

福島第一原発をはじめとする東京電力の原発や、
東北電力・中部電力・北陸電力などの原発は、
BWRと呼ばれる「沸騰水型原子炉」です。
では、福島第一原発事故の教訓は、再稼働論議が紛糾した
関西電力の大飯原発や北海道電力の泊原発など、
「加圧水型原子炉（PWR）」でも生かすことができるのでしょうか。
本章では、まずBWRとPWRの違いを紹介し、
次に大飯原発で福島第一原発の教訓をもとにどのような対策が取られたか、
そして、その対策によって同様の事故を防ぐことが可能なのかを検証していきます。

蒸気発生器を使った冷却系統がポイント

関西電力などで使われる「PWR」と「BWR」の違いは何か？

PWR型の特徴

Pressurized Water Reactor

水素爆発の防止、格納容器ベント機能
PWRの格納容器は、BWRと比べて約5倍※の容積があるため水素濃度や圧力が上昇しにくいため、ベントラインは設置されていない

※同出力での比較

PWRの**制御棒**は、BWRとは逆に、上から重力を利用して挿入する形になっている。設計値の3.3倍の地震動でも挿入されることが実験で確認されている

炉心を通る**1次冷却水**。加圧器によって圧力が高められ、300℃の高温でも蒸気にならないようになっている。PWRでは、放射物質を含む1次冷却水が格納容器内だけを循環しているのがポイント

減圧・冷却方法
主蒸気逃がし弁がある。非常時には、この弁を開けて蒸気を逃がすことにより、減圧・冷却できる**最終ヒートシンク**（熱の逃がし場）となる。この蒸気は放射性物質を含まない

蒸気発生器で**2次冷却水**が蒸気となり、タービンを回して発電する。その後、復水器によって水に戻され、また蒸気発生器へと循環する

非常時に、主蒸気逃がし弁で放出した分の水を補うための**補助給水ポンプ**が設置されている。バッテリーがなくても蒸気で回るタービンの力だけで運転することが可能

海水を復水器に通すことで、タービンを回した蒸気を冷却して水に戻す。温度が上がった海水は海に放水される。通常時の**最終ヒートシンク**（熱の逃がし場）が海であることはPWRもBWRも同じ

格納容器／加圧器／制御棒／蒸気発生器／主蒸気逃がし弁／蒸気／水／タービン／発電機／燃料／圧力容器／冷却材ポンプ／給水ポンプ／復水器／循環水ポンプ／放水路へ／冷却水（海水）

出典：電気事業連合会「原子力・エネルギー図面集2011年版」

BWR型の特徴

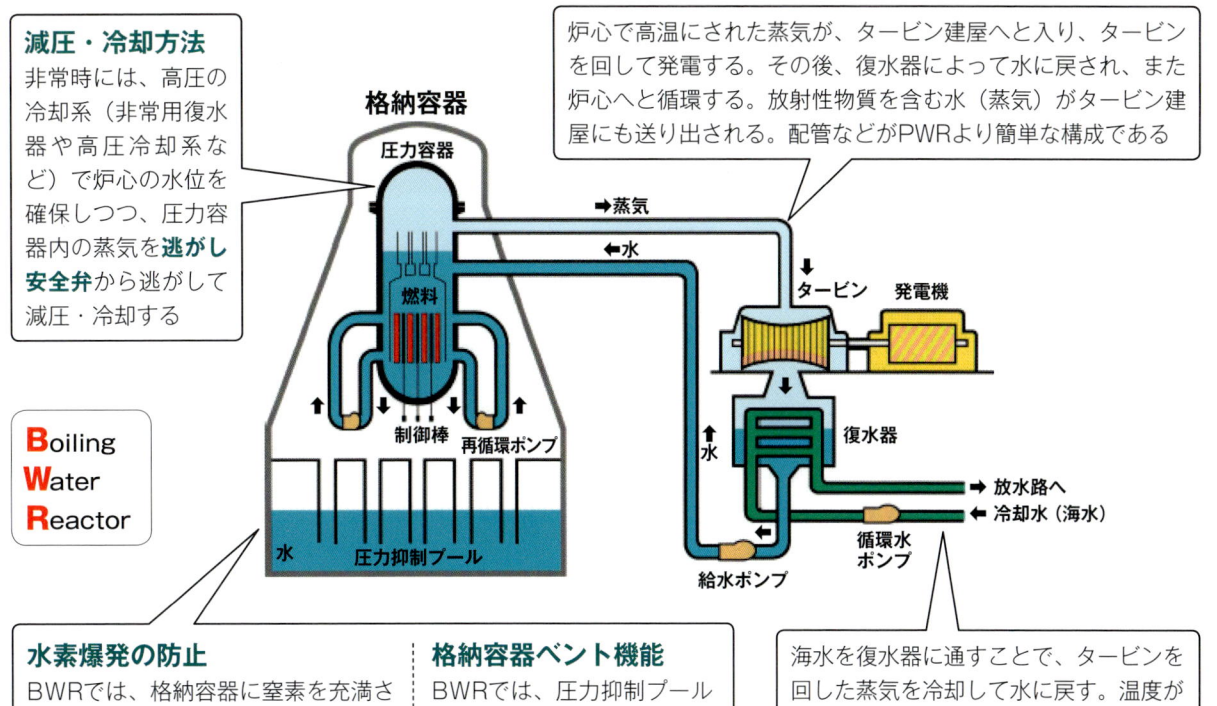

減圧・冷却方法
非常時には、高圧の冷却系（非常用復水器や高圧冷却系など）で炉心の水位を確保しつつ、圧力容器内の蒸気を逃がし安全弁から逃がして減圧・冷却する

Boiling
Water
Reactor

炉心で高温にされた蒸気が、タービン建屋へと入り、タービンを回して発電する。その後、復水器によって水に戻され、また炉心へと循環する。放射性物質を含む水（蒸気）がタービン建屋にも送り出される。配管などがPWRより簡単な構成である

（図中ラベル：格納容器／圧力容器／燃料／制御棒／再循環ポンプ／圧力抑制プール／水／蒸気／水／タービン／発電機／復水器／放水路へ／冷却水（海水）／循環水ポンプ／給水ポンプ）

水素爆発の防止
BWRでは、格納容器に窒素を充満させることで、水素爆発を防止する（福島第一では、格納容器から建屋に水素が漏洩し、爆発したと推定される）

格納容器ベント機能
BWRでは、圧力抑制プール（S/P）と格納容器上部（ドライ・ウェル＝D/W）からベントできるラインを設けている

海水を復水器に通すことで、タービンを回した蒸気を冷却して水に戻す。温度が上がった海水は海に放水される。通常時の最終ヒートシンク（熱の逃がし場）が海であることはPWRもBWRも同じ

PWRとBWRは基本的に、原子炉で蒸気を発生させて発電タービンを回す点や、非常時には原子炉の停止後、炉心の水位・圧力を制御しつつ高圧で冷却した後に減圧し、低圧冷却に移行する点は同じです。

ただ、BWRは原子炉で水を沸騰させて作った蒸気を直接、タービンに送ることから、蒸気に放射性物質が含まれ、タービンや復水器のあるタービン建屋などでも放射線の管理が欠かせません。一方、PWRは高温・高圧にした熱水を「蒸気発生器」に送り、ここで別の配管（2次冷却系）の水に熱だけを伝え、蒸気を発生させます。熱交換プロセスが介在するので、蒸気発生器からタービンに送られる蒸気に放射性物質は含まれません。

また、細かく見ると、原子炉の減圧、冷却方法についても違いがあります。

BWRでは、圧力容器が高圧の場合、高圧冷却系などで原子炉の水位を確保しながら「逃がし安全弁」を開放して圧力容器内を低圧へ減圧。並行して低圧冷却系で原子炉へ注水し、冷温停止させます。かたやPWRでは、補助給水ポンプで蒸気発生器に水を送り、2次冷却系の水位を保ちながら「主蒸気逃がし弁」から蒸気を大気中へ放出して減圧・除熱するという手段があります。最終的に海にしか熱を逃がせないBWRと異なり、蒸気に放射性物質を含まないPWRは、海はもちろん、大気中にも熱を放出することが可能なのです。

さらに、PWRは、非常時に自ら発生する蒸気の力で動かすタービン駆動型の補助給水ポンプを備えており、電源を確保できなくても冷却水を送り続けることができるシステムを備えています（詳細は原子炉により異なります）。

このほか、外部電源や交流電源の構成に双方の間で大きな違いはありませんが、PWRの多くは非常用ディーゼル発電機や電源盤を地盤面と同じ高さに設置し、BWRの多くは地盤面より低い場所に設置しているという違いがあります。

バッテリーと主要電源盤は海抜15.8mに設置

PWR型「大飯原発3号機、4号機」の重要設備はどこにあるのか？

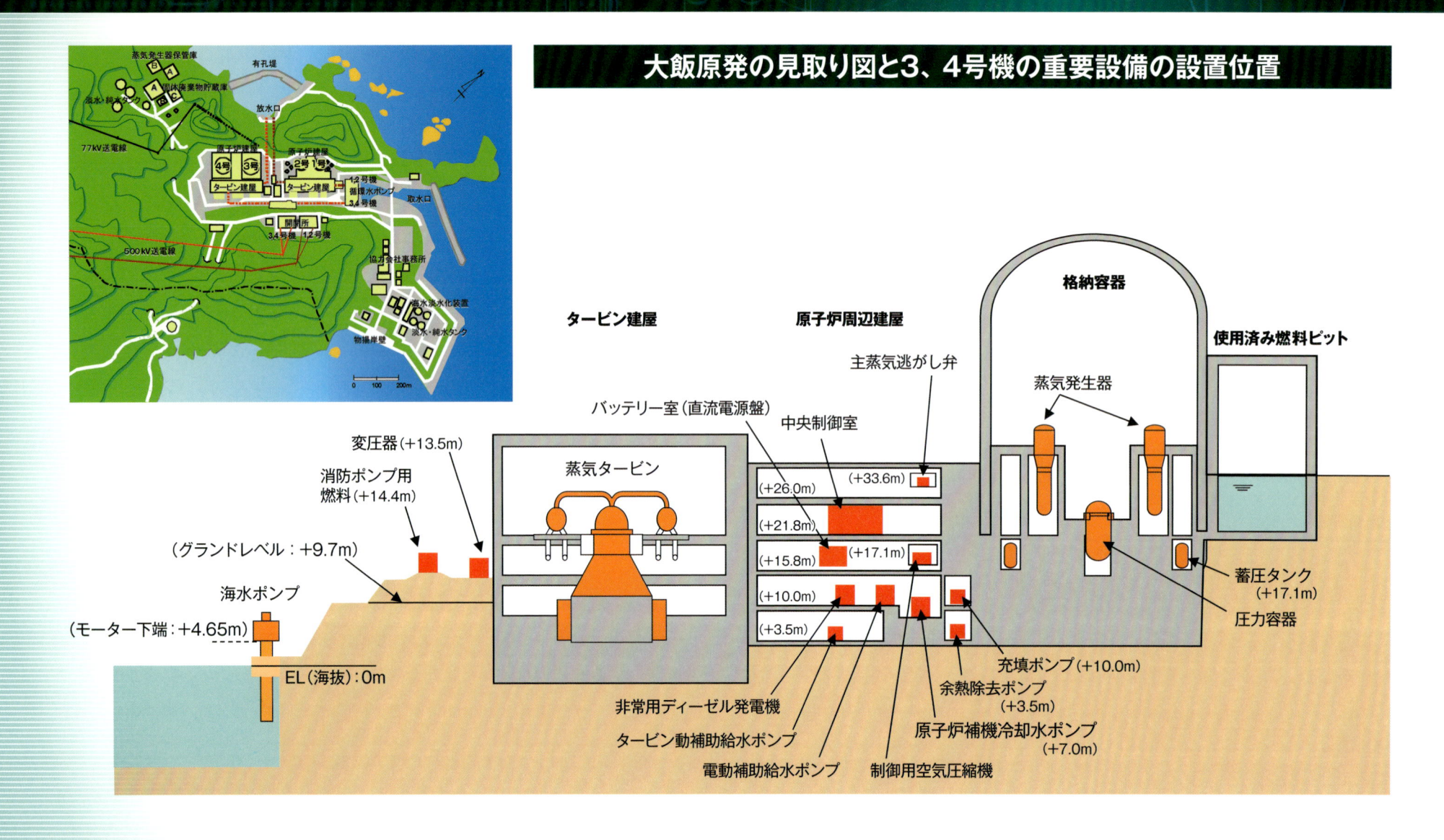

大飯原発の見取り図と3、4号機の重要設備の設置位置

大飯3号機、4号機で実施された 3分野の安全対策

① 電源確保
　高台への「空冷式非常用発電装置」の設置など

② 冷却源（水源）確保
　運びやすい「消防ポンプ」、大型で自走式の「大容量ポンプ」の増設など

③ 浸水（津波）防止策
　蒸気で駆動する「タービン動補助給水ポンプ室」や「非常用ディーゼル発電機室」が浸水しないようにシール加工するなど

　ここからは、福島第一原発事故の発生以降、最も早く再稼働が決まった関西電力の大飯原発3、4号機について、「電源確保」「冷却源の確保」「浸水防止策」の3つの観点から、同原発で実施された対策の詳細を見ていきます。

　大飯原発は若狭湾に面した福井県おおい町に立地しています。4基すべてがPWRで、総出力は471万kWと、関西電力で最大の発電量を誇ります。

　このうち3号機は1991年12月から、4号機は93年2月から稼働しており、どちらも出力は118万kWで、PWRとしては国内最大です。

　3号機は2011年3月から、4号機は同年7月から定期検査のために運転を停止。その後、この2基は同年秋にストレステストに関する報告書を提出し、激しい議論の末、震災後初の原発再稼働が決定しました。

高台に非常用発電機を設置

　では、大飯原発3、4号機の重要設備がどのくらいの高さに設置されているのかを見てみましょう。左ページの図のように、3、4号機の主要建屋は海抜9.7mに立地し、原子炉を管理する中央制御室は海抜21.8mに位置しています。

　地震などによって外部電源を喪失した場合に電気を供給するバックアップ用の直流電源（バッテリーなど）や主要電源盤は、海抜15.8mのフロアにあり、非常用ディーゼル発電機は地盤面とほぼ同じ高さとなる海抜10.0mに設置されています。

　さらに、これ以上の高さの津波に襲われても確実に電気を供給するため、安全対策の一環として海抜33.3mの高台に、大規模な非常用電源（空冷式非常用発電装置）8台を配備しました。

　従来からあった水冷式の非常用ディーゼル発電機の冷却や、原子炉補機冷却系統への給水に使われる海水ポンプは海抜4.65mに位置しています。そして、後に詳しく説明するように、海水ポンプが津波などにより損傷して使えなくなった場合に備えて、容易に持ち運びのできるエンジン駆動海水ポンプ30台のほか、自走式の大容量ポンプ1台を導入し、冷却用の海水を汲み上げられるようにしています。

低所の部屋には浸水対策

　非常時に蒸気発生器の水位を確保し、炉心を冷却するために重要な役割を果たすタービン動補助給水ポンプは海抜3.5mと他の設備に比べて低い場所にあります。このほか、原子炉の周辺機器で発生する熱を冷却するための原子炉補機冷却水ポンプは7.0m、電動補助給水ポンプは10.0mにあります。

　もちろん、これらが津波によって浸水してしまえば、炉心の冷却機能は損なわれる恐れがあります。そこで、福島第一原発事故を踏まえ、重要設備がある部屋には水が入らないよう浸水防止対策が施されました。

関西電力の大飯原発（右から3号機、4号機）

訓練では「全交流電源喪失」から78分で全号機への給電が可能に

【大飯原発の対策① 電源確保】
海抜33.3mに空冷式発電装置を設置

ハード面　電源の多重化・多様化

1～4号機全体で必要な電源を確保する

電源車の配備
中央制御室の監視機器などへの供給

恒設非常用発電機：4台（2015年度設置予定）
非常用炉心冷却設備、海水ポンプなどへの供給

迅速・確実な接続の対策
- 空冷式非常用発電装置の隣に接続口とケーブル系統を常設済み。接続するだけの状態へ
- 海抜30m以上に設置

空冷式非常用発電装置：8台
炉心冷却手段であるホウ酸ポンプ、余熱除去系などへの供給

バッテリー
原発敷地内（オンサイト）に備蓄

ソフト面　訓練の強化

電源車や非常用D/Gを速やかに接続するために

体制の確立
休日・夜間でも常に6名の人員を確保

マニュアル整備、訓練の実施
（以下の訓練を平日、夜間、休日問わず繰り返し実施）
- 電源車の配置　■電源ケーブル接続　■電源車の運転　■電源車への給油

訓練での知見を反映
- 夜間のヘッドランプの配備
- 作業性向上のため、接続端子形状の改善など

訓練の習熟により接続時間短縮を実現
電源車からの接続：135分　➡　空冷式非常用発電装置からの接続：78分
（全号機への給電完了までの所要時間）

大飯原発では、福島第一原発事故をうけ、すべての交流電源が喪失したとしても確実に原子炉を制御できるよう、電源の多重性・多様性を確保する対策を実施しました。その内容をハード面、ソフト面からそれぞれ検証します。

「ケーブルを差し込むだけ」の状態に

ハード面の対策の１つが電源車の配備です。

電源車には、中央制御室、あるいは蒸気発生器に水を送るための電動補助給水ポンプへ電気を供給する役割があります。最初に配備された電源車は４台で、計2310kVA（キロボルトアンペア）という中央制御室の維持に必要な容量がありました。電動補助給水ポンプ用の電源車は３台で、計2400kVAの容量がありました。

その後、ホウ酸ポンプや余熱除去系など、緊急時に炉心を冷却するための機器・計器へ電気を供給するため、８台の空冷式非常用発電装置が導入されました。計１万4600kVAの容量があり、津波で浸水しないよう、海抜33.3mの高所に設置されています。何かあった時に迅速に使えなければ意味がないので、発電装置のすぐ横に接続口とケーブル類が常設してあり、接続口にケーブルを差し込めば、すぐに電気を供給できる状態になっています。

このほか、電源の多様化をよりいっそう図るため、2015年度までに高台に専用建屋を設け、非常用炉心冷却設備や海水ポンプなどに電気を供給する恒設非常用発電機４台を設置する計画です。

電気ケーブルの埋設も検討を

次は外部電源について見てみます。大飯原発は、小浜、西京都、京北という３つの変電所（開閉所）とそれぞれ独立した３系統の受電網で結ばれています。福島第一原発が１つの変電所からの受電網しかなかったことを考えれば、大飯原発は外部電源の多重性・多様性があると言えるでしょう。

大飯原発ではもともと、１つの変電所（開閉所）が使用できなくなった場合でも、１号機と２号機の間、３号機と４号機の間ではそれぞれ6600V（6.6kV）の電源を融通し合うことが可能となっています。さらに、今後は１〜４号機のすべてにおいて6600Vの電源を融通し合えるようにする計画で、これが実現すれば、より柔軟性に富んだ外部電源の供給網が整うことになります。

とはいえ、福島第一原発では、送電線を支える鉄塔が地震で倒壊し、外部電源の供給が不可能になってしまいました。同じ轍を踏まないためにも、将来的には電気系統のケーブルを地下に埋設することなどが有効です。

また、原子炉周辺建屋に備蓄されている直流電源（バッテリーなど）は、海抜15.8mの場所に設置されています。直流電源を地下に設置していた福島第一原発と比べれば、津波で浸水する危険性は低いと考えられますが、可搬性の高いバッテリーを設置して、さらに多重化・多様化を図ることが重要でしょう。

非常時に備え、休日や夜間も訓練

ここまで触れたようなハード面における強化も、地震や津波に襲われた際、限られた時間内で確実に運用できなければ、意味がありません。そのため、大飯原発ではソフト面の対策として、組織や訓練の強化に取り組んでいます。

まず、電源車や空冷式非常用発電装置を速やかに稼働させるための要員として、休日や夜間を問わず人員を確保。給電手順を定めたマニュアルを整備したうえで、電源車の配置や電源ケーブルの接続などの訓練を繰り返し実施しました。これには休日や夜間の訓練も含まれています。

訓練の結果、全電源喪失から約78分で、非常用発電装置からの供給を開始することができるようになりました。大飯原発の直流電源の持続時間は約５時間という点を考慮すれば、まずは合格点と言えるでしょう。

第６章　再稼働した大飯原発３、４号機の安全対策を検証する

高出力の大容量ポンプも2011年12月に導入

【大飯原発の対策② 冷却源確保】
運びやすい消防ポンプを多数配備

ハード面 冷却源の多重化・多様化

高温・低温冷却、2種類の最終ヒートシンクへの冷却源を確実にする

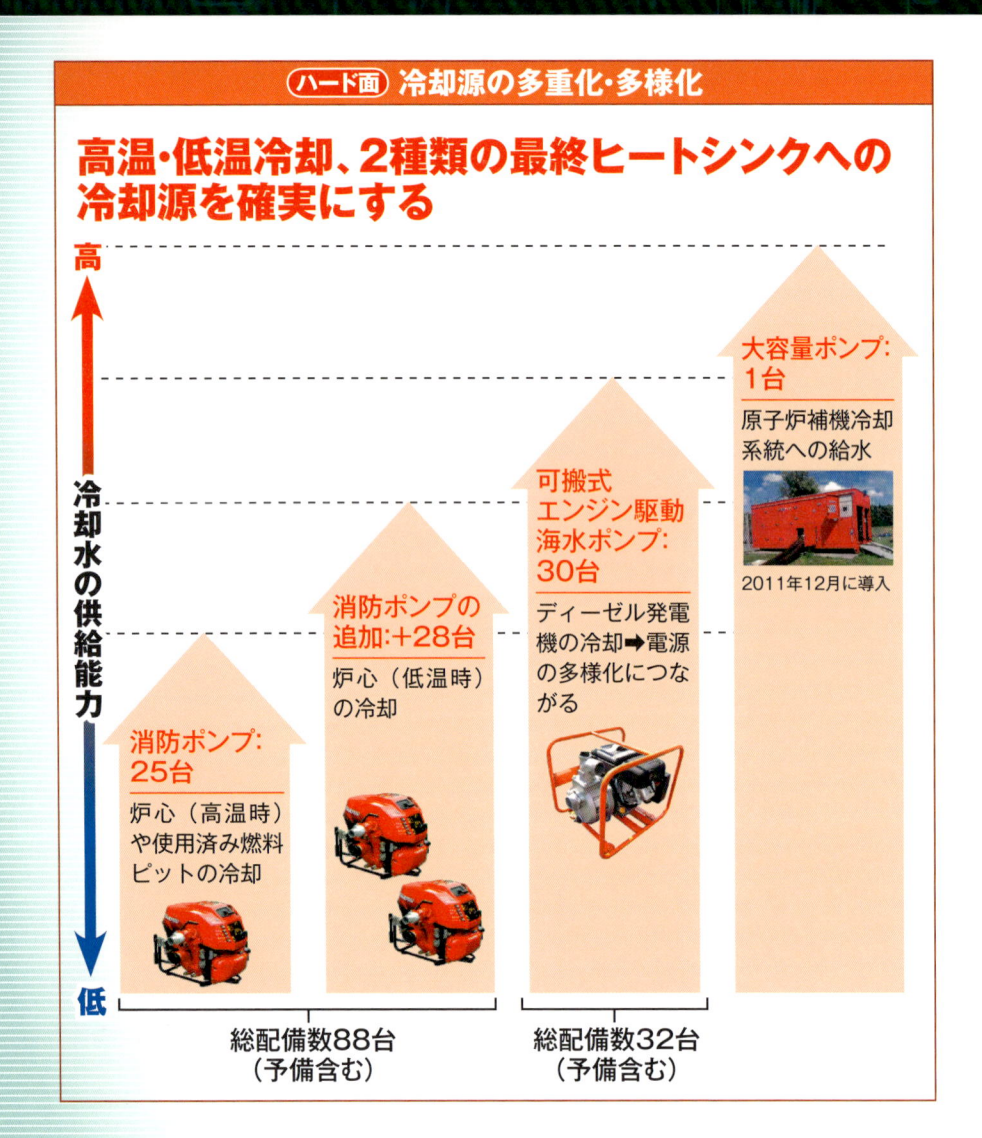

冷却水の供給能力（高→低）

- **消防ポンプ：25台**
  炉心（高温時）や使用済み燃料ピットの冷却
- **消防ポンプの追加：+28台**
  炉心（低温時）の冷却

  総配備数88台（予備含む）

- **可搬式エンジン駆動海水ポンプ：30台**
  ディーゼル発電機の冷却 ➡ 電源の多様化につながる

  総配備数32台（予備含む）

- **大容量ポンプ：1台**
  原子炉補機冷却系統への給水
  2011年12月に導入

ソフト面 訓練の強化

配備した消防ポンプなどを速やかに敷設するために

体制の確立
緊急時の招集体制の強化

マニュアル整備、訓練の実施
（以下の訓練を繰り返し実施）
- ポンプの配置
- ホースの敷設
- ポンプの運転
- ポンプへの給油

［ポンプ設置］　［ホース敷設］

訓練での知見を反映
- ポンプ設置箇所へのマーキング
- 連絡を密にするため無線機を配備するなど

予備の資機材を充実
- 消防ポンプ：必要台数53台／総数88台
- ホース：必要本数631本／総数670本

した冷却源確保の方策として、多数の消防ポンプやホースの配備と、緊急時を想定したポンプ操作などの訓練強化も行なわれています。

炉心の高温冷却および使用済み燃料ピット（プール）冷却に海水を注入できる消防ポンプを25台配備したほか、炉心の低温冷却用に28台の消防ポンプを追加し、予備も含めた総配備数は88台となっています。さらに可搬式エンジン駆動海水ポンプも30台用意。これは全電源喪失時に稼働させる非常用ディーゼル発電機の冷却を想定したもので、予備を含めると総配備数は32台です。

このほか、原子炉補機冷却系（原子炉の周辺機器を冷却するための系統）に給水するポンプが停止した場合に備え、その機能を代替する自走式の大容量ポンプを2011年12月に1台導入しました。

また、消防ポンプと自走式の大容量ポンプを海抜30m以上の高台に置くほか、これらのポンプには燃料が欠かせないので、消防ポンプ用のガソリンを詰めたドラム缶を海抜14.4m、33.3m、45mの場所に設けた計6か所の油倉庫に保管し、自走式大容量ポンプ用の重油を蓄えた補助ボイラー燃料タンクも大飯原発全体で2基、海抜31.0mの場所に設置しています。

これらの組み合わせにより、「海水」と「大気」という、PWRの特徴である2つの最終ヒートシンク（熱の逃がし場）の冷却源確保をより確実にしています。

■マンパワーの強化策も

前述した「電源の多重性・多様性」と同様、冷却源についても緊急時に資機材を速やかに敷設し動かすのは「人」ですから、マンパワーの運用にも次のような改善・強化策が練られ、実行されています。

①緊急時の招集体制……緊迫した事態になればなるほど、即応できる人手が必要となります。非番の職員や協力会社の人員をすぐに動員できる連絡体制が強化されました。

②マニュアル整備、訓練の実施……消防ポンプなどの配置、ホースの敷設、ポンプの運転、ポンプへの給油といった手順をマニュアル化するとともに訓練を反復。一刻を争う事態での対応の迅速化が図られました。

③訓練の反映……訓練の中で得た知見、改善案を作業手順や装備に反映させること、ポンプ設置場所へのマーキング、連絡を密にするための無線機の配備が実施されています。

④予備の資機材の充実……消防ポンプやホースなどを、必要とされる数より多く配備し、多様な用途や地震、津波による故障、流出に備えています。

2011年12月に設置された大容量ポンプの訓練状況。海水ポンプが津波などで破壊された際に使用される

大飯原発3、4号機では、冷却水の入った純水タンクや淡水タンク、復水ピットなど、冷却水源がすべて海抜18.5m以上の高台や高所に配置されています。津波が襲ってきても耐性は高いと言えますが、いざという時、つまり全電源喪失に対応

壁の配管貫通部もシールして水の侵入を阻止

【大飯原発の対策③　浸水防止策】
重要機器がある部屋に防潮扉を設置

海抜3.5mにある「タービン動補助給水ポンプ」を守る防潮扉

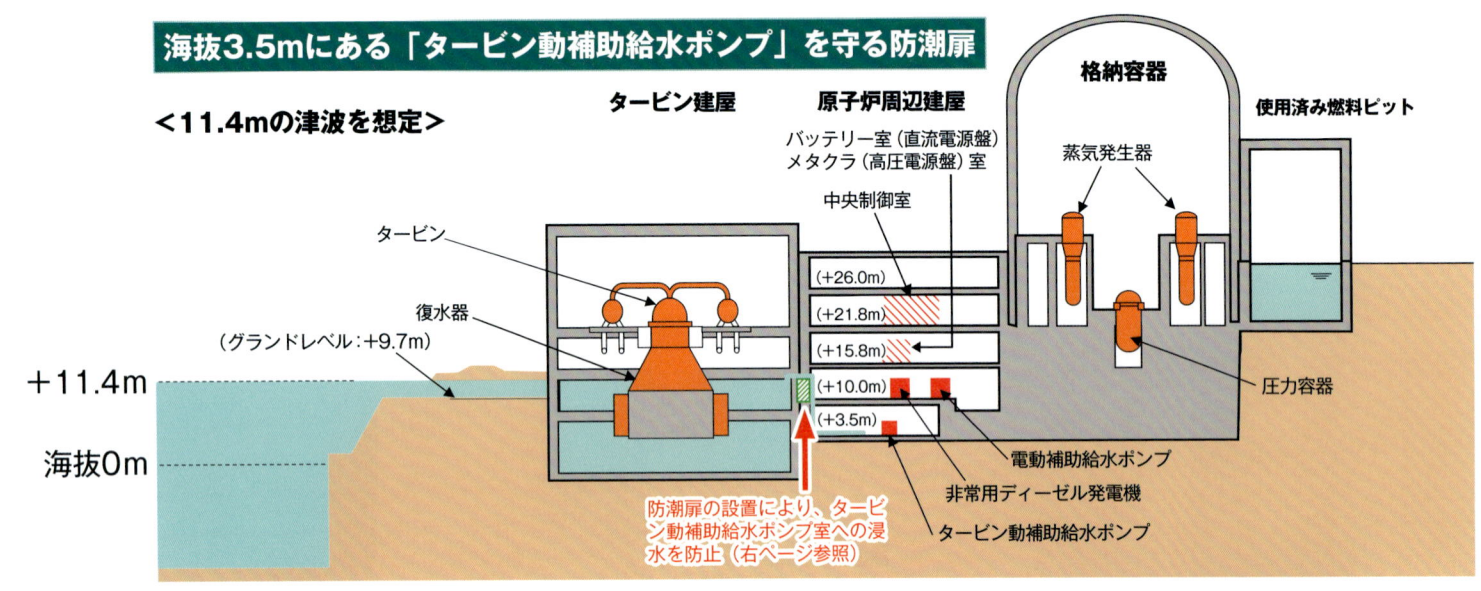

＜11.4mの津波を想定＞

- タービン建屋
- 原子炉周辺建屋
  - バッテリー室（直流電源盤）
  - メタクラ（高圧電源盤）室
  - 中央制御室
  - （+26.0m）
  - （+21.8m）
  - （+15.8m）
  - （+10.0m）
  - （+3.5m）
- 格納容器
  - 蒸気発生器
  - 圧力容器
- 使用済み燃料ピット
- タービン
- 復水器
- （グランドレベル：+9.7m）
- +11.4m
- 海抜0m
- 電動補助給水ポンプ
- 非常用ディーゼル発電機
- タービン動補助給水ポンプ

防潮扉の設置により、タービン動補助給水ポンプ室への浸水を防止（右ページ参照）

扉のシールを強化

配管貫通部シールにより、浸水を防止

対策前

対策後

防潮扉を設置

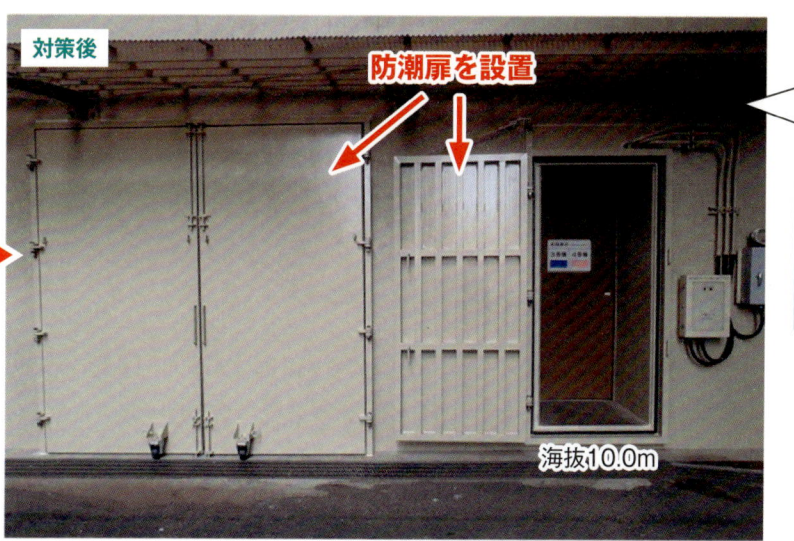

海抜10.0m

防潮扉の設置により、タービン動補助給水ポンプ室の外側が高さ11.4mの津波で浸水した場合でも、内側には約0.3cmしか浸水しない

　福島第一原発事故で露呈した重要施設・設備の浸水に対する弱さにも対策が講じられています。

　大飯原発３、４号機の主要建屋は海抜9.7mの地盤面に立地し、福島第一原発１～４号機の主要建屋エリアの海抜10mとほぼ変わりません。もし福島第一並みやそれ以上の津波が押し寄せてきたら、対策がないままでは大飯原発でも同じ被害が起きる可能性があります。

　特に、海抜3.5mの位置にある「タービン動補助給水ポンプ」は、一度起動すれば電源不要で、蒸気発生器で発生する蒸気によってタービンを回し、冷却水を供給するシステムで、全交流電源が喪失した際には極めて重要なポンプになります。

この機能を失うことがあってはなりません。

防波堤のかさ上げや防護壁も

　隣接するタービン建屋には、大型資材を運び込む開口部の大きな搬入口があります。そこから海水が同建屋内に入ると、原子炉周辺建屋と連絡する扉や配管貫通部を通じて水が原子炉周辺建屋に流れ込むことも予想されます。ちなみに福島第一原発では地震発生時、搬入口が開放されていたため、タービン建屋への津波の侵入を許しています。

　そこで大飯原発では、政府の暫定的な安全判断基準に基づき、海抜11.4mの高さの津波を想定し、浸水対策を実施しました。

　原子炉周辺建屋内の各扉には、水密性を高めるためシールを強化。配管貫通部にもシールを施しています。さらに、タービン建屋と原子炉周辺建屋間の扉には新たに防潮扉を設置し、仮に浸水があっても、ディーゼル発電機や補助給水ポンプといった重要機器のある部屋には水が入らないようにしています。防潮扉により、仮に通路が完全浸水しても、タービン動補助給水ポンプ室への浸水は、約0.3cmに抑えられるようになりました。

　このほか、既存防波堤のかさ上げ工事が2014年３月までの完成を目途に、海水ポンプ（海抜4.65m）の対津波用防護壁の新設が2013年６月完成を目途に計画されています。

外部の支援があればさらなる給水もできる

【大飯原発の対策　まとめ】
外部支援なしでも16日間の原子炉冷却が可能に

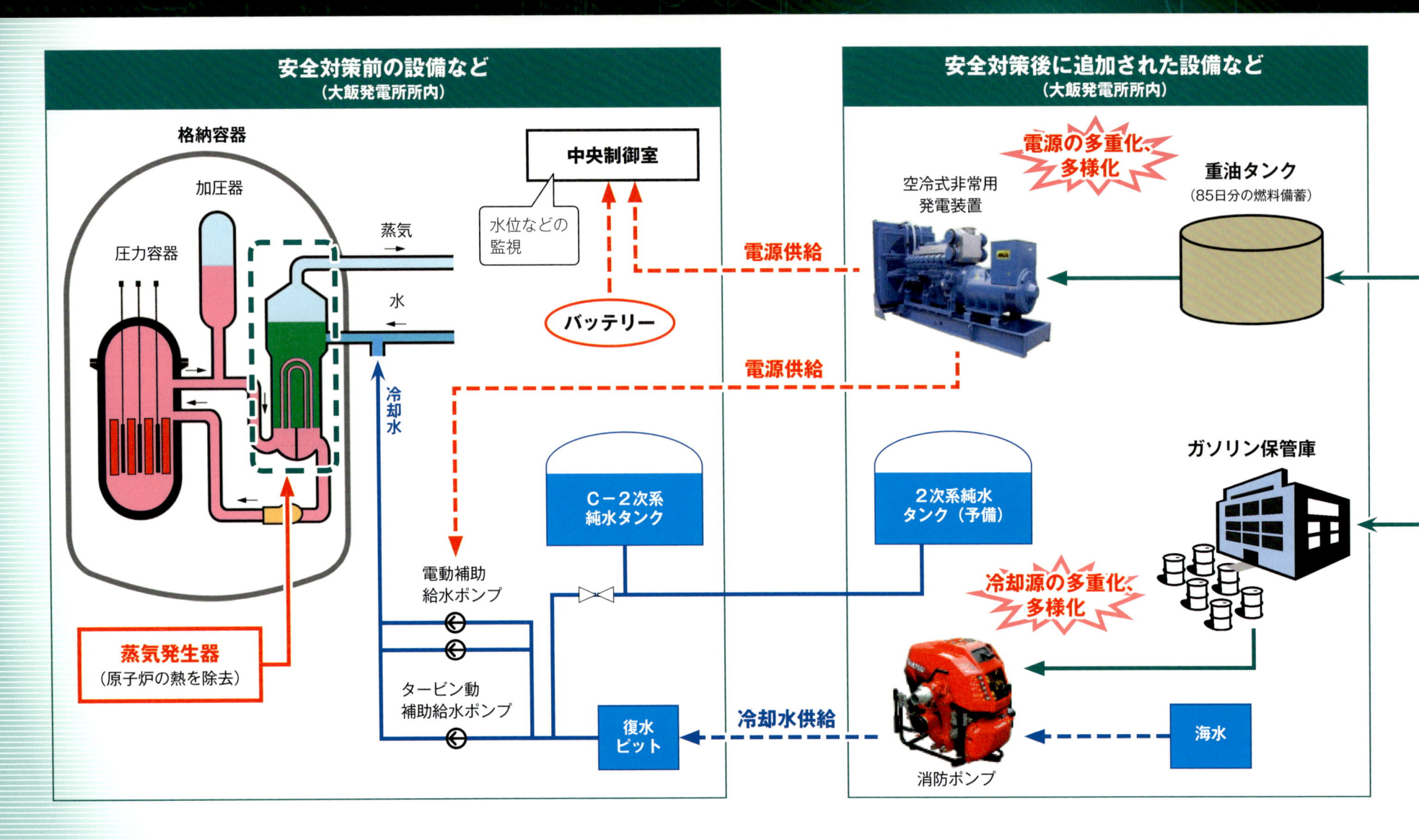

安全対策前の設備など（大飯発電所所内）

- 格納容器
  - 加圧器
  - 圧力容器
  - 蒸気
  - 水
- 中央制御室
  - 水位などの監視
- バッテリー
- 冷却水
- 蒸気発生器（原子炉の熱を除去）
- 電動補助給水ポンプ
- タービン動補助給水ポンプ
- C-2次系純水タンク
- 2次系純水タンク（予備）
- 復水ピット

安全対策後に追加された設備など（大飯発電所所内）

電源の多重化、多様化

- 空冷式非常用発電装置
- 重油タンク（85日分の燃料備蓄）
- 電源供給

冷却源の多重化、多様化

- ガソリン保管庫
- 消防ポンプ
- 海水
- 冷却水供給

福島第一原発事故を教訓に立てられた大飯原発の安全対策。そこで追加配備された設備・機器を整理すると、左図のようになります。いずれも「電源の多重化、多様化」「冷却源の多重化、多様化」を軸に導入されたことがわかると思います。

中央制御室や電動補助給水ポンプに電源供給する空冷式非常用発電装置は、原発敷地内の重油タンクに85日分の燃料を備蓄し、全電源喪失に備えています。

冷却水の供給という面では、2次系純水タンク（予備）からの補給手順を新たに整備したほか、前述のように復水ピットや2次系に海水を送ることができる消防ポンプを予備分も含め88台配備しました。消防ポンプを動かすガソリンの保管庫（油倉庫）も高台に4か所追加しました。

こうした空冷式非常用発電装置と給水手段の強化により、外部支援なしで原子炉を約16日間冷却できるようになっています。

さらに、タンクローリーによる重油の陸路輸送、ヘリコプターによるガソリンの空路輸送、トラックによるガソリンの陸路輸送といった発電所外部からの燃料支援ができれば、いざという時にもさらに長期間、給水が継続でき、原子炉の安定を保つことができます。

使用済み燃料ピットにも対策実施

これとは別に、使い終わった燃料を水中に置いて管理する使用済み燃料ピット（プール）にも、新たな安全対策を施しています。

通常、ピット内の水は電動ポンプでクーラーに循環されて冷やされるほか、蒸発して水位が低下した分は1次系純水タンクから水を電動ポンプで適宜補給する仕組みになっています。しかし、電源喪失するとこれらの機器が作動しなくなってしまいます。

こうした事態に備え、淡水タンクから消火栓を通じて重力を利用して水を供給できるようにしたほか、1次系純水タンクから水を送る電動ポンプに空冷式非常用発電装置の電力を供給できるようにしました。

また、人力によるホースの敷設が必要になりますが、いざとなれば消防ポンプで海水を汲み上げ、直接、ピットに注水することも可能です。これら給水手段の強化により、外部支援なしで約10日間、使用済み燃料ピットへ水を供給できるようになっています。

これも前述したように発電所の外部から燃料などの支援を得られれば、さらに長期間、消防ポンプなどによる給水を継続でき、使用済み燃料ピットの水温と水位を安定的に保つことができます。

発電所外部からの支援

消防ポンプなどに必要な燃料を外部から輸送することにより、さらに長期間、給水を継続できる

【陸路輸送】タンクローリー

【空路輸送】ヘリコプター

【陸路輸送】トラック

さらなる安全確保のために～今後取るべき対策

さらに安全を強化するために、次のような対策が有効だと考える

- 複数プラントを生かした電源、水源などの融通機能の強化
- 海水からの取水・放水系統の多重性・多様性の強化
- 非常時の生命線となる補助給水ポンプおよび直流電源のよりいっそうの多重化・多様化
- 水素爆発の防止策の強化
- オフサイト（原発敷地外）からの支援策の多重化・多様化、訓練の充実
- 飲料水などの生活環境の確保

水素爆発の防止策

PWRは格納容器の容量が大きいため、水素濃度が低くなり、爆発しにくい

今後、格納容器内に静的触媒式水素再結合装置（水素を酸素と反応させて水に戻す装置）を設置し、さらに水素濃度の低減策を実施

格納容器
容積：約7万2900㎥

大飯原発3、4号機と同等の出力110万kW級のBWRの格納容器に比べ、約5倍の容量

アニュラス部
格納容器とそれを取り囲むコンクリート壁の間の密閉された部分

アニュラス部の排気手順を整備し、水素の外部への排気を行なえるようにする

ここまで記してきたように、大飯原発では電源や冷却源にある程度、多重性・多様性が確保されています。ただ、安全対策にこれで十分というゴールはなく、絶え間ない見直しと強化が必要です。

例えば、大飯原発に4つの原子炉があることを利用し、電源だけでなく、非常用設備や水源もそれぞれが融通し合う仕組みを構築すべきです。

また、取水側、放水側の両方から、水中ポンプ経由で取水できるようにするなど、入り江に立地するメリットを生かして、取水・放水系統を多様化・多重化すべきでしょう。事故時に、原子炉冷却の生命線となる補助給水ポンプや直流電源の予備機能・機器を確保しておくことも必要です。

BWRに比べて格納容器が大きいPWRは水素爆発の可能性が低いとはいえ、炉心の損傷によって発生する水素の濃度を低減させるため、水素と酸素を反応させて水に戻すシステムである「静的触媒式水素再結合装置」の設置や、「アニュラス部」へ漏れた水素の排気手順を定めるなど、防止策を施しておくことも有効でしょう。また、テロや飛行機の墜落など過酷事故に至る原因をより幅広く想定し、今後、対策を重ねていく必要もあります。

補論 第7章

〈質疑応答〉自治体・視聴者からの疑問に答える

なぜ福島第一原発1号機だけが事故の進展が早かったのか?

私たちの調査の中間報告は、
2011年10月28日にYouTubeなどを通じて公表しました。
その後、原発を抱える自治体へのヒアリングや、調査結果を見た方々から、
いくつかの質問が寄せられました。それらの質問は、大きく分けて、次の2項目に集約されます。
《質問1》福島第一原発1号機の事故の進展が、同2～4号機と比べて著しく早かった理由は何か?
《質問2》福島第一原発1号機は、どのように対処していれば、
水素爆発や放射性物質の漏洩などの過酷事故を防げたのか?
私たちは、この2つの質問に答えるべく、追加で調査を実施しました。
以下、具体的に見ていきましょう。

温度・圧力・放射線量の変化を調べる
【仮説1】1号機では地震による配管破断が起きていたのではないか？

▶ 自治体などのヒアリングで出た質問・指摘は次の論点に集約される

質問①　福島第一原発1号機の事故の進展が、同2〜4号機と比べて著しく早かった理由は何か？

- 仮説1 …1号機では、地震によって何らかの配管破断が起きていたのではないか？
- 仮説2 …あるいは、1号機が「マークⅠ」という古い型式だったことが問題なのではないか？
- 仮説3 …1号機の冷却系が機能しなかった〝本当の理由〟は何か？

質問②　福島第一原発1号機は、どのように対処していれば、水素爆発や放射性物質の漏洩を回避できたのか？

　まず、最初の質問は、なぜ福島第一原発1号機だけが事故の進展が早かったのか、ということでした。これについては、3つの仮説を立てて、検証していきたいと思います。

　1つ目の仮説は、「1号機では、地震によって何らかの配管破断が起きていたのではないか？」です。これまで見てきたように、福島第一原発1〜4号機で起きた事故は、地震と津波の二重の被害によって、電源と冷却源を喪失したことが主な原因と考えられます。しかし実際には、津波が襲来する以前に、1号機では地震によって配管破断が起きていて、そのために、いち早く炉心損傷に至ったのではないかという指摘がありました。

炉心損傷を早める配管破断とは？

　これを検証するために、一度、その問いをひっくり返してみましょう。つまり、「どのような配管破断が起きた場合に炉心損傷が早まるのか」を考えてみます。

　原子炉は、もともとたくさんの配管で構成されています。それらの配管の中で、短時間のうちに炉心損傷を早めるほど大きな影響があるのは、主に大口径である次の4つの配管です（右ページ「圧力容器の構造」の図を参照）。

・主蒸気出口ノズル
・給水ノズル
・再循環水入り口
・再循環水出口

　もしこれらが破断してしまった場合、原子炉のパラメーター（温度、圧力、流量、水位など、原子炉の運転状況を知るための計測値）はどのような動きをするのでしょうか？　まず、炉心の水蒸気と冷却用の水が急激に圧力容器の外（格納容器）に排出され、圧力容器内の圧力と水位が急激に減少します。

　次に、格納容器の底部にある液体廃棄物収集用のタンク（「サンプ」と呼ばれている）の水位が

仮説1　地震によって起きた配管破断が炉心溶融を早めた

圧力容器の構造

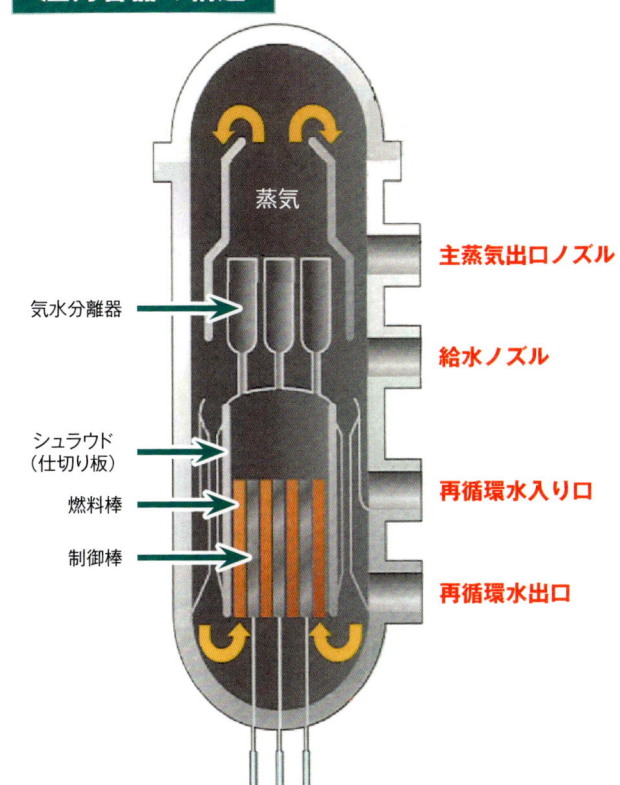

- 蒸気
- 気水分離器
- シュラウド（仕切り板）
- 燃料棒
- 制御棒
- 主蒸気出口ノズル
- 給水ノズル
- 再循環水入り口
- 再循環水出口

どの配管が破断したら、炉心溶融を著しく早めるか
- 主蒸気配管（主蒸気出口ノズル）　　■給水配管（給水ノズル）　　■再循環系配管（再循環水入り口、出口）
……上記以外に、計測用配管などが考えられる

もし上のような配管が破断した場合、原子炉のパラメーターはどんな動きをするか
- 圧力容器内の圧力と水位が急激に低下する
- 格納容器内の液位が上昇する
- 格納容器内の圧力と温度が上昇する

いずれの場合も、警報が発せられる

もし上のような配管が破断した場合、建屋内はどんな状況になるか
- 配管から約70気圧、約280℃の蒸気が噴出し、作業員が直接被水した場合には、死亡もしくは重傷を負うと推定される
- 一瞬にして建屋が蒸気で覆われ、周囲は真っ白で見えなくなると思われる

現実のパラメーターの動きはどうだったか
- 地震発生から津波襲来までの間、圧力容器の水位や圧力は回復している
- 格納容器の温度や圧力に、急激な上昇は見られない

現実の建屋内の様子はどうだったか
- 高温・高圧の水または蒸気を浴びたような作業員はいない
- 建屋内に蒸気が充満したとの報告はない

結論　炉心溶融を早めるような配管破断が起きていたとは考えられない

急上昇します。それと同時に約280℃の水蒸気が噴出するため、格納容器内の圧力と温度が急上昇し、さらに放射線量も急激に上がります。いずれの場合にも、警報が発せられることになります。

では、実際の1号機の状況はどうだったのでしょうか？

地震発生から津波までの間、圧力容器内の水位や圧力の急激な低下は見られず、格納容器内の圧力上昇もわずかでした。また、格納容器内の放射線量は、まったくと言っていいほど、変化が見られませんでした。また、建屋内で配管から蒸気が噴出した場合、破断部分は蒸気に覆われて真っ白になると同時に、建屋内にいた作業員も高温・高圧の蒸気のために大きな被害を受けるはずですが、それもありませんでした。

以上を勘案すると、炉心溶融を早めるような配管破断が起きていた可能性は極めて低いと考えられます。

格納容器の形状と事故の進展との関係
【仮説2】1号機が「マークI」という古い型式だったことが問題なのではないか？

どの原発が「マークI」だったのか

福島第一原発

1号機	2号機	3号機	4号機	5号機	6号機
マークI (BWR-3)	マークI (BWR-4)	マークI (BWR-4)	マークI (BWR-4)	マークI (BWR-4)	マークII (BWR-5)

福島第二原発

1号機	2号機	3号機	4号機
マークII (BWR-5)	マークII改良型 (BWR-5)	マークII改良型 (BWR-5)	マークII改良型 (BWR-5)

女川原発

1号機	2号機	3号機
マークI (BWR-4)	マークI改良型 (BWR-5)	マークI改良型 (BWR-5)

東海第二原発

マークII (BWR-5)

マークI使用のプラントは福島第一原発の1号機以外にも存在する
- ➡「マークI」そのものが原因ではない
- ➡では、そのなかでも1号機の「BWR-3」という型式が事故の進展を早めた理由だったのか？

マークIとマークIIの形の違い

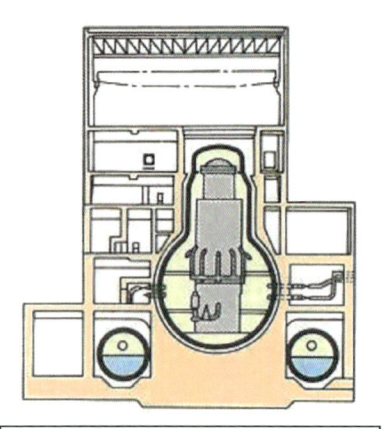

- 福島第一原発1号機　マークI (BWR-3) フラスコ型
- 福島第一原発2～5号機　マークI (BWR-4) フラスコ型 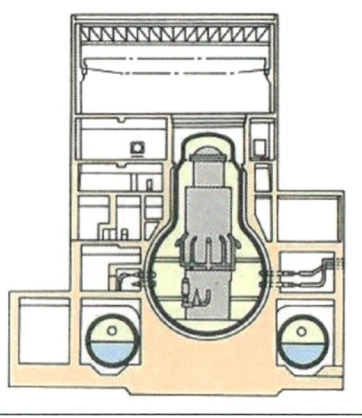
- 福島第一原発6号機／福島第二原発1号機　マークII (BWR-5) 円すい型 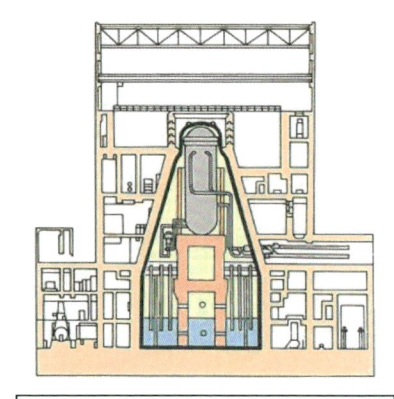
- 福島第二原発2～4号機　マークII改良 (BWR-5) つりがね型

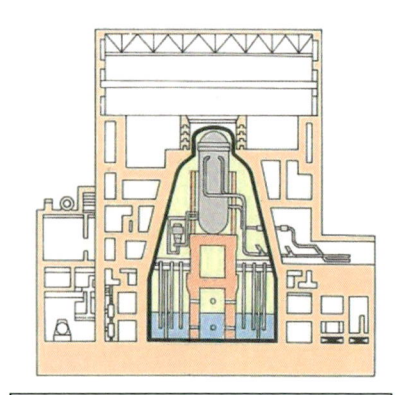

「マークⅠ」「BWR-3」という型式が脆弱であると仮定して、技術的に考えられ得る理由

① マークⅠ（なかでもBWR-3）が他と比べて小さいために、事故の進展が早まった？
（調査結果）福島第一原発の1号機、および2～5号機はいずれもマークⅠだが、単位出力（1MWt）あたりの格納容器の大きさは、型式の違いで顕著な差はない　※MWt（メガワットサーマル）は、プラントの熱出力の単位

② 1号機のBWR-3は他と比べて古いために、老朽化が進んでいて進展が早まった？
（調査結果）経年劣化については、運転実績・補修実績を踏まえた劣化評価が実施されており、その内容（格納容器内の機器や配管）に、他の号機と比べて際立った差はないと推定される
（なお、1号機よりも5年あとに稼働した新しい3号機も水素爆発している）

③ マークⅠはマークⅡに比べ初期の製品であるために、技術的・性能的に劣っていた？
（調査結果）福島第一原発の2～5号機、女川原発1号機もマークⅠの格納容器を搭載しているが、事象の進展にはそれぞれ差が出ている。マークⅡに比べて、マークⅠの原発だけが同じような進展をしたとは言い切れない

結論 1号機の進展が早かった主因は、あくまでも全電源・全冷却源の同時喪失にある。「マークⅠであること」が理由だと言える合理的理由はない

1号機の事故の進展が早かった理由に関して、格納容器の「古さ」を指摘する声があります。

左図のように、福島第一原発1号機は、フラスコ型の「マークⅠ」と呼ばれる型式です。しかも1号機は、第6世代まである沸騰水型原子炉（BWR）の中でも3世代目の「BWR-3」型でした。福島第一・第二および女川、東海第二の各原発に設置された計14基の原子炉のうち「BWR-3」型は、この福島第一原発の1号機だけだったため、その古い型式が問題だとみなされたのです。

そもそもマークⅠとマークⅡの違いは何でしょうか？　まずマークⅠは、フラスコ型の格納容器の外側を、ドーナツ形の圧力抑制室（S/C）がぐるりと取り囲み、配管でつながっています。それに対してマークⅡは、格納容器の下部にプール型の圧力抑制室がそのままくっついており、円すい（または、つりがね）型の形状になっています。

こうした違いから、マークⅡはマークⅠより格納容器そのものの空間体積が大きく、水素爆発しにくいようにも思えます。しかし、マークⅡの出力は110万kWで、マークⅠよりかなり大きいため、単位出力あたりではほぼ同じぐらいです。

また、「BWR-3」と「BWR-5」を比較した場合、「BWR-5」以降の原子炉は、緊急時の非常用炉心冷却系（ECCS）の高圧系ポンプがモーター駆動式になるなど〝進化〟していましたが、今回の大津波では、交流電源、非常用電源、そして直流電源も水をかぶって喪失しており、いずれにしても機能しなかったでしょう。

さらに、老朽化が原因で事象進展が早まったのではないかという指摘もあります。しかし、劣化評価は事故の前年にも実施されており、圧力容器内の構造物や格納容器内の機器・配管などは、他号機と比較して際立った差は見られませんでした。

以上を総合的に考えれば、〝1号機が古かったから早く事象が進展した〟とは判断できないのです。

配管破断や老朽化が原因ではない。だとすれば…

【仮説3】1号機の冷却系が機能しなかった〝本当の理由〟は何か?

非常用復水器(IC)の仕組み

非常用復水器は、**A系統とB系統の2つ**がある。非常時には、水蒸気が圧力容器の上部の配管を通じて出て、復水器によって冷やされ、水になる。その水が、圧力容器の下部につながる原子炉冷却材再循環系に戻る

非常用復水器を使っていれば、だんだん水が高温になり、蒸発して水が減っていく。ただし、**復水器に給水をしなくても、A系統で4時間、B系統で4時間の計8時間は原子炉を冷却できる機能を持っている**

なぜ非常用復水器の機能の通りに、8時間冷却できなかったのか?機能していれば、もっと事故の進展が遅いはずではないか?

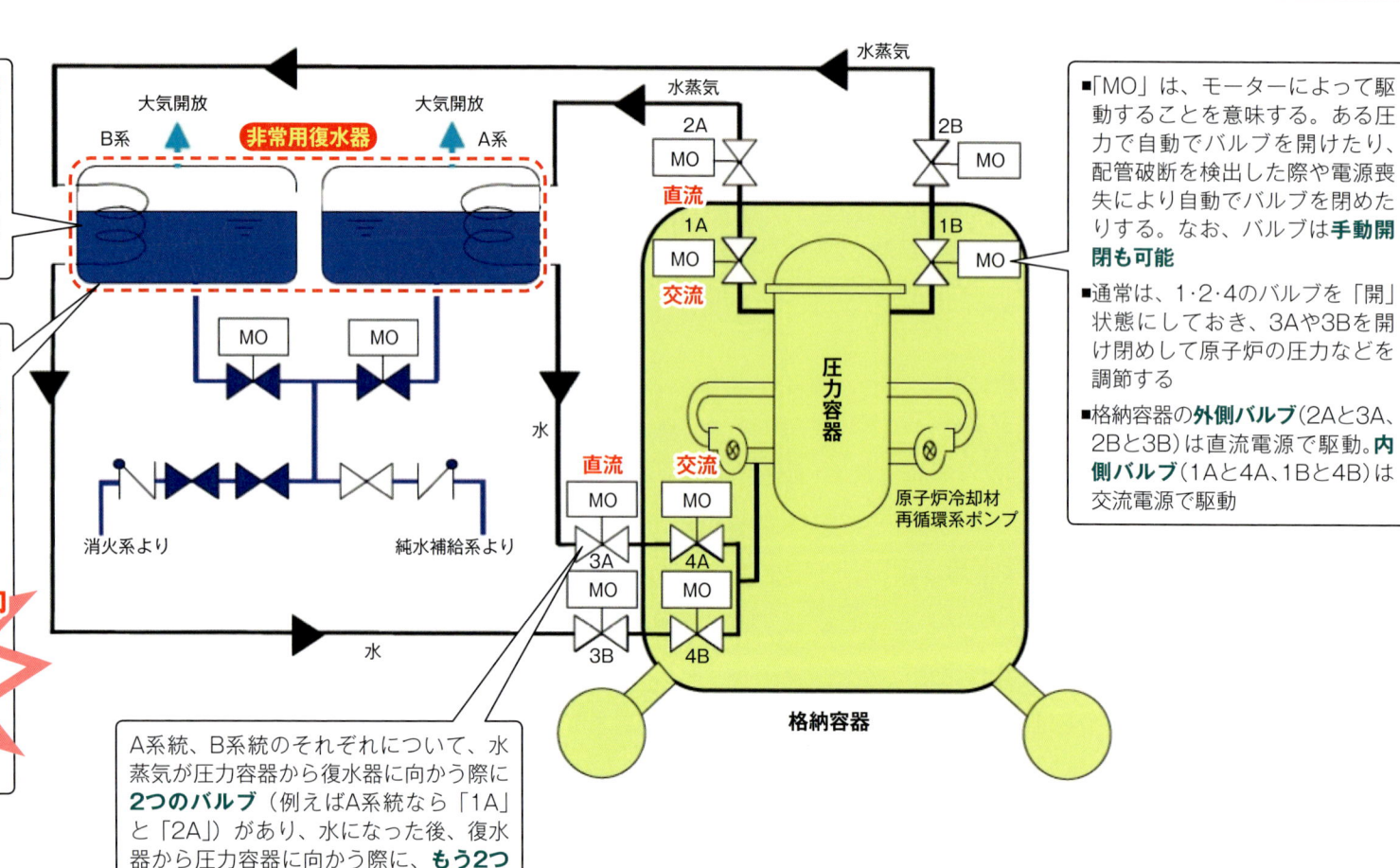

A系統、B系統のそれぞれについて、水蒸気が圧力容器から復水器に向かう際に**2つのバルブ**(例えばA系統なら「1A」と「2A」)があり、水になった後、復水器から圧力容器に向かう際に、**もう2つのバルブ**(同「3A」と「4A」)がある

- 「MO」は、モーターによって駆動することを意味する。ある圧力で自動でバルブを開けたり、配管破断を検出した際や電源喪失により自動でバルブを閉めたりする。なお、バルブは**手動開閉も可能**
- 通常は、1・2・4のバルブを「開」状態にしておき、3Aや3Bを開け閉めして原子炉の圧力などを調節する
- 格納容器の**外側バルブ**(2Aと3A、2Bと3B)は直流電源で駆動。**内側バルブ**(1Aと4A、1Bと4B)は交流電源で駆動

第7章 なぜ福島第一原発 1号機だけが事故の進展が早かったのか？

原子炉の圧力が上昇し、通常の復水器による除熱ができなくなった場合、1号機には「非常用復水器（IC）」という冷却システムがありました。

東日本大震災でも、地震による緊急停止（スクラム）後、この非常用復水器が自動で起動しました。設計上は、起動後8時間は水の補給がなくても原子炉を冷やせることになっていました。しかし実際には、津波襲来直後から原子炉の冷却機能は失われ、その3時間後には燃料の損傷が始まったと推定されています。

震災後の非常用復水器の動きを、時系列で追ったのが左の表です。これを見ればわかるように、津波が来るまでは、運転員は緊急時の手順通り、非常用復水器の弁（バルブ）を開閉していました。ところが津波で交流・直流電源が失われたために、弁の開閉ができなくなってしまいました。

さらに問題は、復水器の弁が「フェイル・クローズ」といって、電源が失われた場合は「閉」となる設計になっていたことでした。そのために、格納容器の内側にある弁が閉じたままとなり、復水器への水の循環ができなくなりました。直流電源が復活した後、操作が可能になった格納容器の外側の弁を開閉したものの、交流電源で駆動する内側の弁は動かせず、結局、1号機の非常用復水器は、ほとんど機能しなかったと考えられます。

実際、非常用復水器に残った水の水位から逆算すると、復水器が機能したのは復水器内の水の温度が100℃に到達して以降、累計で45分程度と推定されます。頼みの綱のICが、全電源喪失によって使えなくなったことが1号機の事象進展を著しく早めた主因だと推定されます。

地震・津波後の非常用復水器（IC）の実際の動き

ICは、地震発生後に自動起動し、津波襲来までの間は正常に機能していた

↓

運転員は、ICの弁が開いていることを確認。冷却が進んでいたが、冷却速度を1時間あたり55℃以内にするという運転手順を守るため、いったんA系、B系のバルブを閉めた

↓

その後、前述の冷却速度を維持するために、A系（3Aバルブ）を計3回開閉する操作をした（正常に機能）

↓

しかし、その後に津波が襲来。直流電源、交流電源が同時喪失した

↓

交流電源が喪失すると、内側のバルブ（1A,1Bと4A,4B）は自動で「閉」となる設計（フェイル・クローズという）で、その通りにバルブはほぼ「閉」となった。さらに、直流電源喪失により、外側のバルブ（2A,2Bと3A,3B）も操作できなくなった

↓

3月11日の18時18分、運転員が、直流電源が一時的に復帰した可能性を認識し、外側バルブの開放を試みた。同25分に「閉」にするが、21時30分に再度、「開」にし、以降は「開」のままとした

ICが機能しなかった本当の理由は？

ICによる冷却が機能した時間はどれくらいだったのか？

【調査結果】
非常用復水器の水位計を確認した結果、A系は15%程度の水が減少し、B系はほとんど減少していなかった。水位から逆算すると、ICは、水温が100℃に到達して以降、累計で**45分相当しか冷却していない**ことになる

↓

それは運転手順の不備によるものか。あるいは不可避だったのか？

【調査結果】
左の通り、ICの内側バルブは、津波後の交流電源喪失に伴い、ほぼ「閉」状態にあり、実際には機能していなかったと推定される。外側バルブを開けていても、内側バルブがほぼ「閉」状態であったため、事故の進展に大きな差はなかったと考えられる

↓

結論 ICが機能しなかった理由は、やはり全電源の喪失に起因する。運転員の操作ミスという指摘もあったが、それは結果には関係ない

震災後2時間、8時間、24時間ごとの対策を列挙

では、1号機はどう対処していれば過酷事故を防げたのか？

こんな対策が可能だったら、事故の進展を回避できた可能性がある

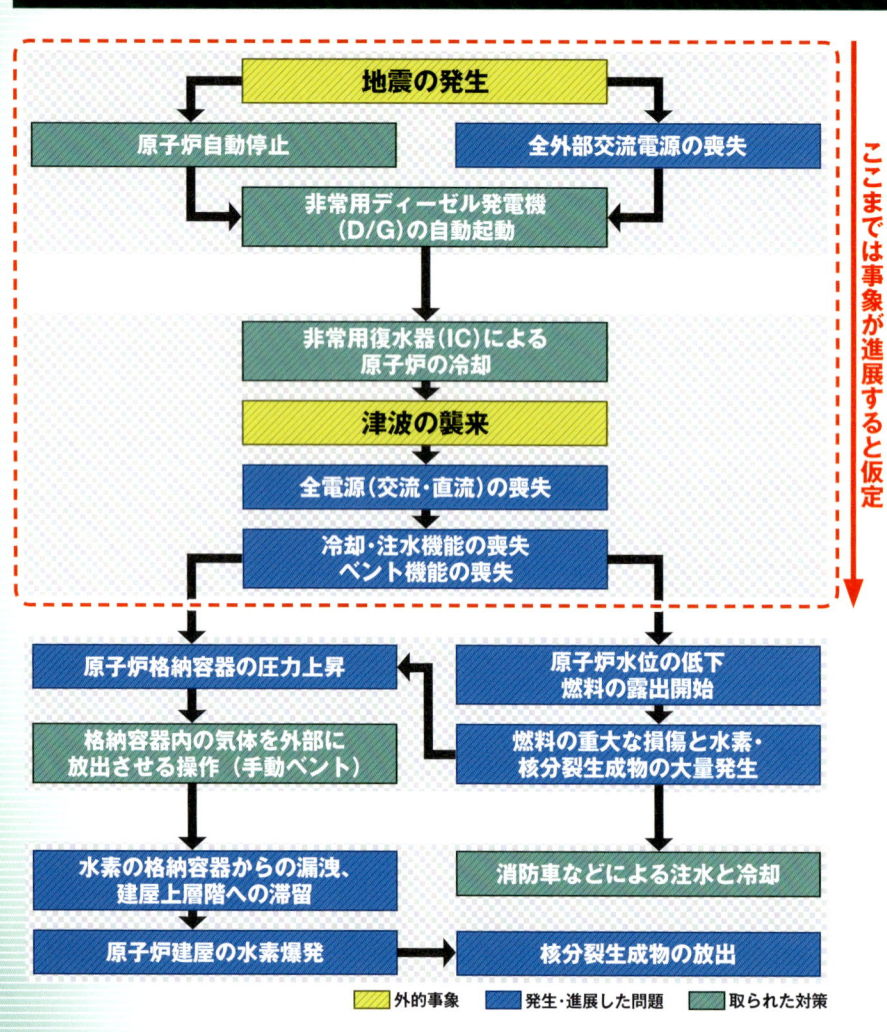

【フローチャート】

- 地震の発生
  - 原子炉自動停止
  - 全外部交流電源の喪失
- 非常用ディーゼル発電機（D/G）の自動起動
- 非常用復水器（IC）による原子炉の冷却
- 津波の襲来
- 全電源（交流・直流）の喪失
- 冷却・注水機能の喪失／ベント機能の喪失

（ここまでは事象が進展すると仮定）

- 原子炉格納容器の圧力上昇
- 原子炉水位の低下　燃料の露出開始
- 格納容器内の気体を外部に放出させる操作（手動ベント）
- 燃料の重大な損傷と水素・核分裂生成物の大量発生
- 水素の格納容器からの漏洩、建屋上層階への滞留
- 消防車などによる注水と冷却
- 原子炉建屋の水素爆発
- 核分裂生成物の放出

凡例：黄=外的事象　青=発生・進展した問題　緑=取られた対策

初動（2時間以内）：電源確保（第1弾）、中央制御室機能・IC機能の確保、水素爆発への備え

- 予備電源への切り替え
- 中央制御室でのパラメーター監視機能の確保
- 電源系統の健全性を一覧できる仕組みの確立
- 遅くとも水位が燃料頂部へと下がるまでに、建屋ベント開放（水素爆発防止）
- 非常用復水器（IC）の機能を確保
- 高圧冷却系の故障設備の資機材準備、復旧作業

必要な対策・備え
- 素早く運搬できる予備電源の確保
- 水密性の強化
- 電源系統を一覧できる仕組み
- 水素を逃がすための建屋ベント機能
- 予備電源を接続する訓練
- ICの内側バルブが、交流電源喪失時に「開」になるように変更（フェイル・オープンに）

高圧冷却系の復旧（8時間を目標に）：高圧冷却系の復旧、運転による時間稼ぎ、電源確保（第2弾）

- バッテリーの運搬、接続（直流電源の仮復旧）
- 高圧冷却系（非常用復水器＝ICなど）の起動
- 支援が届くまでの間、高圧冷却系で炉心損傷防止
- 電源車の運搬、接続によるさらなる電源確保
- 補給用水源・燃料の確保（最低でも24時間分）
- 水素検出器の機能を確認

必要な対策・備え
- ICの機能が続く8時間の間にオフサイト（原発敷地外）から電源車やバッテリーの手配
- 水路、水源の多様化
- 水素検出器の充実

高圧冷却系での時間稼ぎ、低圧冷却系機材の運搬、十分な電源の確保、アクセスの復旧

高圧冷却系で時間稼ぎ（24時間以内）

- 高圧冷却系による時間稼ぎ
- 重機などによるアクセスの確保
- 数日～1週間分の電源、ディーゼル発電機（D/G）、燃料、水源などの確保
- 主蒸気逃がし安全弁（SRV）による圧力調整などで時間稼ぎ
- 低圧冷却系の機材搬入、準備

必要な対策・備え
- オフサイトからの非常用ディーゼル発電機などの手配
- 重機などによる迅速なアクセス道路の確保、そのための訓練

炉心減圧、低圧冷却系への移行準備

低圧冷却系準備、冷温停止へ（24時間～1週間）

- 低圧冷却系の系統構成、代替注水の準備（代替海水ポンプ、炉心スプレイ系ポンプなど）
- 原子炉減圧の系統構成の準備

炉心減圧、低圧冷却系の起動、冷温停止へ

- 原子炉の減圧、低圧冷却系の起動
- 冷温停止へ

必要な対策・備え
- 迅速な冷却系統構成のための訓練

中間報告後に寄せられた自治体や視聴者からの質問の中で、次に多かったのが、「どのように対処していれば1号機の事故の進展を遅らせることができたのか？」ということでした。

1号機で最も早く事象進展が進んだ原因を検証していくと、やはり全電源と冷却機能の同時喪失が甚大な影響を与えていたことがわかります。ですから、巨大な地震・津波に襲われても電源を確保できる対処法を考えなくてはならないのです。

まず、被災から「2時間以内」に行なうべき初動対応としては、素早く運搬・接続することが可能な小型の予備電源（バッテリー、電源盤）への切り替え、中央制御室から原子炉を監視・操作できる体制の確保などが求められます。

また現状は、交流電源が失われた場合に非常用復水器（IC）の内側弁が「閉まる」になる「フェイル・クローズ」というシステムになっています。これを改めて、電源喪失時には自動的に「開く」になる「フェイル・オープン」へと仕組みを変える必要があります。そうやって、非常用復水器などの高圧注水系の冷却系統が、ちゃんと機能するようにしなくてはなりません。

ここまで対処できたら、今度は「8時間以内」を目標として、さらに多様な電源・冷却源を準備していく必要があります。まずバッテリーを接続して直流電源の仮復旧を進めつつ、高圧冷却系を起動させ、炉心損傷を防止しなくてはなりません。そのうえで、電源車や電源盤、ポンプなどの運搬・接続を進めると同時に、最低24時間分の補給用水源と燃料を確保すべきでしょう。

さらに「24時間以内」の対処としては、数日から1週間分の電源と燃料、水源の確保が必要です。加えて、非常用復水器などで時間稼ぎしつつ、低圧冷却系の冷却源を準備。また原子炉内の圧力上昇は、主蒸気逃がし安全弁（SRV）により調整します。それで原子炉を減圧しながら、低圧冷却系を起動し、冷温停止へと移行します。

2～4号機はこのような対策によって事故を回避できた可能性がある

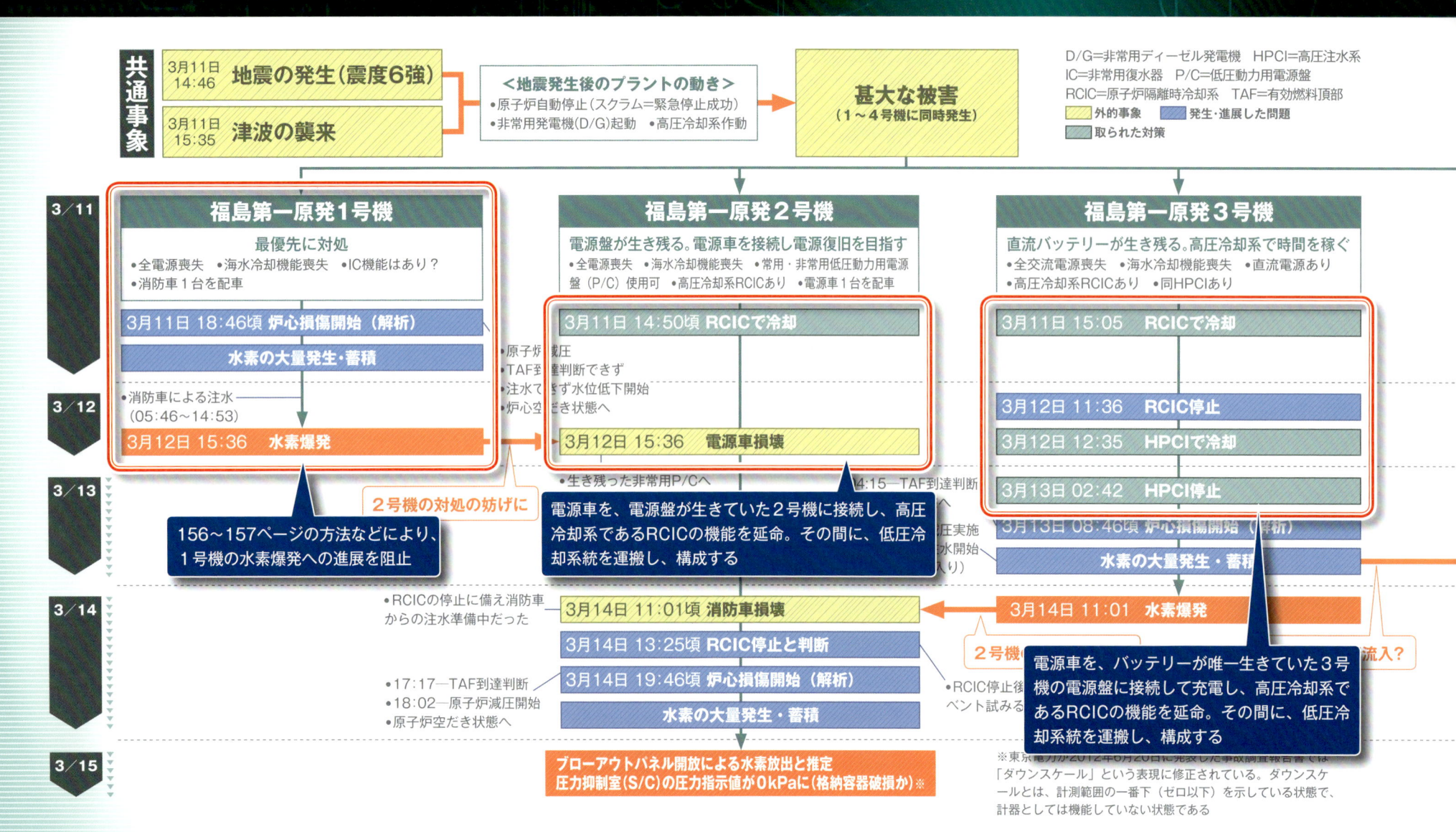

1号機が助かっていたと仮定した場合のシミュレーション

凡例
- D/G＝非常用ディーゼル発電機　HPCI＝高圧注水系
- IC＝非常用復水器　P/C＝低圧動力用電源盤
- RCIC＝原子炉隔離時冷却系　TAF＝有効燃料頂部
- 黄：外的事象
- 青：発生・進展した問題
- 灰：取られた対策

共通事象
- 3月11日 14:46　地震の発生（震度6強）
- 3月11日 15:35　津波の襲来

＜地震発生後のプラントの動き＞
- 原子炉自動停止（スクラム＝緊急停止成功）
- 非常用発電機（D/G）起動　・高圧冷却系作動

→ **甚大な被害**（1～4号機に同時発生）

3/11

福島第一原発1号機　— 最優先に対処
- 全電源喪失　・海水冷却機能喪失　・IC機能はあり？
- 消防車1台を配車
- 3月11日 18:46頃　炉心損傷開始（解析）
- 水素の大量発生・蓄積

福島第一原発2号機　— 電源盤が生き残る。電源車を接続し電源復旧を目指す
- 全電源喪失　・海水冷却機能喪失　・常用・非常用低圧動力用電源盤（P/C）使用可　・高圧冷却系RCICあり　・電源車1台を配車
- 3月11日 14:50頃　RCICで冷却
- 原子炉減圧
- TAF到達判断できず
- 注水できず水位低下開始
- 炉心空だき状態へ

福島第一原発3号機　— 直流バッテリーが生き残る。高圧冷却系で時間を稼ぐ
- 全交流電源喪失　・海水冷却機能喪失　・直流電源あり
- 高圧冷却系RCICあり　・同HPCIあり
- 3月11日 15:05　RCICで冷却

3/12

- 消防車による注水（05:46～14:53）
- 3月12日 15:36　水素爆発
- 3月12日 15:36　電源車損壊
- 3月12日 11:36　RCIC停止
- 3月12日 12:35　HPCIで冷却

2号機の対処の妨げに

156～157ページの方法などにより、1号機の水素爆発への進展を阻止

電源車を、電源盤が生きていた2号機に接続し、高圧冷却系であるRCICの機能を延命。その間に、低圧冷却系統を運搬し、構成する

3/13

- 生き残った非常用P/Cへ
- 14:15—TAF到達判断
- 減圧実施／注水開始（海水入り）
- 3月13日 02:42　HPCI停止
- 3月13日 08:46頃　炉心損傷開始（解析）
- 水素の大量発生・蓄積

3/14

- RCICの停止に備え消防車からの注水準備中だった
- 3月14日 11:01頃　消防車損壊
- 3月14日 11:01　水素爆発
- 3月14日 13:25頃　RCIC停止と判断
- 17:17—TAF到達判断
- 18:02—原子炉減圧開始
- 原子炉空だき状態へ
- 3月14日 19:46頃　炉心損傷開始（解析）
- 水素の大量発生・蓄積

2号機の…流入？
- RCIC停止後ベント試みる

電源車を、バッテリーが唯一生きていた3号機の電源盤に接続して充電し、高圧冷却系であるRCICの機能を延命。その間に、低圧冷却系統を運搬し、構成する

3/15

ブローアウトパネル開放による水素放出と推定
圧力抑制室（S/C）の圧力指示値が0kPaに（格納容器破損か）※

※東京電力が2012年0月20日に発表した事故調査報告書では「ダウンスケール」という表現に修正されている。ダウンスケールとは、計測範囲の一番下（ゼロ以下）を示している状態で、計器としては機能していない状態である

前項で見たように、もし1号機において、電源や非常用復水器（IC）の機能を維持して事故の進展を食い止めることができていたとしたら、残る2～4号機では、事故を防ぐためにどのような対処ができたのでしょうか？

2号機では、電源車を、津波後も生き残った非常用電源盤（P/C）に接続しようとしていました。それが、3月12日15時36分に起きた1号機の水素爆発によって給電不能になったのですが、もし1号機の爆発が起きなかったら、2号機も給電が可能になり、原子炉隔離時冷却系（RCIC）を延命させることができた可能性があります。

さらに2号機では、電源車の損傷後、原子炉隔離時冷却系の停止に備えて消防車による注水作業の準備が進められていました。ところが、その作業も3月14日11時1分に起きた隣の3号機の水素爆発によってできなくなってしまいます。その結果、原子炉を冷却する手段が失われ、水位が下がって燃料損傷に至ったわけですが、そもそも電源車による給電ができていれば、そのぶん高圧冷却系が長く維持できていたと考えられ、その間に炉心減圧と低圧冷却系を整備・構成することができたかもしれません。

また、3号機は、1～4号機の中で唯一、バッテリーが生き残っていた原子炉で、その電源を活用して高圧冷却系（RCICとHPCI）が作動しました。しかし、バッテリー枯渇の懸念があったなか、最後に動いていた高圧注水系（HPCI）も手動停止。すぐに主蒸気逃がし安全弁（SRV）による減圧を試みるものの失敗し、燃料損傷・水素爆発に至ります。もしそこで、電源車を3号機に接続してバッテリーに充電していれば、低圧冷却系への切り替えができ、違った展開になったはずです。

4号機は、定期検査で原子炉停止中だったため、水素爆発するとは予想されていませんでしたが、3号機の燃料損傷と水素大量発生によって4号機に水素が流入し、爆発したのではないかと推測されています。つまり、3号機を制御できていれば、4号機も事故を防げたと考えられます。

そのほか、もし原子炉建屋とタービン建屋の間の配管破断が発生した場合、どのような対策が有効となるのかという質問も寄せられました。

配管破断が検出されると主蒸気隔離弁が閉鎖されますが、もしこれが動かなくなり、かつ津波などで全交流電源が喪失した場合は、主蒸気隔離弁の外側弁を閉めるとともに、電源と最終ヒートシンク（熱の逃がし場）の確保が求められます。いずれにしても、第4章で提言しているように「電源と冷却源の多重化と多様化」が効果を発揮するという結論に変わりはありません。

福島第一原発4号機
運転停止中だったため、1～3号機の対応を優先
- 全電源喪失　・海水冷却機能喪失
- 常用・非常用低圧動力用電源盤（P/C）使用可

水素蓄積（3号機から流入か）

3号機の炉心損傷・水素発生が防止できれば、4号機への水素流入もなく、爆発を防げた

3月15日 06:14頃 水素爆発

おわりに

住民を見下した技術者の「傲慢」が〝神〟の逆鱗に触れた
福島の惨事から学んだ貴重な課題を生かさないまま終わっていいのか

■政府・官僚がまったく反省していない「証拠」

　複雑な事故データがたくさん収録された本書を、最後まで辛抱強く読んでくださった読者に、心から感謝します。これまでの説明で、原発の弱点と事故対策の本質が、より明確になったのではないかと思います。

　日本における原発の問題は、単に技術的な欠陥や課題にとどまりません。むしろ、原発を管理・運転する「組織」が抱える問題が大きなネックとなっています。あの事故から1年数か月が過ぎた今でも、依然としてその構造は変わっていません。

　それは例えば、新設される「原子力規制委員会」と「原子力規制庁」なる組織についても言えます。

　民主、自民、公明の3党がまとめた法案では、原子力規制委員会は、公正取引委員会などと同じ独立性の強い、いわゆる「三条委員会」とし、規制庁はその「事務局」とするとしています。規制庁の前身は、経済産業省の中にあった原子力安全・保安院、つまりこれまで原発を推進・擁護してきた人たちです。それが名前を変えて、原発を規制する側に立つというのです。これでは、単に看板を掛け替えただけの〝引っ越し〟に過ぎません。

　新たに発足する規制庁は〝従来の原子力政策は間違っていた。今度こそ大丈夫だ〟と宣言してスタートするはずです。それが、今後また何らかの理由で、再び原発で事故が起こった場合、「規制委員会」はその「事務局」である規制庁に対してどんな指揮ができるというのでしょうか。福島の事故をきっかけに、原子力を推進する経産省と、その規制機関である原子力安全・保安院が同じ組織（経産省）内にあったことが、適切な原子力行政ができなかった大きな原因の1つであったことがはっきりしました。つまり原子炉を安全にしていく組織（規制庁）と、非常時に国民を守るべき組織（規制委員会）が同じ場所にいては、誤りを認めたくない役人の根性からして自己矛盾に陥ってしまうのです。今回の最大の問題は、関係者全員が「原子力ムラ」の住人で、専門家であるはずの学者たちまでが過去に言ったことや行なったこととの矛

盾を抱えて、国民に嘘をつき続けてきたことです。

その教訓に学ばず、こんなふざけた人事・組織改編をやろうとしていることこそ、政府や官僚が今回の原発事故をまったく反省していない明白な証拠です。

国会事故調も政府事故調も本質を見誤っている

福島第一原発の事故に関しては、政府の事故調査・検証委員会や国会の事故調査委員会など、かなりの数の分析および調査がなされています。しかし、これらの調査にはいくつかの問題があります。私の分析と比較していただければわかると思いますが、

【1】福島第一原発の分析をすることにばかり熱心で、福島第二、女川、東海第二など〝首の皮一枚〟で助かった原発と、福島第一のような惨事になった原発との〝差〟が何であったかの分析がなされていない。

【2】津波を〝想定外〟とする分析がほとんどであるが、これは言い訳にすぎない。福島第一原発の事故は、地震でまず外部電源6系統がすべて喪失している。外部電源が1つでも残っていれば事故は防げたわけで、その後、津波であらゆる機器が水没し、全電源喪失となった問題と分けて考えなくてはならない。

【3】政府の事故調は1号機の非常用復水器（IC）の機能（フェイル・クローズ）に関して東電のオペレーターが十分に理解していなかったと断じているが、全電源喪失においては、そもそも弁がどうなっているのか検知できない。しかも、第7章で述べたように、弁を開けた後も蒸発した水の量から逆算してほとんど機能していなかったと推定される。オペレーターの問題というよりも、ICの設計そのもの（GE社の責任）に問題があったと見るべきだろう。

【4】全電源喪失のなかでは、ECCS（非常用炉心冷却系）やホウ酸水注入系は機能しなかった。これは原子炉の設計思想そのものに大問題があることを示している。どんなことがあっても、全電源喪失にならない設計にしない限り、安全装置そのものが作動しない。

【5】PWR（加圧水型原子炉）は、発生した蒸気を使って一定の温度（約170℃）まで冷却していく構造になっているので、今回のような事故にも対応しやすい。ただし、その後の冷却に関しては、従来なかった水源やポンプが必要となるので、大飯原発3、4号機の改修などを参考に、どんなことがあっても電源、独立した冷却源を失わない設計に変えていく必要がある。

【6】国会の事故調は、すでに安全思想の欠如と事故対応能力のなさを指摘している。そもそも、原子力の〝専門家〟といっても、炉心、プラント、放射線など多岐にわたる。調査委員会の人選を見ると、今回のような炉心溶融事故に関しては畑違いの〝素人〟ばかりであった。また、今回の事故では経産省の下にある原子力安全・保安院が、国民を守る役割を果たせなかった点が事故調では指摘されていない。原子力を推進する役所・組織と、安全審査をしたり重大事故時に国民の安全を守る役割を担ったりする組織とは、厳密に分けなくてはいけない。

【7】事故直後から2か月ぐらいの間、日本は〝無政府状態〟に陥っていた。米軍と米国のNRC（原子力規制委員会）が実質的に官邸にも指図をしていた。「石棺」計画、窒素の注入、大規模避難、浜岡原発の停止などは、外国政府の指示であったと思われる。後世のためにも、事故調はこうした政府の決定の背景を分析し、日本政府の当事者能力の欠如などに関して、より具体的な分析をすべきと考える。

以上のような観点からすれば、政府や国会の事故調の報告も福島第一原発事故の本質が見えていのではないかと疑わざるを得ません。

■「住民の説得」しか考えなかった〝傲慢〟

40年前に原子炉の設計に従事していた私自身を含めて、これまでの原発関係者は、「いかに周辺住民を説得するか」しか考えていませんでした。原子炉の設計や立地・安全審査を何度も繰り返し、住民に納得してもらうまでには、およそ20年かかります。それから建設にとりかかり、運転開始にこぎ着けるまでにはさらに10年ぐらいかかるため、原発建設はトータルで30年にも及ぶ長期プロジェクトになります。そのため、私のようなエンジニアも含め、原発関係者全員がどうやって住民を説得するかだけを考えて仕事をしていたのです。

しかし、これは間違いでした。

誤解を恐れずに言えば、住民の説得より先にやるべきことがあったのです。そんなことよりも、原発は本当に安全なのか、自分たちが想定していない事態はないのか、自分たちの想定を超える災害が起きた場合にも適切に対処できるのか、といったことを謙虚に考えることこそ、最も大切な仕事だったのです。それを怠っていました。

例えば、福島第一原発で起きたような全交流電源が長期喪失する事態をなぜ考えなかったのかと言えば、それは「住民が聞いてくることがなかった」からです。また、日本のようにインフラが整備された社会では、電気が何日にもわたって止まることは考えられませんから、「そんな状況は想定しなくてもいい」という話になりました。仮に、原子炉の内部がコントロールできなくなったとしても、その外側には分厚いコンクリートと鉄で覆われた「格納容器」がありますから、絶対に放射性物質は外には漏れません。もしもの時も非常用炉心冷却系（ECCS）が働いて冷却するから大丈夫です……などなど、住民を説得しているうちに、自分たちまで説得されてしまっていたのです。つまり、原発関係者はみんな〝思考のブラックアウト〟に陥ってしまっていました。

■再稼働の条件は「〝神様〟を説得できるか」

では今後、原発の設計者やオペレーターには何が求められるのか？

今回の反省のうえに立つならば、それは「住民の説得」ではなく、「神様の説得」ができるかどうか、ということになるはずです。無論、ここでいう「神」とは特定の宗教団体が信奉するようなものではなく、より普遍的な存在を指しています。

今回の事故を検証してみると、「神様はなぜ福島第一原発のこんな〝弱点〟まで知っていたのか」と感嘆するぐらい、設計者が想定していなかった被害が次々と起きました。6系統もあった外部電源の全喪失、電源盤やバッテリーの故障・水没、さらに冷却源の喪失……人間たちの考え落としをすべて見抜いていたとしか思えないほど、地震と津波は〝頼みの綱〟を次々と断ち切っていきました。この事実を、今こそ謙虚に受け止めなくてはいけません。これを「想定外の大きさの津波に襲われた」として責任を逃れる態度は許されません。津波が来る前の地震の段階で、外部電源をすべて喪失してしまっていたことが、過酷事故に至った最大の要因です。考えていた安全装置が起動しなかったのも、「全電源の長期間喪失」という、原子力安全委員会が「考慮しなくてもよい」とした事態が起こったからです。

これまで原発を推進してきた電力会社や原発メーカー、大学教授などいわゆる〝原子力ムラ〟の人々は、説明会を開いても説得されない住民たちについて、「専門的な説明をすれば原発が安全だということはすぐわかるはずなのに、住民たちは原子炉のことをまったく理解できない」というような言い方を平気でしていました。今回の事故の原因の1つは、原子力ムラの人々のこうした不遜な考え方にあったのではないかと私は思います。なぜなら、福島で起きたことは、住民を「原発のことがわかっていない」と見下していた彼ら自身がまったく想定していなかったことばかりだったからです。これは、やはり彼らが不遜であったこと

本当の安全には、原発に関わる技術者たちの「謙虚さ」が必要だ（左から、2011年5月の福島第一の全体会議、福島第一4号機の瓦礫撤去作業、福島第二の復旧作業）

に対する〝神の怒り〟としか言いようがありません。

　それらを含めた福島第一原発事故の教訓を、日本は世界に語り継がなくてはなりません。なんとなれば、世界中の原子炉が、基本的には福島第一と同じ設計思想に基づいて作られているからです。つまり、福島での教訓が世界中で共有されない限り、同じ不幸がまた別の国の原子炉で起こるということになります。我々が謙虚に発信していかない限り、世界中の原子炉に携わっている人たちは同じ過ちを犯すに違いありません。

　さらに言えば、地震や津波だけではなく、テロリストの攻撃だろうが、ジャンボジェット機の墜落事故だろうが、そのほかのどんな非常事態が起ころうとも、冷温停止まで持っていける準備ができてからでなければ、原子炉を動かしてはならないのです。とすれば、福島第一原発の教訓は、全世界の原子炉に適用されなくてはなりません。

　再稼働の条件は、付け焼き刃のストレステストではありません。〝神様によるテスト〟です。人知を超えたどんな事態が起きても、電源と冷却源だけは維持できるよう、慢心することなく努力し続けなくてはなりません。その意味で、電力会社の技術者やオペレーター、経営幹部から、政府の機関、そして首相に至るまで、原発関係者たちの〝傲慢〟を払拭できるかどうかが、再稼働の最も重要な「最後の条件」と言っていいと思います。

原子炉も電気事業もまだまだ〝進化〟できる

　元・原子炉設計者の立場から言わせてもらえば、原子炉本体についても、技術革新の要素はまだまだあります。例えば、メルトダウンやメルトスルーした際に再臨界が起きるのを避けるために、格納容器の底をタングステンで作るというアイデアもあります。炉心溶融で溶け出したウラン・プルトニウム燃料は2600℃もの高温になりますが、タングステンの融点は3000℃を超えているので、容器に穴が開いてしまうことはありません。

　また、通常は圧力容器の中に核分裂の状況を調べるための中性子モニターがありますが、圧力容器の底部や格納容器、あるいは原子炉建屋にも中

現在の電気事業モデル	近未来の電気事業モデル
■発電（原発含む）…… ■送電……………………　9電力会社が地域独占 ■配電……………………	■発電……………………完全自由化 ■高圧送電………………1社公営 ■配電……………………9社地域独占 ■原発・燃料サイクル・廃炉…国営

性子モニターを置いておけば、メルトダウンが起きた後でも核暴走が起きているかどうか確認できます。福島の教訓を全世界で共有すれば、原発技術はまだまだ〝進化〟できるのです。

日本の電気事業をどう立て直すのかという問題も残されています。

まず発電会社は、現在の（沖縄を除く）9電力会社の地域独占を排除し、完全に自由化することが必要です。具体的には、ソーラーや風力、地熱などの再生可能エネルギーはフィード・イン・タリフ（固定価格買取制度）方式で進め、それ以外は参入自由化を図ります。例えば、中東のカタールが自国産の天然ガスを使って日本国内の発電所で発電できるようにする。あるいは、ロシア、オーストラリア、カナダなどの企業が日本での発電に参入することができるようにする。そうなれば、電気料金が劇的に下がる可能性があります。

一方、現在電力会社が独占している高圧送電網は、9電力会社が資産を持ち寄って共同経営する形をとります。全国の高圧送電網を1社で運営するとなると、発電会社が作った電力をいくらで買い取るかはこの高圧送電会社が決めることになるため、電力政策の中枢になっていくでしょう。この高圧送電会社のメリットは、日本国内の電力需要のピークの〝時差〟が活用できることです。北海道から九州までは約1時間半の時差があります。これを活用すれば、電力需要のピークは北海道から九州に徐々にずれていくため、それに合わせて電力供給をずらしていくことができます。今は地域ごとに分断されているため、こうした電力の融通がスムーズにできません。

一方、意味のない重複投資を避けるために、配電会社は、現在の9電力と同じような地域独占とします。そのうえで、電線を地下埋設して近代化・耐震化を進めたり、コミュニティごとにスマート化したりするなど、効率化を図っていきます。

そして原発は、再稼働しても、もはや民間企業での運営は無理なので国営化することとし、発電と核燃料サイクルを併営するしかないでしょう。

以上のように、現在9電力が地域独占している電気事業を、完全自由化（発電）、全国公営（高圧送電網）、地域独占（配電）、国営（原発）という4つの事業に分けることで、まったく新しい電力会社の将来像が見えてくると思います。

■「敗北思想」で福島の経験を捨てていいのか
　福島第一原発事故は、日本の国土と国民に再起不能かと思わせるような甚大な〝傷〟を残しました。これからも、その傷が完全に癒えることはないかもしれません。事故直後に、原発廃絶の声が一気に沸き起こったのも、ある意味では当然の反応だったと言えます。

　しかし、このような事故があったために、すべての原発を今すぐ永遠に廃棄するというのは〝敗北思想〟以外の何物でもありません。少なくともここで完全撤退したのでは、科学技術の進歩はありません。福島第一原発事故から何も学ばずに目をつぶってしまったのでは、悲惨な経験を生かすことなく終わってしまいます。日本の原子力を司る政府組織は、まったく機能しなかったことがはっきりしています。しかし、原子炉を作り、運転していく技術では、日本は依然として世界最高水準にあります。今回も、その技術陣が多くのことを学びました。これを生かしていくのか、捨て去ってしまうのか、日本の持てる貴重な〝資源〟ゆえに、大切な議論が残っています。本報告書を読んでいただければ、実は福島第一原発の事故原因を知れば知るほど、再発防止は十分可能なのだ、という信念が生まれてくるのではないかと思います。

　事故がつらく悲惨な経験であればあるほど、それを教訓として、どんな事態が起きても確実に冷温停止できるような原発技術を生み出し、日本の産業として、あるいは日本のエネルギー源として伸ばしていくという勇気を持てるかどうか――。そのことが、いま問われているのです。

大前研一

資料編　原子力関連用語・略語集

A AM：アクシデント・マネジメント
(Accident Management)

原発の安全設計において想定している事象を大幅に超え、燃料が重大な損傷を受けるような事故のことをシビアアクシデント（過酷事故）と呼ぶ。AMとは、シビアアクシデントに至る恐れのある事態が発生しても、それが拡大することを防止し、もしシビアアクシデントを避けられない場合にも、その影響を緩和する対策のこと

AO弁：空気作動弁
(Air Operated valve)

空気の圧力によって作動する弁（バルブ）で、発電所では多数使用されている。格納容器のベントの際には、D/W（ドライウェル、格納容器上部のこと）とW/W（ウェットウェル、格納容器下部の冷却水の入った圧力抑制プールなど）の2つに、それぞれ圧力を抜くための弁とラインがあり、それぞれのラインにAO弁がある。これに対し、電動で動くバルブはMO弁（電動駆動弁）と呼ばれる

B BWR：沸騰水型原子炉
(Boiling Water Reactor)

炉心の熱で軽水（普通の水のこと）を沸騰させ、蒸気として取り出してタービンに送って発電するタイプの原子炉。福島第一原発はこのBWRである。これに対し、関西電力などではPWR（加圧水型原子炉）が使われている

C CCS：格納容器スプレイ系
(Containment Cooling Spray system)

ECCS（非常用炉心冷却系）の1つで、緊急時に格納容器の圧力や温度が上昇した場合、それを抑制するために格納容器内に冷却水をスプレイ（放出）する装置

CCSW：格納容器冷却海水系
(Containment Cooling Sea Water system)

上記のCCSの冷却水を、海水で冷却する系統

C CRD：制御棒駆動機構
(Control Rod Drive)

制御棒は、中性子を吸収する性質があり、これを使って核分裂反応を調整したり、止めたりすることができる。CRDは、この制御棒を炉心に挿入したり引き抜いたりする設備。緊急時には、自動で制御棒を炉心に挿入し、緊急停止（スクラム）する

CS：炉心スプレイ系
(Core Spray system)

ECCS（非常用炉心冷却系）の1つで、緊急時に燃料の過熱を防ぐために、圧力容器の炉心上部から冷却水をスプレイする装置

CUW：原子炉冷却材浄化系
(Reactor Water Clean-Up system)

BWRやPWRでは、原子炉の冷却材は水である。その水の純度を高く保つために使用する設備のこと。CUWポンプによって、炉心を通った水が濾過装置を通過して、腐食生成物や核分裂生成物などを除去する

D D/D　FP：ディーゼル駆動消火ポンプ
(Diesel Driven Fire protection Pump)

火災時などに使う消火系のラインに設置されているディーゼル駆動のポンプ。電動の消火ポンプが運転できない時に起動する。原子炉の圧力が低い時に利用できる低圧冷却系としても使用できる（これを代替低圧注水と呼ぶ）

D/GまたはDG：ディーゼル発電機
(Diesel Generator)

外部電源喪失時のために備えられている、ディーゼルエンジンで駆動する発電機。1台の起動失敗を考慮し、複数台設置される。しかし福島第一原発では、6号機の1台以外はすべて津波の影響で使用できなかった

D DGSW：ディーゼル発電機冷却海水系
(Diesel Generator Sea Water system)

非常用ディーゼル発電機は、大きな熱を発するため、正常に作動させるには、それを冷却するために必要な海水を供給するポンプなどの冷却系統が必要。それをDGSWと呼ぶ。福島第一原発では、発電機そのものは浸水しなくても、この冷却系統が津波で破壊されて使えなくなったディーゼル発電機が多数あった

DSピット：ドライヤー セパレーター ピット
(Dryer Separator pit)

炉心で生まれた蒸気は、気水分離器（セパレーター）という機器で水分を取り除かれ、さらに蒸気乾燥器（ドライヤー）という機器を通って湿分が取り除かれる（これによりできた蒸気は飽和蒸気と呼ばれるものであり、それがタービンを回す）。DSピットは、定期検査中に、このドライヤーとセパレーターを置いておく仮置きプールのこと

D/W：ドライウェル
(Dry Well)

格納容器の上部のこと。水がないことからこう呼ばれる。これに対して下部には冷却水が入ったW/W（ウェットウェル）がある

E ECCS：非常用炉心冷却系
(Emergency Core Cooling System)

炉心で冷却水の喪失が起こった場合に作動する設備の総称。HPCI（高圧注水系）、HPCS（高圧炉心スプレイ系）、RHR（残留熱除去系）などがそれにあたる

EECW：非常用ディーゼル発電設備冷却系
(Emergency Equipment Cooling Water system)

非常用ディーゼル発電機などの発する熱を逃がすための淡水の冷却系統。福島第二原発では、津波によりこのEECWが機能しなかった影響で、使えなかった機器があった

F FCS：可燃性ガス濃度制御系
(Flammability Control System)

可燃性ガスである水素による爆発を防止するため、格納容器内の水素と酸素を再結合させて水素濃度を下げるシステム。建屋の水素濃度を下げるものではない。福島第一原発の事故では、電源喪失によりこの機能が使えなかったうえに、大量の水素が一気に発生して格納容器から建屋へと漏洩し、爆発が起きた

FDW：給水系
(Reactor Feed Water system)

ポンプにより圧力容器内に水を送り込むシステム。通常時は、この給水系により圧力容器下部に入った水が、原子炉で熱せられて蒸気となり、圧力容器上部から出てくる。福島第一原発事故後3号機では、FDWを利用して燃料を冷却していたが、より効率よく冷却するために、2011年9月から圧力容器の上部から水をかけられるCS（炉心スプレイ系）による注水を追加した

FPC：燃料プール冷却浄化系
(Fuel Pool Cooling and filtering system)

使用済み燃料は原子炉から取り出した後、長期間にわたってSFP（使用済み燃料プール）で冷却する必要がある。FPCとは、このプールの水を冷却しながら不純物を取り除き、水質を決められた値に保つ浄化系統のこと

FPMUW：燃料プール補給水系
(Fuel Pool Make-Up Water system)

復水補給水系のバックアップとして、使用済み燃料プールに水を補給する系統

G Gal：ガル

加速度の単位。1ガルは、1秒に1cmの割合で速度が増すことを示す。東日本大震災の際には、福島第一原発では550ガル、女川原発では607ガルを記録した

HPCI：高圧注水系
(High Pressure Coolant Injection system)

ECCS（非常用炉心冷却系）の1つで、配管破断などが小規模で原子炉の圧力が急激に下がらないような事故の際、蒸気タービンにより駆動する高圧のポンプで、圧力容器に冷却水を注入する装置。ポンプの能力はRCIC（原子炉隔離時冷却系）に比べて約10倍と大きい。福島第一原発では1〜5号機に設置されている。なお、6号機にはHPCS（高圧炉心スプレイ系）がある

HPCP：高圧復水ポンプ
(High Pressure Condensate Pump)

発電のためのタービンを回した水蒸気は、復水器によって水に戻され、LPCP（低圧復水ポンプ）と、この高圧復水ポンプを経て圧力を高められ、原子炉に送り込まれる

HPCS：高圧炉心スプレイ系
(High Pressure Core Spray system)

ECCS（非常用炉心冷却系）の1つで、原子炉の圧力が急激に下がらないような事故の際、独立した電源（ディーゼル発電機）を持ち、電気駆動による高圧ポンプで炉心に水をスプレイして冷却する装置。福島第一原発6号機以降のプラントに設置されている

HPCSS：高圧炉心スプレイ系ディーゼル発電設備海水冷却系
(HPCS D/G Sea water system)

HPCW：高圧炉心スプレイ補機冷却水系
(HPCS Cooling Water system)

HPSW：高圧炉心スプレイ補機冷却海水系
(HPCS Sea Water system)

HPCSSは、上記のHPCSに使用されるディーゼル発電機のほか、ポンプ、空調機器など（これらを総称して補機と呼ぶ）を冷却するための海水を用いた系統。このHPCSSは、福島第二原発での呼び方で、女川原発ではこれと同じ系統をHPSWと呼ぶ。また、同じく女川原発で用いられているHPCWは、海水ではなく淡水を使う冷却系統のこと

HVE：換気空調設備（排気）
(Heating Ventilating Exhaust system)

中央制御室などの空気を清浄に保つための設備の中で、空気の排気設備のこと

IAEA：国際原子力機関
(International Atomic Energy Agency)

オーストリア・ウィーンに本部を持つ国際機関。1957年設立、現在の事務局長は天野之弥氏。被曝量の国際基準などを定めている

IC：非常用復水器
(Isolation Condenser)

原子炉の圧力が上昇した場合（通常の復水器での除熱ができなくなった場合）に、原子炉の蒸気を導いて水に戻し、炉心の圧力・温度を下げるための装置。水がためられた復水器の中をパイプが通り、そこを蒸気が通過することで温度が下がって水に戻る仕組み。復水器に水を補給しなくても8時間は使用できる機能を持つ。福島第一原発の1号機に設置されていたが、蒸気が通過するバルブの開閉ができなかったことなどにより、ほとんど機能しなかったと推定される

INES：国際原子力事象評価尺度
(International Nuclear Event Scale)

IAEAと経済協力開発機構原子力機関が策定した、原子力事故の評価の尺度。レベル0－（安全に影響を与えない事象）、レベル0＋（安全に影響を与え得る事象）のほか、レベル1の「逸脱」、レベル2の「異常事象」、レベル3の「重大な異常事象」、レベル4の「事業所外へのリスクを伴わない事故」、レベル5の「事業所外へリスクを伴う事故」、レベル6の「大事故」、レベル7の「深刻な事故」がある。福島第一原発事故とチェルノブイリ原発事故はレベル7、スリーマイル島原発事故はレベル5、東海村JCO臨界事故はレベル4などとされている

K kPa abs：キロパスカル［絶対圧］
（kilo Pascal absolute pressure）

圧力の単位。1Pa（パスカル）は、1㎡の面積につき1N（ニュートン）の力が作用する圧力のこと。1気圧は、10万1325Paであり、101.325kPaとなる。なお、MPa（メガパスカル）は1000kPaである。よって1MPaは約10気圧となる

L LPCS：低圧炉心スプレイ系
（Low Pressure Core Spray system）

ECCS（非常用炉心冷却系）の1つで、配管などの破断が大きく、原子炉圧力が急激に低下するような事故時、炉心に大量の冷却水を注水できる装置。原子炉圧力が高い時には、まずHPCS（高圧炉心スプレイ系）などで燃料が損傷しないように水位や温度を保ちつつ、圧力を逃がして、このLPCSのような低圧の冷却系統で冷温停止に持ち込む手段もある

M M/C：高圧電源盤、メタクラ
（Metal-Clad switch gear）

6.9kVの高い電圧の電力を受電することができる電源盤で、遮断器と呼ばれる機器や付属計器などが収納されている。メタクラとも呼ばれる。常用と非常用がある。このM/Cに対し、低圧電力の電源盤はP/C（低圧動力用電源盤、パワーセンター）である

M/D RFP：電動駆動原子炉給水ポンプ
（Motor Driven Reactor Feed water Pump）

圧力容器に水を送り込むポンプの1つで、電力で動くもの。福島第一原発の1号機は、原子炉運転中は常時運転されるが、2号機以降のプラントでは常時予備の状態である。電源喪失後、使用できなくなってしまった。これに対し、原子炉で発生した蒸気によりタービンを回して動く給水ポンプはT/D RFP（タービン動原子炉給水ポンプ）と呼ぶ

M MO弁：電動駆動弁
（Motor Operated valve）

電力で駆動するバルブで、発電所では多数使われている。福島第一原発の1号機で、IC（非常用復水器）を作動させて原子炉を冷却させる際には、このMO弁を利用して原子炉からの蒸気を復水器に送り込む必要があったが、電源喪失のため、思うようにMO弁を動かすことができなかった。これに対して、空気の圧力で動くバルブはAO弁（空気作動弁）と呼ぶ

MPa abs：メガパスカル［絶対圧］
（Mega Pascal absolute pressure）

➡kPa abs参照

MSIV：主蒸気隔離弁
（Main Steam Isolation Valve）

BWR（沸騰水型原子炉）の場合、主蒸気が通る配管は、格納容器を貫通してタービンに通じている。そのため、主蒸気が格納容器を貫通する内部と外部にこの弁を設け、もし配管破断などが起きた場合にはMSIVを閉じて、放射性物質を含む蒸気が漏洩するのを防止する

MUWC：復水補給水系
（Make-Up Water system［Condensate］）

発電所の円滑な運転や保守を行なうために必要な水を、ポンプで機器や配管などに供給する系統。この水源は、復水貯蔵タンクが利用される。基本的には原子炉で使われた水を浄化したもので、若干の放射能を含むが、その程度は低い。非常時には、原子炉への注水に利用できる

MUWP：純水補給水系
（Make-Up Water system［Purified］）

発電所の円滑な運転や保守を行なうために必要な水を、ポンプで機器や配管などに供給する系統。これには、純水が用いられる。福島第二原発では、このMUWPを利用して冷却が行なわれた

P/C：低圧動力用電源盤、パワーセンター
(Power Center)

480Vの低い電圧の電力を受電することができる、ポンプなどの動力用に用いられる電源盤で、遮断器と呼ばれる機器や付属計器などが収納されている。常用と非常用がある。このP/Cに対し、高圧電力の電源盤はM/C（高圧電源盤、メタクラ）である

PCV：原子炉格納容器
(Primary Containment Vessel)

圧力容器の外側にある、厚さ約3cmの鋼鉄製の容器。その周りを厚さ約2mのコンクリートで覆っている。大きく分けて、上部のD/W（ドライウェル）と下部のW/W（ウェットウェル）からなる。W/Wは、S/C（圧力抑制室）とも呼ばれる

PWR：加圧水型原子炉
(Pressurized Water Reactor)

炉心の熱で軽水（普通の水のこと）の温度を高め、300℃以上とする。これは加圧されているため、蒸気にはならない。この水（熱湯）は1次冷却材と呼ばれる。そしてこの熱湯を蒸気発生器に通し、2次冷却材（水）を沸騰させ、その蒸気によりタービンを回して発電する方式。タービンを通過する2次冷却材には放射性物質は含まれておらず、1次冷却材に放射性物質を閉じ込めることができる点がBWR（沸騰水型原子炉）とは違う。ただし、配管やポンプなどがBWRに比べて増える。大飯原発などはPWRである

R/B：原子炉建屋
(Reactor Building)

原子炉を収納している建屋。これに対して、発電するタービンがある建屋はT/B（タービン建屋）と呼ぶ。福島第一原発での爆発は、PCV（格納容器）ではなく、この原子炉建屋に水素が大量に溜まって爆発した

RCIC：原子炉隔離時冷却系
(Reactor Core Isolation Cooling system)

MSIV（主蒸気隔離弁）の閉鎖などで、タービンを回した後に通常の復水器での冷却ができなくなった場合、原子炉の蒸気でタービン駆動ポンプを回して冷却水を原子炉に注入し、高圧状態で冷却し続けるための系統。FDW（給水系）の故障時などにも、非常用の注水ポンプとしても使用できる。福島第一原発の2号機や3号機では、津波後、このRCICにより一時冷却をしていたが、途中で機能しなくなった

RCW：原子炉補機冷却系
(Reactor Cooling Water system)

原子炉の運転に必要な熱交換器やポンプ、空調機器など（これらを総称して補機と呼ぶ）を冷却するための系統。機能しなくなると、それらの原子炉建屋内にある機器が使えなくなる

RSW：原子炉補機冷却海水系
(Reactor cooling Sea Water system)

上記のRCW（原子炉補機冷却系）の冷却水は、熱交換器を介して海水で冷やしている。その海水を供給する系統のこと

R/DまたはRD：ラプチャーディスク、破裂板
(Rupture Disk)

配管と配管の間に設置し、通常の圧力では閉じている状態となっているが、一方の配管側の内部圧力が一定以上となった際に自動的に破れて、配管と配管の間を貫通させる破裂板のこと。格納容器には、ベント機能の一部として取り付けられている

R RHR：残留熱除去系
(Residual Heat Removal system)

ECCS（非常用炉心冷却系）の１つで、原子炉を停止した後、ポンプや熱交換器を利用して、炉心を冷却したり、非常時に冷却水を注入して炉心の水を維持する系統。ポンプ流量・熱交換器ともに能力が高く、以下のような運転方法（モード）がある
❶原子炉停止時冷却モード　　❹サプレッションチェンバー冷却モード
❷低圧注水モード（LPCIモード）　❺非常時熱負荷モード
❸格納容器スプレイモード

RHRC：残留熱除去冷却系
(RHR Cooling water system)

RHR（残留熱除去系）の冷却水は、熱交換器を介して冷却している。熱交換器でこの残留熱除去系の冷却水を冷やすための水を供給する系統。最終的には熱を下記のRHRSへ交換する役割を持つ

RHRS：残留熱除去海水系
(RHR Sea water system)

RHR（残留熱除去系）の熱を、最終的に海に逃がすための系統。RHRC（残留熱除去冷却系）の熱交換器で、海水によりRHRCの水を冷やす。これが動かないと、最終ヒートシンク（熱の逃がし場）がなくなり、RHRが使用できなくなる恐れがある

RPV：原子炉圧力容器
(Reactor Pressure Vessel)

炉心を収める、厚さ約16cm（プラントにより異なる）の鋼鉄製容器。高い圧力と温度に耐えられる設計になっている。圧力容器の外側にPCV（格納容器）がある

RW/B：放射性廃棄物処理建屋
(Radioactive Waste disposal Building)

原子炉建屋やタービン建屋で発生した液体（ポンプからの機器排水など）、固体（作業に使用した紙布など）を処理する建屋

S SBO：全交流電源喪失
(Station Black Out)

外部電源および所内の非常用ディーゼル発電機などのすべての交流電源を失った状態。SBOになると、直流電源（バッテリー）または電源車などで制御室の機能を維持しつつ、直流電源または無電源でも動く注水系統（RCICやタービン動補助給水ポンプなど）で原子炉の水位を維持しながら、交流電源の早期回復を図る。福島第一原発では、このSBOが長期化したことが過酷事故の要因となった

S/C：圧力抑制室
(Suppression Chamber)

PCV（格納容器）の下部にある、圧力を調整するための冷却水がある場所。S/P（圧力抑制プール）、W/W（ウェットウェル）とも呼ばれる。BWR（沸騰水型原子炉）だけにある装置で、大量の冷却水を蓄えており、圧力容器内の蒸気圧が高くなった場合、その蒸気をベントなどにより圧力抑制室に導いて、圧力容器内の圧力を低下させる設備。また、ECCS（非常用炉心冷却系）の水源としても使用する

SFP：使用済み燃料プール
(Spent Fuel Pool)

使用済み燃料は、崩壊熱による放熱が続くために、長期間冷却を続けなければならない。そこで各プラントにはSFPがあり、そこで水を循環させながら冷却を続ける。福島第一原発には各号機のSFPに大量の使用済み燃料があり、今後取り出しが必要

SGTS：非常用ガス処理系
(Stand-by Gas Treatment System)

原子炉建屋内で放射性物質の漏洩が発生した場合、通常の換気系統から自動的に切り替え、原子炉建屋内の放射性物質の外部への放出を低減する装置。福島第一原発3号機で発生した水素ガスは、SGTS系統を逆流して4号機の建屋に蓄積したと推定される

S

SHC：原子炉停止時冷却系
(Shut down Cooling system)

原子炉を停止した後、ポンプと熱交換器を利用して炉心の水を冷却し、崩壊熱を除去するための設備。福島第一原発の1号機のみに専用系統の設備が設置されている。なお他号機には、RHR（残留熱除去系）に同様の冷却機能「原子炉停止時冷却モード」がある

SLC：ホウ酸水注入系
(Stand-by Liquid Control system)

原子炉運転中、何らかの原因で制御棒の挿入ができない場合に、中性子吸収能力が高く、核分裂の連鎖反応を止める効果を持つ五ホウ酸ナトリウム溶液を注入して原子炉を停止させる装置。ホウ酸が核分裂には〝毒〟となることから「液体ポイズン系」とも呼ばれる

S/P：圧力抑制プール
(Suppression Pool)

圧力抑制室（S/C）、ウェットウェル（W/W）とほぼ同義。S/Cはドーナツ形なのに対して、S/Pは形状がプール形となっているもの

SRV：逃がし安全弁
(Safety Relief Valve)

原子炉圧力が異常上昇した場合、圧力容器を保護するために、自動あるいは手動で蒸気をS/C（圧力抑制室、圧力抑制プール）へ導くバルブ。逃がした蒸気は圧力抑制プール水で冷やして凝縮することで、圧力を下げることができる

Ss：基準地震動

原発施設の耐震性能を考慮するうえで、基準となる地震動のこと。福島第一原発および福島第二原発では、Ssは450Galとされていたが、東日本大震災では、福島第一原発の2号機で一部の周波数帯において基準地震動を上回る550Galが観測された

T

TAF：有効燃料頂部
(Top of Active Fuel)

棒状の燃料集合体のうち、一番上のペレットの位置を示す。ペレットとは、核燃料を1cmほどの円柱形に焼き固めたもので、これを棒のように並べて燃料とする。圧力容器の内部には水がなければならないが、今回の事故では、電源・冷却系の喪失により、徐々に水位が下がった。水位がTAFを下回ると、露出した燃料棒の被覆管のジルコニウムが酸化して水素が発生し、燃料が損傷することになる

T/B：タービン建屋
(Turbine Building)

蒸気で発電をするためのタービンが収められた建屋。BWR（沸騰水型原子炉）の場合は、炉心に触れて放射性物質を含む蒸気がタービンを回すため、このタービン建屋も放射線管理がされている

TCW：タービン建屋補機冷却系
(Turbine building closed Cooling Water system)

タービンやモーター、熱交換器など、関連機器（補機と呼ぶ）を冷却するための系統。機能しなくなると、タービン建屋内のこれらの機器が使えなくなる

T/D RFP：タービン動原子炉給水ポンプ
(Turbine Driven Reactor Feed water Pump)

圧力容器に水を送り込むポンプの1つで、蒸気によりタービンを回転させて動くもの。これに対し、電力で動く給水ポンプはM/D RFP（電動駆動原子炉給水ポンプ）と呼ぶ

W

W/W：ウェットウェル
(Wet Well)

➡S/C参照

その他の主な原子力関連用語

アウター
(Outer)
原子炉建屋を囲んでいる原子炉付属棟。非常用ディーゼル発電機、電源盤などを設置している

アクシデント・マネジメント
➡AM

圧力抑制室または圧力抑制プール
➡S/C、S/P

ウェットウェル
➡W/W。S/C、S/Pもほぼ同義

加圧水型原子炉
➡PWR

原子炉隔離時冷却系
➡RCIC

高圧注水系
➡HPCI

最終ヒートシンク
(Ultimate Heat Sink)
原子炉の熱を最終的に逃がす場所。例えば、圧力容器を冷やした水（1次冷却水）が、その熱を熱交換器を通じて2次冷却水に逃がし、さらにその熱を別の熱交換器を通じて海水系に逃がした場合、最終ヒートシンクは海水となる。大気が最終ヒートシンクとなる場合もある

残留熱除去系
➡RHR

主蒸気隔離弁
➡MSIV

使用済み燃料プール
➡SFP

スロッシング
(Sloshing)
使用済み燃料プールの水が地震などにより長い周期で揺らされ、水が揺動されること。福島第一原発のほか、福島第二原発、東海第二原発では、使用済み燃料プールの水がスロッシングによりこぼれている

セルフエアセット
(Self Air Set)
高線量下での作業時などに使用する、内部被曝防止のための呼吸保護具。酸素ボンベなどがセットになったもの

電気ペネトレーション
(Electric Penetration)
原子炉格納容器に電気ケーブルを通すための貫通部。福島第一原発1号機や3号機では、大量発生した水素が、この電気ペネトレーションを通じて格納容器から建屋に漏れたものと推定される

ドライウェル
➡D/W

逃がし安全弁
➡SRV

バグフィルター
(Bag Filter)
粒子状の放射性物質を除去するフィルター

非常用復水器
➡IC

非常用炉心冷却系
➡ECCS

沸騰水型原子炉
➡BWR

ベント
圧力容器内や格納容器内の圧力が高まった際に、圧力を下げるために、専用の配管などを使って内部の気体を逃がすこと。「排気」を意味するベンチレーション（ventilation）が語源

ラプチャーディスク
➡R/D

炉心スプレイ系
➡CS

※一部の略語については、電力会社などにより異なる

主な参考資料および出典

東京電力ホームページ（プレスリリース、記者会見配布資料など）、東京電力が原子力安全・保安院に提出した報告書など

- 福島第一原子力発電所1号機高経年化技術評価
  および長期保守管理方針の概要 ……………………………………… [平成23年2月7日]
- 電気事業法第106条第3項の規程に基づく
  報告の徴収に対する報告について ……………………………………… [平成23年5月16日]
- 福島第一原子力発電所内外の電気設備の被害状況等に係る記録に関する
  報告を踏まえた対応について（指示）に対する報告について ………… [平成23年5月23日]
- 東北地方太平洋沖地震発生当時の福島第一原子力発電所運転記録及び
  事故記録の分析と影響評価について …………………………………… [平成23年5月23日]
- 福島第一・第二原子力発電所への地震・津波の影響について ………… [平成23年5月24日]
- 福島第一原子力発電所1号機への海水注入に関する時系列について …… [平成23年5月26日]
- 福島第一原子力発電所及び福島第二原子力発電所における
  平成23年東北地方太平洋沖地震により発生した津波の調査結果に係る報告（その2）… [平成23年7月8日]
- 福島第一原子力発電所及び
  福島第二原子力発電所における対応状況について ……………………… [平成23年8月10日]
- 福島第二原子力発電所東北地方太平洋沖地震に伴う
  原子炉施設への影響について …………………………………………… [平成23年8月12日]
- 福島第一原子力発電所東北地方太平洋沖地震に伴う
  原子炉施設への影響について …………………………………………… [平成23年9月9日]
- 福島第一原子力発電所における
  原子炉建屋の爆発に関する分析結果について ………………………… [平成23年10月21日]
- 福島原子力事故調査報告書（中間報告）………………………………… [平成23年12月2日]
- 福島第一原子力発電所第1号炉 福島第一原子力発電所事故における
  経年劣化による影響について …………………………………………… [平成23年12月15日]
- 福島第一原子力発電所事故の初動対応について ……………………… [平成23年12月22日]
- 福島第一原子力発電所及び福島第二原子力発電所
  における対応状況について …………………………………………… [平成23年12月22日]
- 福島原子力事故調査報告書 ……………………………………………… [平成24年6月20日]
- プラント関連パラメータ ………………………………………………… [ホームページ随時更新]
- 原子力発電所の影響と現在の状況 ……………………………………… [ホームページ随時更新]
- 写真・動画集 ……………………………………………………………… [ホームページ随時更新]
- 福島第一原子力発電所1号機　原子炉設置許可申請書（完本版）

経済産業省　原子力安全・保安院ホームページおよび同発表資料など

- 原子力発電所及び再処理施設の外部電源の信頼性確保について ……… [平成23年4月15日]
- 東京電力株式会社福島第一原子力発電所事故を踏まえた
  他の発電所の緊急安全対策の実施状況の確認結果について …………… [平成23年5月6日]
- 緊急安全対策の実施状況の確認に係る審査基準 ……………………… [平成23年5月6日]
- 原子力安全に関するIAEA閣僚会議に対する日本国政府の報告書
  －東京電力福島原子力発電所の事故について－ ……………………… [平成23年6月7日]
- 福島第一原子力発電所事故を踏まえた他の発電所における
  シビアアクシデントへの対応に関する措置の実施状況の確認結果について … [平成23年6月18日]
- シビアアクシデントへの対応に関する措置の確認に係る審査基準 …… [平成23年6月18日]
- 福島第一原子力発電所と他の発電所との比較検討 …………………… [平成23年6月24日]
- 東京電力株式会社福島第一原子力発電所における事故を踏まえた
  既設の発電用原子炉施設の安全性に関する総合評価の実施について … [平成23年7月22日]
- 国際原子力機関に対する日本国政府の追加報告書
  －東京電力福島原子力発電所の事故について－（第2報）…………… [平成23年9月11日]
- 東京電力株式会社福島第一原子力発電所事故と
  意見聴取会の検討テーマ ………………………………………………… [平成23年10月24日]
- 所内電気関係設備の被害状況と安全設備への影響について ………… [平成23年11月8日]
- 冷却設備の被害状況について ………………………………………… [平成23年11月25日]
- 発電用原子炉施設の安全性に関する総合的評価に係る意見聴取会 …… [ホームページ随時更新]

関西電力ホームページ（プレスリリース）

- 福島第一・第二原子力発電所事故を踏まえた
  緊急安全対策に係る実施状況報告書（改訂版）の提出について ……………［平成23年4月27日］
- 原子力発電所の外部電源の信頼性確保に係る報告書の提出について ………［平成23年5月16日］
- 福島第一原子力発電所事故を踏まえたシビアアクシデントへの対応に
  関する措置に係る実施状況報告書の提出について………………………………［平成23年6月14日］
- 大飯発電所3号機の安全性に関する総合評価に係る
  報告書の提出について …………………………………………………………［平成23年10月28日］
- 大飯発電所4号機の安全性に関する総合評価に係る
  報告書の提出について …………………………………………………………［平成23年11月17日］
- 福島第一原子力発電所事故を踏まえたソフト面等の
  安全対策実行計画の策定について ……………………………………………［平成23年11月28日］

独立行政法人・原子力安全基盤機構　発表資料

- 平成21年度 地震時レベル2PSAの解析（BWR）……………………………………［平成22年10月］

日本原子力技術協会
福島第一原子力発電所事故調査検討会　発表資料

- 東京電力（株）福島第一原子力発電所の事故の検討と対策の提言………………［平成23年10月］

東北電力ホームページ

- 東北地方太平洋沖地震および
  その後に発生した津波に関する女川原子力発電所の状況について …………［平成23年5月30日］
- 女川原子力発電所の状況について（平成23年11月分）……………………………［平成23年12月12日］

電気事業連合会　発表資料

- 原子力・エネルギー図面集　2011年版

日本原子力発電　報告資料

- 東海第二発電所 東北地方太平洋沖地震による
  原子炉施設への影響について ……………………………………………………［平成23年9月2日］

GE社　発表資料

- Design and analysis report

※特に出典記載のない写真は東京電力および関西電力提供による

原発再稼働「最後の条件」
「福島第一」事故検証プロジェクト最終報告書

2012年7月30日　初版第1刷発行

著者　　　大前 研一

発行者　　森 万紀子

発行所　　株式会社 小学館
　　　　　〒101-8001　東京都千代田区一ツ橋2-3-1
　　　　　電話　編集 03-3230-5800
　　　　　　　　販売 03-5281-3555

編集協力　柴田 巌
　　　　　ライターハウス

編集　　　工藤一泰

装幀　　　近藤雅己（ビーワークス）

DTP　　　ビーワークス

印刷所　　大日本印刷 株式会社

製本所　　株式会社 若林製本工場

造本には十分注意しておりますが、印刷、製本など製造上の不備がございましたら「制作局コールセンター」（フリーダイヤル 0120-336-340）にご連絡ください。
（電話受付は、土・日・祝日を除く9:30〜17:30）

®＜公益社団法人日本複製権センター委託出版物＞
本書を無断で複写（コピー）することは、著作権法上の例外を除き、禁じられています。本書をコピーされる場合は、事前に公益社団法人日本複製権センター（JRRC）の許諾を受けてください。
JRRC〈http://www.jrrc.or.jp　e-mail : jrrc_info@jrrc.or.jp　電話03-3401-2382〉

本書の電子データ化等の無断複製は著作権法上での例外を除き禁じられています。代行業者等の第三者による本書の電子的複製も認められておりません。

©KENICHI OHMAE 2012 Printed in Japan
ISBN978-4-09-389742-6

大前研一
Kenichi Ohmae

1943年福岡県生まれ。早稲田大学理工学部卒業後、東京工業大学大学院原子核工学科で修士号を、マサチューセッツ工科大学（MIT）大学院原子力工学科で博士号を取得。日立製作所原子力開発部技師として原子炉の設計に携わる。72年に経営コンサルティング会社マッキンゼー・アンド・カンパニー・インク入社。日本支社長、アジア太平洋地区会長を歴任し、94年退社。以後、世界の大企業や国家レベルのアドバイザーとして幅広く活躍。自ら設立した「ビジネス・ブレークスルー（BBT）大学」学長も務める。近著に、『「リーダーの条件」が変わった』『この国を出よ』（柳井正氏との共著）『民の見えざる手』（以上、小学館）、『訣別－大前研一の新・国家戦略論』（朝日新聞出版）、『日本復興計画』（文藝春秋）など多数。
http://www.kohmae.com

　本書は、大前研一氏が立ち上げたプロジェクト「TeamH2O」が2011年12月27日に発表した「福島第一原子力発電所事故から何を学ぶか（最終報告）」をベースに、図解・イラストなどを大幅に加筆修正し、原稿を書き下ろしたものである。

「福島第一原子力発電所事故から何を学ぶか（最終報告）」は、以下のサイトからダウンロードできる。また、同サイトには、YouTubeにアップロードされた大前氏による解説動画へのリンクもある。

●株式会社ビジネス・ブレークスルー
「東日本大震災および福島第一原子力発電所事故に関するプレスリリース」
http://pr.bbt757.com/